高等学校规划教材

高超声速飞行器空气动力学

安效民　康　伟　李广宁　徐　敏　编

U0382300

西北工业大学出版社
西　安

【内容简介】 本书根据航空宇航学科本科生和研究生教学体系特点编写，内容涵盖了高超声速飞行器的流动现象、基本概念、理论模型、数值计算和工程实践，从高超声速飞行器的翼型、机翼、机身到整个飞行器，从无黏流动到黏性流动，从气动力分析到气动热分析再到气体物理，从空气动力学的正问题（气动特性分析）到反问题（气动外形设计）进行了详细介绍。

本书可作为高等学校航空航天飞行器设计、空气动力学和飞行力学等专业的高年级本科生及研究生相关课程的教材，也可供航空航天相关领域工程技术人员阅读参考。

图书在版编目(CIP)数据

高超声速飞行器空气动力学 / 安效民等编. — 西安：西北工业大学出版社，2022.7

ISBN 978-7-5612-8249-6

Ⅰ. ①高… Ⅱ. ①安… Ⅲ. ①高超音速空气动力学 Ⅳ. ①V211

中国版本图书馆 CIP 数据核字(2022)第 136087 号

GAOCHAOSHENGSU FEIXINGQI KONGQI DONGLIXUE

高 超 声 速 飞 行 器 空 气 动 力 学

安效民　康伟　李广宁　徐敏　编

责任编辑： 王玉玲　　**策划编辑：** 杨　军
责任校对： 胡莉巾　　**装帧设计：** 李　飞
出版发行： 西北工业大学出版社
通信地址： 西安市友谊西路 127 号　　邮编：710072
电　　话： (029)88491757，88493844
网　　址： www.nwpup.com
印 刷 者： 西安浩轩印务有限公司
开　　本： 787 mm×1 092 mm　1/16
印　　张： 11.625
字　　数： 305 千字
版　　次： 2022 年 7 月第 1 版　　2022 年 7 月第 1 次印刷
书　　号： ISBN 978-7-5612-8249-6
定　　价： 49.00 元

前　言

高超声速飞行器一般指的是马赫数大于5、能在大气层和跨大气层中远程飞行的飞行器，诸如高超声速滑翔飞行器、吸气式发动机或组合发动机巡航飞行器、空天飞机、再入飞行器、天地往返运输系统等。当前，高超声速飞行器设计与研制已经成为国际航空航天领域研究的一个热点，也是航空航天大国竞争的重点领域。高超声速飞行器在今后相当长的时间里将处于航空航天技术发展的最前沿。高超声速飞行器空气动力学主要是研究高超声速空气流动规律和空气与高超声速飞行器相互作用的学科。高超声速飞行器绕流包含了许多复杂的物理现象，需要解决的课题也比传统经典空气动力多，体现在气动力、气动热、气动物理等多方面。

当前，国内著名大学纷纷成立了航空航天学院，广大学子也立志攻读航空宇航科学与技术、航空航天工程等专业。高超声速飞行器技术作为该领域的前沿技术之一，其力学问题中最具有代表性的空气动力学问题，也是学习高超声速飞行器技术的最为基础的学科之一。国内关于高超声速飞行器空气动力学的著作有很多，但内容循序渐进、由浅入深的教材比较少见。

本书根据航空宇航学科本科生和研究生教学体系特点编写。全书分为7章。第1章从高超声速飞行器的定义和高超声速流动的特征出发，对高超声速飞行器的发展和高超声速空气动力学的研究现状及面临的挑战进行简要的阐述；第2章介绍高超声速流动的基本理论，主要阐述高超声速流中的激波膨胀波关系式、马赫无关原理和高超声速相仿律；第3章介绍牛顿公式及高超声速气动特性的快速计算方法；第4章介绍高超声速飞行器的黏性流动与气动热计算方法，包括附面层方程求解和基于参考温度法的热流计算；第5章对真实气体效应和稀薄气体动力学进行概述；第6章介绍高超声速流动的数值模拟方法，包括控制方程、离散格式、时间推进、湍流模型以及应用分析；第7章针对典型高超声速飞行器的气动设计问题展开论述。本书内容旨在使学生对飞行器在空气中运动时所产生的气动现象建立明晰的物理概念，对空气动力变化的规律有较深刻的理解，并为学习其他相关课程打下坚实的基础。

本书由西北工业大学航天学院安效民[第1章(部分)至第4章、第7章(部分)]、康伟[第5章、第7章(部分)]、李广宁(第6章)和徐敏[第1章(部分)]编写。全书最后由安效民进行统稿和校阅。

由于笔者水平有限，书中疏漏和不足之处在所难免，恳请读者批评指正。

编　者

2022年1月

目　录

第1章 概 论

1.1 高超声速飞行器概述

1.1.1 高超声速飞行器的定义

1946年,我国航天事业的奠基者钱学森先生在论文 *Similarity Laws of Hypersonic Flows* 中首先提出了高超声速(Hypersonic)的概念。从工程上讲,一般定义飞行马赫数大于5的飞行器为高超声速飞行器,主要指的是能够长时间在大气层内以高超声速飞行的飞行器,包括高超声速滑翔飞行器、吸气式高超声速巡航飞行器、空天飞机、高超声速飞机、可重复使用天地往返运输系统等。按照马赫数划分,一些弹道导弹、返回式卫星、再入返回舱等也可以归入高超声速飞行器行列。

近数十年来,随着技术的进步,涌现出各具特色的高超声速飞行器概念、样机和产品,为高超声速飞行器从构想到实现奠定了基础。进入21世纪后,高超声速飞行器全面发展,目前高超声速技术已经是航空航天技术领域的制高点,具有前瞻性、战略性和牵引性的特点,高超声速飞行器的研制具有巨大的军事、政治和经济价值。

高超声速空气动力学是研究高超声速空气流动规律和空气与高超声速飞行器相互作用的学科。随着航空航天事业的推进,高超声速空气动力学的理论、实验技术得到了迅速发展。

1.1.2 典型高超声速飞行器的发展

高超声速飞行器的巨大优势和潜力已经引起世界各国的极大关注,目前有能力研制高超声速飞行器的国家主要是美国、俄罗斯等军事科学技术十分发达的国家,他们在高超声速武器、高超声速运载器等方面取得了重要进展。

近年来,美国以高超声速巡航导弹为应用背景,先后提出了ARRMD、X-51A、HSSW、HAWC等多个关键技术验证项目和武器化发展项目。其中,ARRMD为1998年提出的可负担快速响应导弹项目,在2005年项目中的升力体方案演变为X-51A项目;基于X-51A的技术成果,于2012年提出了HSSW高速打击武器项目,目的是研发一种至少能以 $Ma=5$ 飞行的防区外武器,用于对敌方先进的防空系统及时敏目标进行打击,提高第5代战斗机应对反介入/区域拒止的能力;2010—2013年,美国先后开展了4次X-51A飞行试验,针对前3次飞行试验出现的问题不断改进,并在第4次飞行试验中实现了最大飞行马赫数为5.1、有动力飞行时间为 210 s。X-51A 第 4 次飞行试验的成功，标志着吸气式高超声速技术已逐渐成熟，具备向军用装备成果转化的基础和条件。2014 年，由 HSSW 项目衍生出 HAWC 项目，作为美国重点实施的高超声速巡航导弹演示验证项目。美国高超声速巡航导弹发展路线如图 1-1 所示。

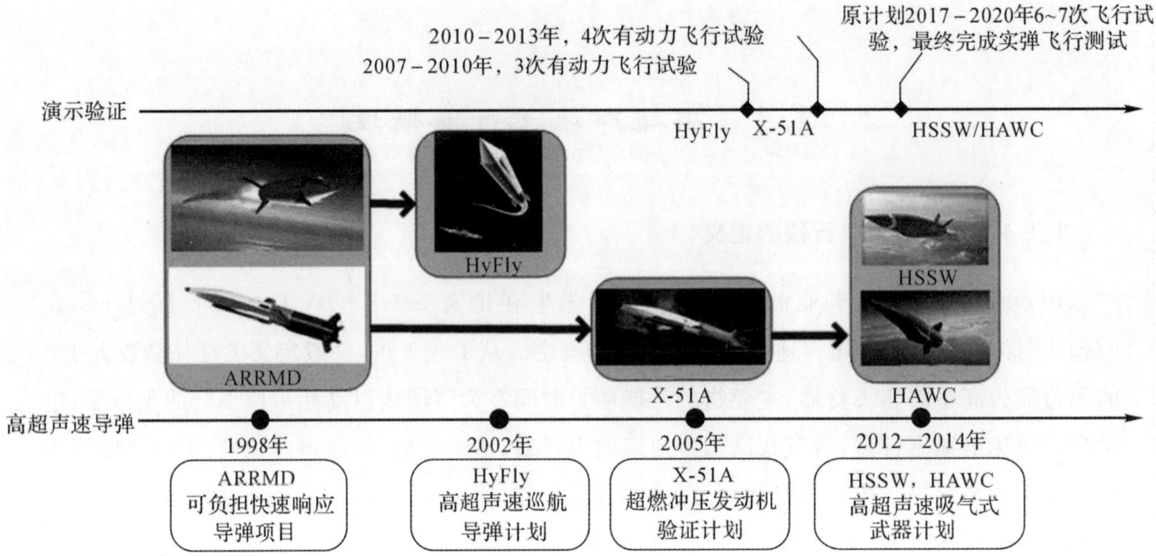

图 1-1　美国高超声速巡航导弹发展路线

俄罗斯在高超声速导弹研制方面取得较大进展，部分已经列装，如“匕首”空射高超声速导弹、“先锋”陆基高超声速导弹和“锆石”海基高超声速巡航导弹。“匕首”导弹采用双锥体弹头、圆柱形弹体，尾部有 X 型气动控制舵面，飞行马赫数可以达到 10，射程为 2 000 km，如图 1-2 所示；“先锋”导弹采用增强机动能力和射程距离的高升阻比气动布局和耐高温耐烧蚀的新型材料，集成了弹道导弹助推载具和超燃冲压发动机，最大射程达 14 000 km，末端飞行马赫数超过 20；“锆石”导弹也采用了超燃冲压发动机，飞行马赫数达 9，射程达 1 500 km。国外部分高超声速飞行器研制中的飞行试验情况见表 1-1。

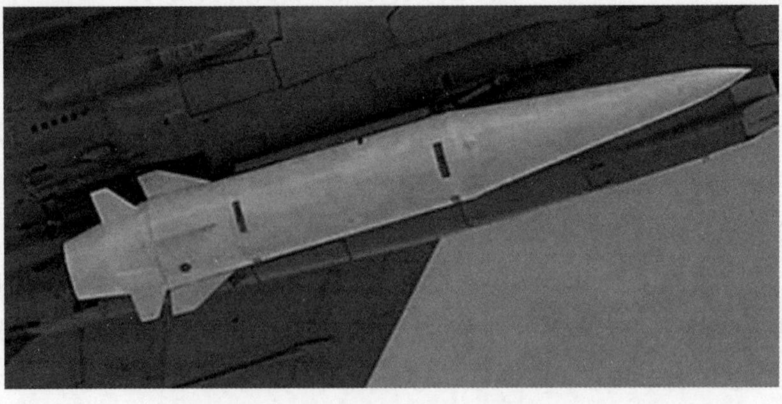

图 1-2　俄罗斯“匕首”导弹

表1-1　2010—2019年国外研制中的高超声速飞行器飞行试验情况

	飞行器	飞行试验情况
美　国	HTV2	2010年4月、2011年8月，均失败
	AHW	2011年4月，成功；2014年8月，失败
	X-51A	2010年5月，部分成功；2011年6月，失败； 2012年8月，失败；2013年5月，成功
	CPS	2017年10月，成功；2020年3月，成功
	ARRW	2019年6月，成功；2020年8月，成功
美国、澳大利亚	HiFiRE-1	2010年3月，成功
	HiFiRE-2	2012年4月，成功
	HiFiRE-3	2012年9月，成功
	HiFiRE-4	2017年7月，部分成功，达到 $Ma=7$ 以上
	HiFiRE-5	2012年5月，成功
俄罗斯	YU-71	2016年月，成功
	YU-74	2017年6月，成功
	“锆石”	2018年以来，持续试射成功
	“先锋”	2015年3月，定型试验；2018年12月，成功
	“匕首”	截至2018年7月，执行350多次飞行任务； 2019年11月在北极地区成功进行实弹发射
欧洲	SHEFEX 2	2012年7月，成功
印度	HSTDV	2019年6月，失败

在可重复使用运载器方面，以吸气式组合推进为动力的运载器成为研制的热点（见表1-2）。早在20世纪60年代，美国国家航空和航天局（NASA）就联合多家公司开展了以吸气式发动机和火箭发动机为组合的运载器的研制。20世纪80年代，美国与德国分别制订了以实现超燃冲压发动机为核心动力的吸气式高超声速运载器研制计划——NASP（见图1-3）与Sänger（见图1-4），相关关键技术奠定了之后高超声速飞行器技术发展的基础。近年来，NASA提出了多个计划开展吸气式可重复使用运载器的研究，典型的有：Traiblazer方案，为轴对称垂直起飞单级入轨空天飞机；X-43A（见图1-5）为超燃冲压发动机验证飞行器，试飞中的最大马赫数达到了9.8。波音公司提出的“灵活空天运输系统方案”（Flexible Aerospace System Solution for Transformation，FASST），以“矩阵”的形式描述了吸气式空天飞机的几种方案，即翼身组合构型、翼身融合构型、锥型旋成体构型和组合构型。后来，波音公司成功研制了轨道试验飞行器X-37B（见图1-6），该飞行器已经进行了多次成功的在轨飞行试验。佐治亚理工大学的航天系统设计实验室（SSDL）提出了多种吸气式可重复使用运载器概念设计方案，如Hyperion、Starsaber等。马斯克创办的SpaceX公司设计了具有可重复使用能力的航天运载器猎鹰9号（Falcon 9）并已进入商业运营阶段，大大降低了发射成本（见图1-7）。

俄罗斯在20世纪末开展了两个吸气式可重复使用航天运载器方案的研究，即单级入轨的Tu-2000方案以及两级入轨的MIGAKS。日本航天局(JAXA)近年来开展了两级入轨吸气式航天运载器的概念方案研究，其采用的吸气式涡轮冲压膨胀循环(ATREX)发动机已经进行了大量的地面试验研究，另外还提出了一种采用火箭基组合循环发动机(Rocket Based Combined Cycle,RBCC)作为推进系统的单级入轨航天飞机的概念。近年来欧洲开展的较大规模的面向可重复使用航天运载器的研究计划是“未来欧洲航天运输研究计划”(Future European Space Transportion Infrastructure Plan,FESTIP)是，其中FSSC-12是一种两级入轨的吸气式可重复使用航天运载器。另外，欧洲“远期先进推进概念与技术”(LAPCAT)项目中还研究了一系列高超声速运输机布局(图1-8为A2方案)。英国在20世纪80年代提出了“霍托尔”空天飞机研制计划，为单级水平起降空天飞机，采用4台吸气式喷气发动机和液氢、液氧火箭发动机的组合动力装置，马赫数达到5。后来该计划停止，英国又提出了单级入轨、能在普通机场跑道起降的“云霄塔”(Skylon)空天飞机计划(见图1-9)，利用“佩刀”(Saber)喷气/火箭组合发动机作为动力系统。

表1-2 部分可重复使用运载器计划

	名称	飞行方式	气动构型	动力系统
美国	NASP:X-30	单级入轨	升力体构型	吸气式火箭组合循环发动机
	Trailblazer	垂直起飞单级入轨	翼锥组合体	火箭基组合循环发动机
	X-43A	助推巡航	乘波体布局	飞马座火箭+超燃冲压发动机
	FASST	水平起降两级入轨	“矩阵”式构型	吸气式火箭组合循环发动机
	X-37B	垂直起飞水平降落	翼身组合体	火箭发动机
	Hyperion	水平起飞单级入轨	翼半锥组合体	氢氧发动机+火箭基组合循环发动机
	Starsaber	水平起飞两级入轨	翼锥组合体	火箭基组合循环发动机
	Falcon 9	垂直起飞垂直降落	翼锥组合体	猛禽发动机
俄罗斯	Tu-2000	水平起降单级入轨	升力体	液化空气循环发动机+双模态冲压发动机
	MIGAKS	水平起降两级入轨	翼身组合	涡轮冲压组合动力
日本	JAXA-1	两级入轨	翼身组合体+大后掠三角翼	吸气式涡轮冲压膨胀循环发动机
	JAXA-2	两级入轨	升力体	吸气式火箭组合循环发动机
欧洲	FSSC-12	水平起降两级入轨	翼身组合/翼身融合	涡轮喷气推进系统
	LAPCAT	高超声速运输机	A2翼身组合；MR2乘波体	MR2方案采用双模态冲压发动机

续表

	名　称	飞行方式	气动构型	动力系统
英国	Hotol	水平起降单级入轨	翼身组合	吸气式喷气发动机和液氢、液氧火箭发动机的组合动力
	Skylon	单级入轨	翼身组合	佩刀喷气/火箭组合发动机
德国	Sänger	水平起降两级入轨	翼身融合构型	氢动力航空发动机
巴西	14－X	水平起降两级入轨	乘波体布局	超燃冲压发动机
中国	腾云工程	水平起降两级入轨	翼身融合	组合动力

图1－3　NASP单级入轨空天飞行器X－30

图1－4　德国Sänger两级入轨运输系统

图 1-5　X-43A 验证机

图 1-6　X-37B 轨道试验飞行器

图 1-7　猎鹰 9 号(Falcon 9)可回收火箭

图1-8 欧洲 LAPCAT 项目的 A2 方案

图1-9 英国"云霄塔"(Skylon)空天飞机计划

1.1.3 高超声速飞行器的飞行特性

1. 垂直起降跨大气层运载器

对于跨大气层飞行的飞行器来说，其飞行轨迹分为跨大气层的上升段、轨道飞行段和再入返回段。其上升段的飞行轨迹取决于构型(一级、两级或者多级)和动力装置(火箭发动机、吸气式冲压发动机或者组合发动机)。以火箭发动机为动力的垂直发射运载器，一般为细长旋成体构型，其气动特性对上升段的飞行轨迹影响较小。再入段的轨迹取决于构型、气动特性和控制方式。图1-10显示了猎鹰9号可回收火箭的飞行剖面，其利用栅格舵和发动机进行控制。

2. 高超声速飞行器爬升段/巡航段的飞行特性

由于水平起降简化了发射操作，减小了发射时需要的人力，缩短了地面周转时间，从而降低了运输费用，若能进一步做到在普通机场待命起飞，将会有十分重要的价值。一些高超声速飞行器为水平起降形式，其飞行轨迹一般分为爬升段、巡航段或者滑翔段、返回段等(图1-11

显示了 X－43A 的典型飞行轨迹），与构型、气动特性和动力装置、控制方式息息相关。

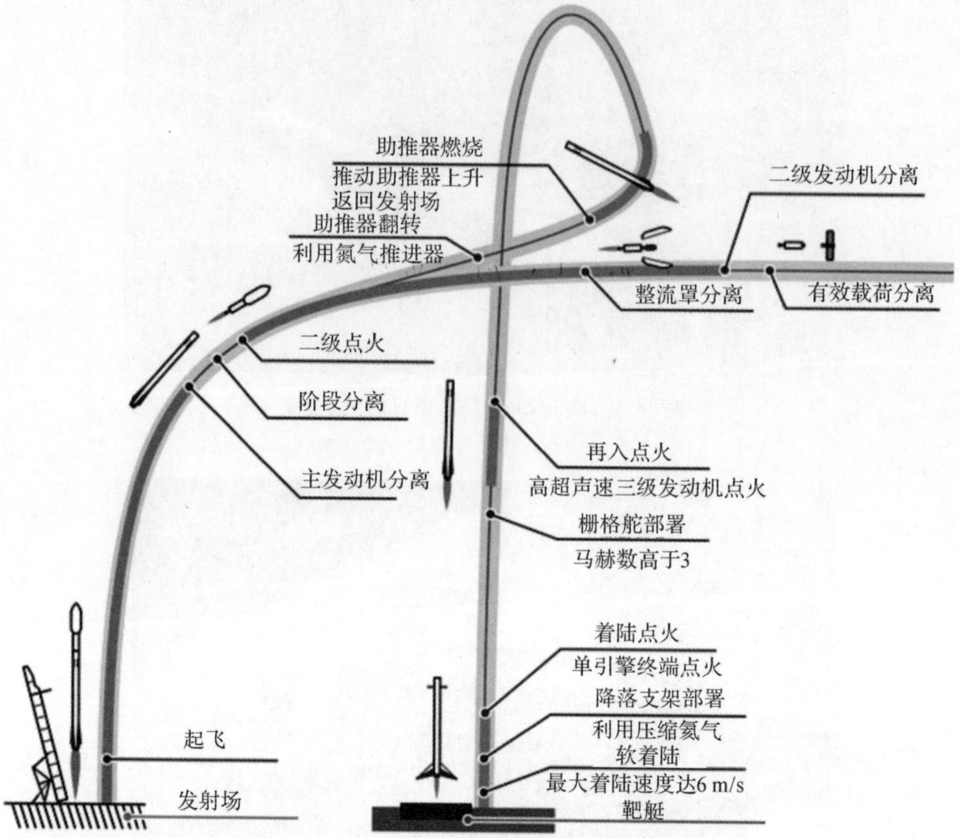

图 1－10　猎鹰 9 号一级回收火箭的飞行剖面

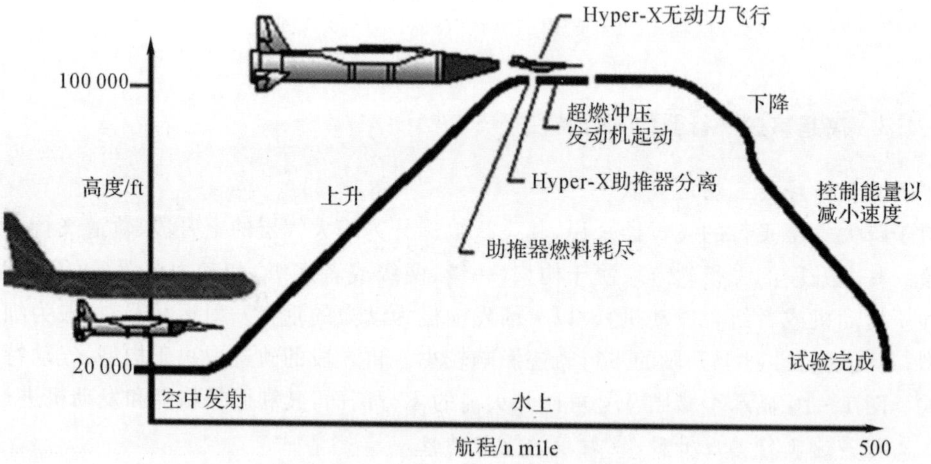

图 1－11　X－43A 飞行剖面图

注：1 ft＝0.304 8 m；1 n mile＝1 852 m

这类飞行器爬升或巡航须计入气动力的影响。飞行器受力如图1－12所示，包括推力T、作用于气动中心P上的气动力A（它可以分解成沿着速度V方向的阻力D和垂直于速度方向的升力L）、作用于重心M上的重力G。

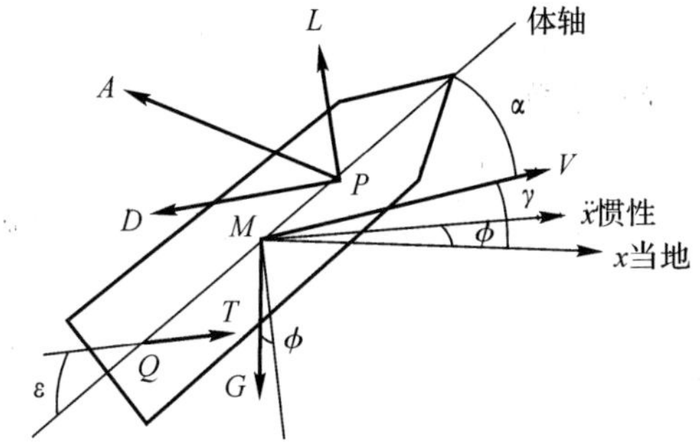

图1－12　爬升段受力分析

根据牛顿第二定律，则有

$$m\frac{\mathrm{d}V}{\mathrm{d}t}=T\cos(\varepsilon-\alpha)-D-G\sin\gamma \tag{1-1}$$

$$-mV\frac{\mathrm{d}(\gamma-\phi)}{\mathrm{d}t}=T\sin(\varepsilon-\alpha)-L+G\cos\gamma \tag{1-2}$$

式中：ε为推力向量与体轴的夹角；γ为速度分量与当地水平面的夹角；ϕ为当地水平线和平行于地面惯性坐标系的x轴的夹角。当飞行器推力方向与体轴夹角ε和飞行攻角都很小时，其切向动力学方程可简化为

$$m\frac{\mathrm{d}V}{\mathrm{d}t}=T-D-mg\sin\gamma \tag{1-3}$$

由式(1－3)可得Jones－Donaldson公式为

$$\frac{m_{\text{fuel}}}{m_0}=1-\left[1-\frac{E_1}{2(T/D-1)}\right]\Big/\left[1+E_1\left(1+\frac{1}{2(T/D-1)}\right)\right] \tag{1-4}$$

式中：m_{fuel}和m_0分别表示飞行器燃料质量和总质量；E_1表示为

$$E_1=\frac{e_1}{\eta JQ} \tag{1-5}$$

式中：e_1为飞行器单位质量的输出能量；η为飞行器推进系统效率；J为热功当量；Q为单位质量燃料释放的热量。

对于单级入轨的飞行器，E_1对应的是轨道高度和速度。可以看出，只要减小飞行器结构质量，提高m_{fuel}/m_0，就可以在较低的推阻比T/D和η下达到入轨要求。

若飞行器进行巡航，其航程可由下式求出：

$$\mathrm{d}s=V\mathrm{d}t \tag{1-6}$$

$$-\mathrm{d}G=C_{\mathrm{e}}T\mathrm{d}t \tag{1-7}$$

$$\mathrm{d}S=\frac{V}{C_{\mathrm{e}}T}\mathrm{d}G \tag{1-8}$$

式中：C_{e}为产生单位推力的燃料消耗率；S为距离。为了保持等速巡航，则有

$$T=D \tag{1-9}$$

$$L+\frac{mV^2}{R+H}=G \tag{1-10}$$

式中：R 为地球平均半径；H 为距地球表面的飞行高度。引进轨道速度 V_s，则有

$$V_s=\sqrt{g(R+H)} \tag{1-11}$$

则航程为

$$S=\int_0^1-\frac{VK}{C_e\left(1-\frac{V^2}{V_s^2}\right)}\frac{\mathrm{d}m}{m}=\frac{\frac{KV}{C_e}m\,\frac{m_0}{m_1}}{\left(1-\frac{V^2}{V_s^2}\right)} \tag{1-12}$$

式中：K 为升阻比。为了求得最大的航程，必须使飞行器有最大的升阻比和最低的燃料消耗率，并要尽可能地降低结构质量，使得$\frac{m_0}{m_1}$最大。

3. 再入段/返回段的飞行特性

再入段/返回段的气动问题是非常重要的，根据飞行器飞行轨道的特点（见图 1-13），可将再入的模式分成以下三类：

(1)弹道再入式。在再入时，飞行器的攻角接近 0°，升阻比也接近于零，弹头和返回式卫星都是这种再入模式，只是弹头的再入角比卫星的再入角大。弹头的再入角一般约 10°，而返回式卫星的再入角只有 2°～3°，因此，弹头在再入时承受的热流要比返回式卫星高，但返回式卫星再入的时间较长，它在再入时承受的总加热量并不小。

为了增强弹头的突防能力和提高弹头的落点精度，近年来正在研究和发展机动弹头。机动弹头是在较低的高度（一般在 30 km 左右）通过控制产生机动力，因此它的气动问题要比普通弹头复杂得多，但就其再入区域来说，仍然是弹道式再入的模式。

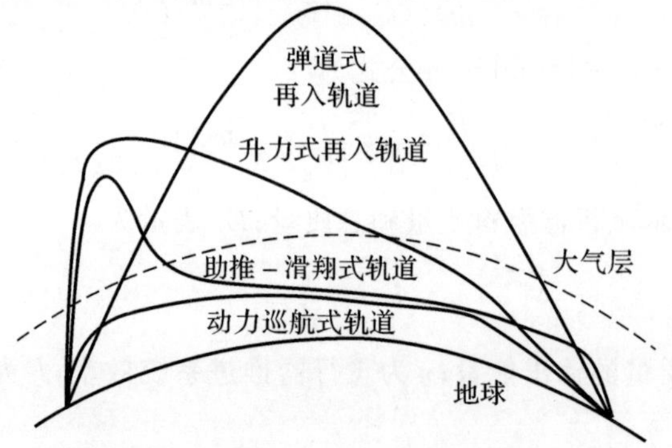

图 1-13　再入段/返回段飞行轨迹图

(2)升力再入式。这种再入方式，综合再入时的构型、升阻比和着陆方式等因素，又可分成飞船再入和有翼轨道器再入两种模式。现有的飞船，其外形都是轴对称的，通过控制重心对飞行器纵轴的偏移来产生平衡攻角，从而产生升力，其升阻比在 0.15～0.5 之间。随着升阻比的增加，飞行器在再入减速时承受的过载减小。通过控制飞行器的滚转使得飞船也具有横向机动能力，但横向机动距离一般小于 500 km。飞船在低空（约 10 km）借助降落伞降落。

有翼轨道器的升阻比一般大于 1.0。它在再入时要采用较大的攻角和精心设计的再入走廊，保证飞行器不会从大气层边缘反弹出来并满足最大热流、总加热量和最大过载等限制。它

也是通过控制滚转来实现横向机动的，横向机动距离可达 2 000～2 500 km。在低空（约 25 km）采用能量管理，然后像普通飞机那样进场着陆。

（3）助推-滑翔/动力巡航式。助推-滑翔式在再入后利用升力使飞行器反弹出大气层，然后又进入大气层或改变轨道以进行新的轨道飞行；动力巡航式利用发动机进行周期巡航式飞行。显然，对于这类飞行器，还需要重点考虑真实气体效应和稀薄空气动力学问题。

1.2　高超声速流动的基本特征

概括地说，高超声速流动就是当飞行器的飞行马赫数（*Ma*）增加时，某些物理现象变得愈来愈重要的流动。这些现象也是区分超声速流动和高超声速流动的主要特征。这些现象包括由于流动 *Ma* 很高而产生的高度非线性的流体动力学特性和由于流动能量很大而引起的高温物理化学特性。从空气动力学现象和理论分析来看，高超声速流动与超声速流动存在显著差异。具体来讲，高超声速流动主要有以下现象。

1. 薄激波层

飞行器在超声速飞行时，飞行器与气流相遇的前缘将产生激波，激波与飞行器表面之间的流场叫作激波层。当飞行器的飞行 *Ma* 很高时，激波层就很薄。如图 1-14 所示，当 Ma_∞ 为 36 时，完全气体（比热比为 1.4）绕过一个楔角为 15° 的尖楔，由气体动力学的斜激波理论可知，激波角只有 18°。假若考虑真实气体效应，激波角会更小。根据高超声速流动的激波层很薄这个特征，建立了包括牛顿公式在内的高超声速无黏流动的近似分析方法。此外，正因为激波层很薄，在雷诺数（*Re*）较低时，由于黏性边界层很厚，因此必须在整个激波层内都考虑黏性。

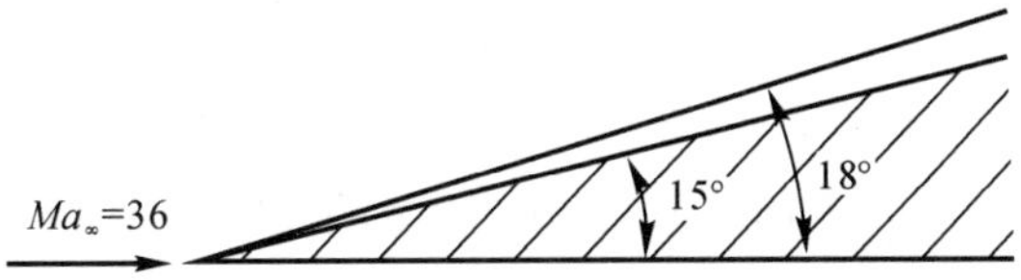

图 1-14　高超声速飞行下的流过尖楔外形的激波层示意图

2. 黏性干扰效应突出

在高超声速时，气流流动的大部分动能在边界层中转换成内能，使得高超声速边界层内的温度很高。由于温度增高，黏性系数增大，边界层增厚。另外，沿垂直于飞行器表面方向，边界层内的压力不变。温度增加，引起密度减小。由质量守恒定律可知，此时边界层的厚度增加。因此，在高超声速时，沿飞行器表面的边界层要比低速时厚得多。边界层厚度与马赫数的近似关系为

$$\frac{\delta}{x} \propto \frac{Ma_\infty^2}{\sqrt{Re_x}} \tag{1-13}$$

即边界层厚度与马赫数二次方近似成正比，马赫数越大，边界层越厚。厚的边界层将使外部的无黏流动产生很大的变化，而无黏流的变化又影响边界层的发展，这种无黏流和边界层的相互干扰叫作黏性干扰。进一步，当边界层不断增厚，使得边界层和激波层完全融合时，就不能再用边界层的概念，而必须在整个激波层内都考虑黏性。图1-15给出了高超声速边界层流动的黏性干扰示意图。

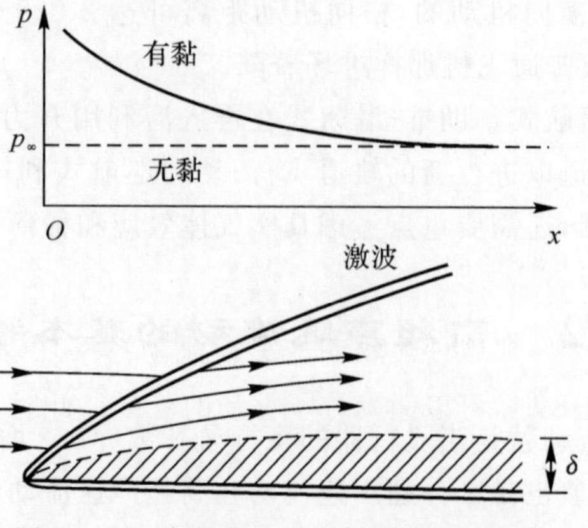

图 1-15　高超声速边界层流动的示意图

强激波和黏性效应导致的激波／边界层干扰问题广泛存在于各类高超声速飞行器的外部和内部流动中，对飞行器的影响主要体现在几方面：① 在激波／边界层干扰过程中，边界层内会出现较强的逆压梯度，引起边界层厚度增加，发生流动分离；② 激波／边界层干扰通常都伴随着激波和分离泡等典型非定常流动结构，产生流动的非定常振荡；③ 激波／边界层干扰会造成发动机进气处流动总压损失，严重影响发动机进气效率；④ 激波／边界层干扰中的流动再附会形成局部的高热流区域，可能会对飞行器的结构造成破坏，严重影响飞行器的安全。

3. 存在高熵层

高超声速飞行器的前缘一般都是钝的，而钝体在超声速气流中会产生弓形激波。在前缘的轴线附近，激波角接近 90°。经过这段激波的流线，在激波后的熵值增加很多。往下游时，激波角逐渐减小。经过这段激波的流线，在激波后的熵值增加较少。因此在飞行器接近前缘的一段区域内，在垂直于飞行器表面的方向，存在很大的熵梯度。这种熵梯度很大的区域叫作熵层。该熵层覆盖在物体表面，并延伸到头部下游相当长的距离，如图 1-16 所示。由克罗柯(Crocco) 定理可知，熵层是涡量很大的区域。

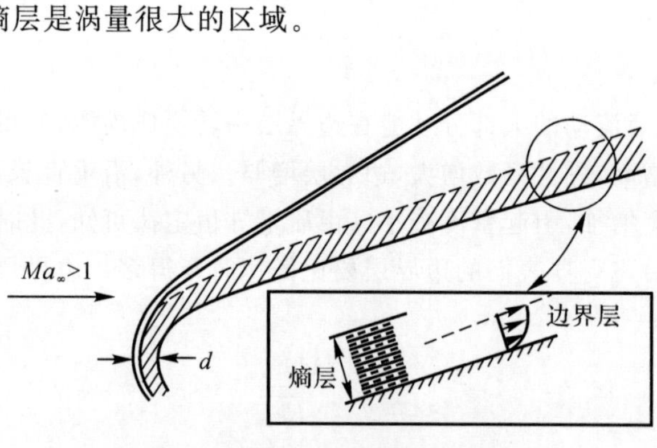

图 1-16　高超声速熵层示意图

4. 严重的气动加热及高温真实气体效应

在超声速流中物面边界层内气流受到黏性阻滞，气体微团的动能转变为热能，造成壁面附近气温的升高，高温空气将不断向低温物面传热，这就是气动加热现象。高超声速气动加热不仅有与常规高速流动有相同的方式——热传导和热对流，还有由真实气体效应引起的多组分混合气体因组分浓度不均匀形成的扩散传热，当温度高于 8 000 K 时还要考虑辐射加热。正是高超声速飞行器严重的气动加热问题大大改变了飞行器气动外形的选择，并引起了表面的热防护问题。

高超声速飞行器前缘弓形激波后的高温和飞行器表面边界层中的高温，极易产生振动激发、离解、电离、化学反应等现象和过程。假若在流动中发生振动和化学反应的时间与空气流过流场的时间相比要短得多，则这种流动叫作平衡流动。反之，则叫作非平衡流动。具体来说，当空气的温度超过800 K时，可以激发分子振动的能量。此时比定压热容 c_P 和比定容热容 c_V 都将是温度的函数，从而比热比也将是温度的函数。当温度进一步增加时，将发生一系列化学反应。对于平衡化学反应，c_P 和 c_V 将是温度和压力的函数。因此，比热容比 $\gamma = f(p,T)$。对于空气，在一个大气压时，当温度增加到 2 000 K 时，开始发生氧分子的离解（$O_2 \rightarrow 2O$）。当温度增加到4 000 K时，氧分子基本上都离解了，而且在这个温度时，氮分子开始离解（$N_2 \rightarrow 2N$）。当温度增加到9 000 K时，氮分子基本都离解了。当温度高于9 000 K时，开始发生电离，此时空气就变成等离子体。

如果飞行器表面采用烧蚀防热，烧蚀产物进入边界层后，会发生复杂的化学反应。上述种种现象都使气体偏离了完全气体的假设。在空气动力学的理论中，通常将这些现象叫作真实气体效应。如“阿波罗”(Apollo) 飞船在高度 $H=53$ km、$T_\infty=283$ K、$Ma_\infty=32.5$ 条件下，采用完全气体假设，则正激波后驻点温度 $T_s=58\ 300$ K，而对于实际的气体 $T_s=11\ 600$ K，完全气体模型失效。

真实气体效应对高超声速飞行器的气动特性有重要的影响，特别是对复杂外形的飞行器影响很大，会使俯仰稳定性及气动操纵效率发生比较大的改变。美国航天飞机的几次飞行试验中的数据表明，在高温真实气体效应作用下，机身襟翼的配平偏角达到了分析报告预测值的2倍，数据分析中将“高超声速配平异常”现象最终归结到高温真实气体效应的影响上。而且，真实气体效应对高超声速飞行器的气动加热将产生十分显著而又复杂的影响。除此以外，由于电离而产生的自由电子，可以吸收电磁波，使得电磁波既不能传进飞行器内部，也不能从飞行器内部传出来。这种现象通常叫作“通信中断”或“黑障”。

5. 高空低密度效应

现代高超声速飞行器在大气密度很低的高空持续飞行，低密度效应对空气动力的影响很重要。当飞行高度极高时，大气密度极低，以至于分子的平均自由程与飞行器的特征长度具有相同的量级。空气介质不再呈现连续性，必须采用与连续介质完全不同的方法来研究这种流动，通常采用分子运动论的技术来处理。当与飞行器表面相撞后表面反射的分子与入射分子不发生相互作用时，这种流动被称为自由分子流。低密度时物面处的流动速度不为零，应取一定大小的值，称之为速度滑移条件。壁面处的气体温度也不同于壁温，称之为温度跳跃条件。另外，高空低密度时，激波本身的厚度变大，通常对激波所作的间断面假设不再有效。

图 1-17 显示了典型高超声速飞行器中的流动物理特征，可见其包含很多复杂的物理现象。

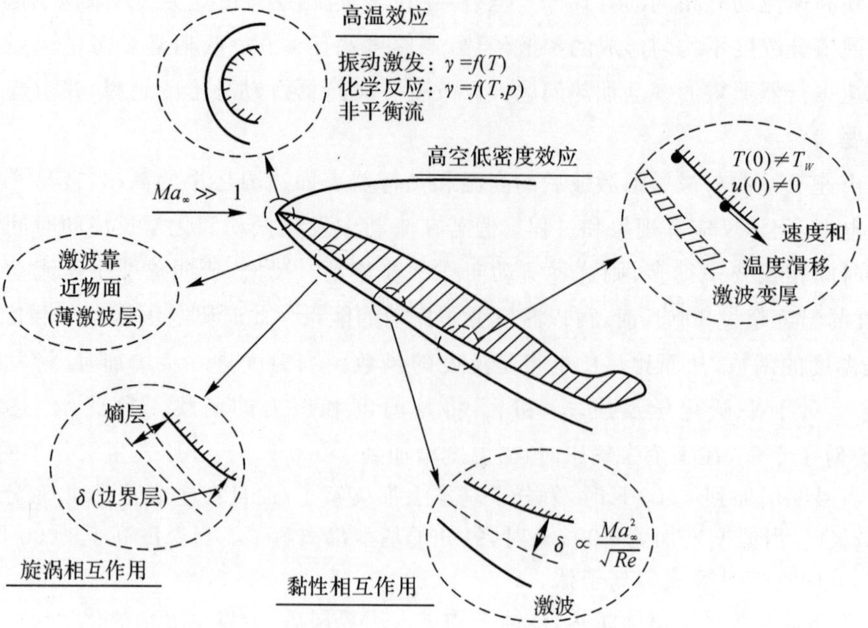

图 1－17　高超声速飞行器飞行中的流动特征

1.3　高超声速飞行器空气动力学研究方法

1.3.1　高超声速空气动力学的研究手段

发展先进的天地往返重复使用运输系统，特别是空天飞机，要求在全速域马赫数范围内对飞行器的气动性能进行准确预测；要求提供从低速到高超声速都具有良好气动性能并考虑机体/推进一体化的气动构型；要求研究更加复杂的流动现象，包括湍流、转捩、激波、旋涡以及它们之间的相互干扰作用。伴随着高超声速飞行器的飞速发展，高超声速空气动力学的研究方法发生了不同于传统空气动力学的变革。这种变革主要体现在理论计算、地面模拟试验和模型自由飞试验三种手段的结合将更加紧密。高超声速空气动力学的研究同样是采用理论计算、地面模拟试验和模型自由飞试验相结合的手段来获得数据，三种手段是相辅相成、互相补充和互相验证的。最后，需要通过综合分析三种手段取得的结果数据来解决问题。

1.计算空气动力学

利用计算机进行高超声速空气动力学的计算，是最常用的方法。计算技术的迅速发展为计算空气动力学的发展创造了十分有利的条件。以计算流体动力学(CFD)技术为代表的数值模拟方法从根本上改变了飞行器的设计方法，有效减少了地面试验和飞行试验需求，降低了花费及风险。在飞行器的研制过程中，采用计算空气动力学的手段，可以大大降低设计成本和研制周期，且有利于优化设计、多学科综合及虚拟飞行。另外，基于数值模拟技术的计算方法可以提供飞行器研制非常必要的流动细节，提供对流场认识、分析、诊断、设计和优化等的支持。同时，随着对大飞行空域、宽飞行速域以及物理、交叉学科耦合的性能预测能力的需求，数值模拟技术对新型高超声速飞行器研制的支撑作用更加突出。但由于高超声速问题的复杂性，在利用数值模拟求解高超声速飞行器的气动问题时，最大的困难是湍流、边界层转捩、分离流动和非平衡化学反应问题，只能用试验来确定湍流模型和化学反应的基本常数。

2. 地面模拟试验

由于地面模拟试验在许多情况下能够反映实际飞行情况，因此试验测得的数据是设计人员的重要设计依据，它以建造适用于不同马赫数、不同雷诺数范围和不同气动问题的常规风洞和特殊风洞，模拟实际飞行环境，开展气动力和气动热试验研究工作，以获取在模拟环境下的气动特性。高超声速飞行器气动力试验种类繁多，所采用的试验原理、测试手段和风洞条件各不相同。当前，常见的高超声速飞行器地面模拟试验装置主要包括常规高超声速风洞、激波管和激波风洞、低密度风洞、电弧加热风洞、火箭撬等。但是，实际飞行中的飞行环境十分恶劣，地面试验设备的模拟能力不能完全满足实际需求，许多重要飞行阶段的飞行环境在地面上无法完全模拟，而地面设备本身存在着洞壁干扰和支架干扰，试验雷诺数 *Re* 较低，因此地面试验存在一定的局限性。在高马赫数下，此局限性就更加突出，除了模拟 *Re*、*Ma* 外，还要模拟驻点温度，考虑真实气体效应和高温效应、模型的几何尺寸、凸起物和边界层的相对厚度等。当前，即使是世界上最先进的地面模拟设备也只能模拟部分飞行条件，利用 CFD 计算和地面模拟试验的紧密结合，进行气动参数的天地相关性研究，可以建立天上飞行的气动特性与通过综合运用地面风洞、理论研究等各种手段得到的气动特性之间的关系，给出相应的误差和不确定度分析。

3. 模型自由飞与演示验证

研究空气动力学的第三个手段是模型自由飞试验。利用装有各类测量设备的模型或真实飞行器模拟实际飞行轨道进行飞行试验，将飞行器测量设备记录的信息加以处理，即可得到飞行器在真实飞行条件下的气动特性。如果测试设备十分可靠，测量方法十分完善，而且研究人员拥有较好的数据处理方法，则此种方法获得的气动性能数据最为真实可靠。因为模型自由飞试验的 *Re*、*Ma*、焓值大小及其变化过程更接近于真实飞行，试验模型尺寸也较大，细节更为丰富。自由飞试验可以为地面模拟试验的技术改进和结果校正提供基准数据，也可以验证地面模拟试验数据。但是模型自由飞试验耗费的资金较多，准备试验的时间较长，从研究工作的角度来看，它是飞行器性能的综合检验，难以考虑各种因素的影响，也难以细致地进行机理性研究。

上述三种获得气动特性参数的途径各有其优缺点。为此，在高超声速飞行器设计中，要求在系统发展的全寿命周期，包括概念探索与定义，论证与确认，研制、生产与部署，运行与支持等阶段，充分结合应用三种方法。

1.3.2 高超声速空气动力学的挑战

高超声速飞行器不仅涉及高速空气动力学问题，还经历临近空间连续流、滑移流、过渡流、自由分子流等空气组分变化，同时存在着力、热、声、电磁等环境共同作用，高速飞行时还存在高温真实气体效应、稀薄气体效应、边界层转捩等复杂流动现象。因此，需要清楚地认识到高超声速飞行过程面临的气动基础科学问题和挑战，加强机理性认知，提高高超声速飞行器宽速域升阻比，降低热流密度，改善大空域飞行操稳特性。目前，高超声速飞行器空气动力学研究方面存在着以下挑战。

1. 高温气体动力学

高温真实气体效应是高超声速飞行器研制中必须考虑的一个重要问题。研究表明,当马赫数超过10时,高温真实气体效应将逐渐对飞行器的气动力和气动热特性产生显著而复杂的影响,特别是对复杂外形的飞行器影响很大,这其中涉及平衡与非平衡气体效应、非平衡气流与壁面相互作用和表面催化效应、高温气体的辐射非平衡流动等重要问题。对于高温气体非平衡流动问题,已进行了大量的研究。但对高温气流中化学反应速率的认知不足,特别是在振动自由度激发、分子离解、表面化学反应等各种因素耦合的情况下,更是知之甚少。目前存在的主要问题是,高温气体热力学特性和化学反应速率常数以及化学反应模型的选取还有一定的不确定性,这将导致头部激波脱体距离、物面边界层速度剖面、密度剖面和物面热流等重要参数预示上的偏差。

2. 边界层转捩问题

高马赫数飞行时,飞行器表面将存在大范围层流边界层区,并在其后形成层流向湍流变化的转捩区。边界层转捩与湍流问题属于世界性难题,边界层内扰动传播与发展模态多样,转捩的诱发因素复杂,转捩区域预测难度大,对气动热环境的预测、热防护设计、进气道性能影响显著。边界层流动转捩过程强烈依赖于来流条件和壁面条件,且存在着多种物理机理。影响高超声速边界层转捩的因素有多种,包括壁面温度、马赫数、噪声、头部钝度、熵层和攻角等。

3. 稀薄气体效应问题

高超声速飞行器在临近空间飞行时将经历过渡流区和自由分子流区,气态分子出现飞行器表面滑移、电子能级跃迁等复杂效应,传统基于连续介质假设和完全气体模型的N-S方程数值模拟手段已不适用,需开展基于Boltzmann方程、DSMC等模拟技术,以及超高速低密度风洞试验技术等基础模拟验证手段的研究。

4. 高超声速飞行器的气动热弹性问题

现代高超声速飞行器有着比较宽阔的飞行包线,飞行高度和马赫数的变化范围很大,为了增加机动航程,多采取复杂的高升阻比构型。由于对结构重量有着严格的限制,因此大量使用超轻质、高强韧材料,使机/弹体柔性程度加大,高速飞行时气动加热现象非常突出,控制系统的作用也日益重要,这些因素所造成的高超声速气动热弹性问题与传统的亚、跨、超声速相比,不管是在试验研究,还是理论计算分析方法上都有很大不同。空气/伺服/热弹性耦合因素变得非常显著,高超声速气动热弹性研究成为不可忽略的重要研究课题。

5. 宽域高升阻比气动布局设计技术

对于可重复使用的组合动力运载器,在大气层内飞行要跨越亚/跨/超/高超声速,不同速域下的气体流动特征截然不同,急剧变化的飞行条件使飞行器绕流特性产生复杂、剧烈的变化,导致气动性能产生较大差异。与组合动力运载器的气动特性相关的工作状态十分复杂,包括发动机冷/热态气动耦合、变外形、多体耦合变结构、挂载物投放分析等多种问题。因此,宽速域飞行的气动外形设计面临极大挑战。不同马赫数区段下的高升阻比气动外形设计理念是矛盾的。通常的亚声速高升阻比气动外形特征为大展弦比平直翼、圆滑钝前缘,而超/高超声速高升阻比气动外形特征则是小展弦比大后掠角机翼、尖前缘,随着马赫数的增大,机身长细比也将增大。同时,宽域飞行中压心变化范围随飞行马赫数变化范围增加而变大,飞行器稳定度变化随之变大,导致飞行器操稳特性难以匹配。需要发展宽速域下的气动布局设计技术,以及逼近/突破“升阻比屏障”、改善宽域操稳匹配关系的先进布局技术。

6. 主动流动控制与智能变形技术

为了满足宽域飞行局部流动分离抑制、增升减阻设计、宽域的操稳匹配设计、进气道不起动预防等多种要求，通过多种流动控制手段(分离涡设计、直接力控制、进气道起动/不起动控制、增升减阻技术等)，实现全飞行包线的高升阻比设计。同时，高超声速飞行器从地面或运载平台上起飞，穿越大气层飞行，需跨越亚/跨/超/高超声速，历经稠密与稀薄大气，面临复杂且急剧变化的飞行环境，飞行器绕流特性变化大，同一外形在不同速域的气动特性差异明显，同样的高升阻比等性能需求将导致相互矛盾的外形方案，固定外形的飞行器很难适应如此广泛的环境参数变化，始终保持优良的使用性能。因此，要采用智能变形飞行器技术，对变形进行智能控制和以智能材料与结构为基础实现变形，需要重点解决的关键技术问题有可变形飞行器气动性能预测和气动布局研究、可变形飞行器总体设计优化、变形过程及变形前后的飞行稳定性与操纵特性、可变形飞行器的飞行控制技术等诸多气动设计与控制问题。

7. 地面试验、数值模拟融合与天地相关性技术

对于高超声速流动，目前的风洞试验能力还无法完全满足飞行器设计的马赫数与雷诺数包线要求，高超声速飞行领域的地面试验设备受到模拟能力的限制，难以完全模拟实际飞行情况下的流场环境。所以目前在高超声速气动设计中，数值计算技术仍然被用作地面试验的补充手段，来弥补试验设施方面存在的种种限制。但基于 CFD 的数值模拟还缺乏试验数据的确认。需要把高超声速高焓试验设施的试验技术和数值模拟技术平衡地结合在一起，并通过发展飞行试验验证，将地面试验、数值模拟和真实飞行有机联系起来，进一步确定风洞自由流的特性状态，发现和研究清楚一些新的和重要的效应，这些成果将有助于飞行器设计工具的研发工作。

8. 多学科交叉的气动优化设计问题

高超声速飞行器必将由几个高度一体化设计的系统组成，需要进行多学科设计优化处理，以便获得能够满足所有设计约束条件的、坚实可靠的飞行器设计方案，飞行器的形状将决定飞行器的诸多特性，如飞行器的结构形式、与机身一体化设计的热防护系统的类型和其所用的材料、飞行控制系统、飞行力学特性和飞行轨迹等。反过来，飞行器的飞行轨迹又会决定飞行器所受到的气动加热、载荷，影响到飞行器的气动弹性力学特性、飞行器的性能和飞行器的质量。同时，飞行器的气动和隐身相互交叉耦合。因此，多学科设计优化是气动设计重要的发展方向。

习　　题

(1) 高超声速流动的定义是什么?

(2) 高超声速流动的主要特征有哪些?

(3) 黏性干扰效应对飞行器气动特性的影响有哪些?

(4) 真实气体与完全气体的区别是什么?

(5) 低密度效应对飞行器气动特性有什么样的影响?

第 2 章　高超声速流的基本理论

一般而言，高超声速流动也属于超声速流动的范畴，只是流动马赫数更高，所以超声速流动下的一些基本理论也适用于高超声速流动。

2.1　激波和膨胀波理论

当超声速气流流经物体时，气流方向要发生向内或向外转折，相应地产生激波或膨胀波。利用激波和膨胀波的理论即可求出物体表面的压力分布和作用的空气动力。在初步分析时，这一方法对于高超声速气流同样可用。

2.1.1　马赫波

超声速流场中，扰源的影响不仅不能传到扰动源（O点）的前方，而且局限在以O为顶点所有扰动球面波的包络面——圆锥面以内，如图 2-1 所示。这个圆锥称为马赫锥，锥的边界线为马赫线，其半顶角

$$\mu = \arcsin \frac{1}{Ma} \tag{2-1}$$

式中：μ 称为马赫角，Ma 值越大，μ 越小。

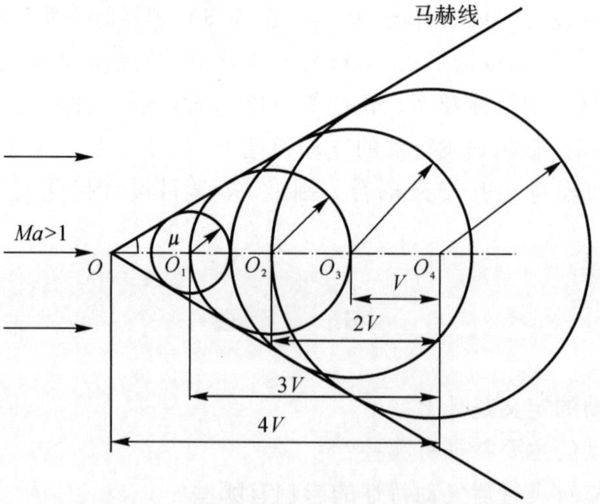

图 2-1　超声速流中小扰动的影响区

在超声速流场中，小扰动不会传到扰源的上游，气流未到达扰源之前没有感受到任何扰动，因此不知道扰源的存在。以上所述不论对二维流还是对三维流均适用。在超声速流中，对薄楔形物体，马赫锥变为楔形的；对细长针锥形物体，马赫锥是圆锥形的。

超声速气流受到微小扰动而使气流方向产生微小变化，扰动的界面是马赫波。下述讨论平面流动情况，导出气流参数变化与方向偏转之间的微分关系式。

设有 $Ma_1>1$ 的定常、直匀超声速气流绕 AOB 壁面流动，如图 2－2 所示。超声速无黏气流沿 AO 壁面流来，在 O 点偏转一个微小的角度 $\mathrm{d}\theta$，然后沿 OB 壁面向后流去。规定 OB 壁面相对于 OA 外折时 $\mathrm{d}\theta$ 为正，内折时 $\mathrm{d}\theta$ 为负。由于壁面偏转 $\mathrm{d}\theta$ 角，超声速气流受到微小扰动，故在折点 O 处（扰动源点）必产生一道马赫波 OL，它与来流的夹角为 $\mu=\arcsin\dfrac{1}{Ma}$，波前气流参数不变，通过马赫波后气流方向偏转了 $\mathrm{d}\theta$ 角，参数有微小增量。设波前气流参数为 $Ma\,(\lambda)$，p,V,ρ 等，波后气流参数为 $Ma+\mathrm{d}Ma\,(\lambda+\mathrm{d}\lambda)$，$p+\mathrm{d}p,V+\mathrm{d}V,\rho+\mathrm{d}\rho$ 等。

先来分析 $\mathrm{d}\theta>0$ 情况。为分析方便，将波前和波后的速度 V 和 V' 分解为两个分量，一个平行波面，一个垂直波面（见图 2－3）。

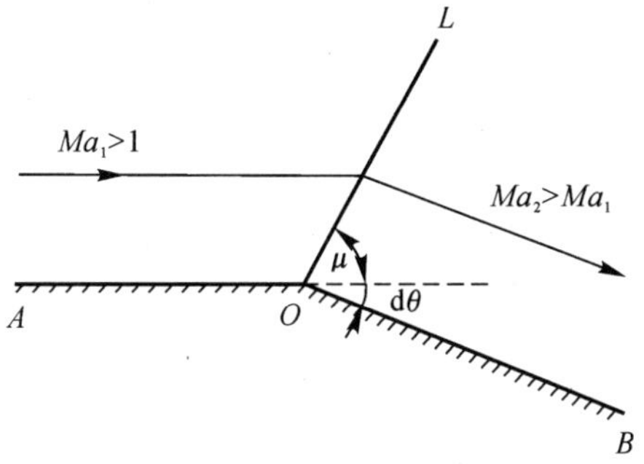

图 2－2　超声速气流绕外折壁的流动

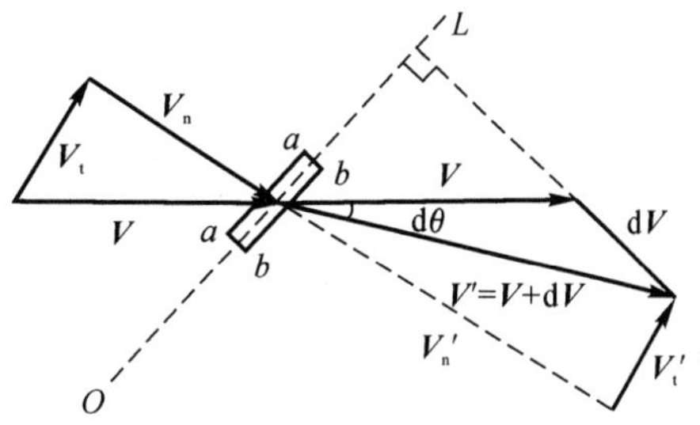

图 2－3　超声速气流绕外折壁的流动分析

取控制区 $aabb$，并对其应用质量方程和动量方程。令 m 为单位时间通过马赫波单位面积上的气体质量，则

$$m=\rho V_n=(\rho+\mathrm{d}\rho)\,V'_n=(\rho+\mathrm{d}\rho)\,(V_n+\mathrm{d}V_n)$$

将上式右端展开并略去二阶小量，得

$$\mathrm{d}V_n=-V_n\frac{\mathrm{d}\rho}{\rho}$$

由于在平行波方向上无压强变化，故切向动量方程为

$$mV'_t-mV_t=0 \tag{2-2}$$

而法向动量方程为

$$m\mathrm{d}V_n=-\mathrm{d}p$$

将 $m=\rho V_n$ 及 $\mathrm{d}V_n=-V_n\dfrac{\mathrm{d}\rho}{\rho}$ 代入，由声速公式 $a^2=\dfrac{\mathrm{d}p}{\mathrm{d}\rho}$ 则有

$$V_n=a \tag{2-3}$$

这说明马赫波前气流法向分速等于当地声速。

由式(2－2) 及图 2－3 可得

$$V\cos\mu=(V+\mathrm{d}V)\cos(\mu+\mathrm{d}\theta)\approx(V+\mathrm{d}V)\,(\cos\mu-\sin\mu\mathrm{d}\theta)$$

或

$$\frac{\mathrm{d}V}{V}=\tan\mu\mathrm{d}\theta=\frac{\mathrm{d}\theta}{\sqrt{Ma^2-1}} \tag{2-4}$$

式(2-4)将马赫波的速度变化与流向变化联系起来。因为假设理想流且气流参数变化无限小,故流动过程是等熵的。

由微分形式的理想流运动方程 $VdV=-\frac{1}{\rho}dp$,用 $a^2=\gamma\frac{p}{\rho}$ 消去其中的 ρ,则有

$$\frac{dV}{V}=-\frac{1}{\gamma Ma^2}\frac{dp}{p}$$

代入式(2-4),可得

$$\frac{dp}{p}=-\frac{\gamma Ma^2}{\sqrt{Ma^2-1}}d\theta \tag{2-5}$$

再利用 $\frac{dp}{d\rho}=a^2$ 和 $p=\rho RT$,又得

$$\frac{d\rho}{\rho}=-\frac{Ma^2}{\sqrt{Ma^2-1}}d\theta \tag{2-6}$$

$$\frac{dT}{T}=-(\gamma-1)\frac{Ma^2}{\sqrt{Ma^2-1}}d\theta \tag{2-7}$$

由式(2-4)~式(2-7)可知,当壁面外折一个正 $d\theta$ 小角度,伴随着流速增大,压强、密度和温度减小,气流发生膨胀,马赫波称为膨胀马赫波;当壁面内折一个负 $d\theta$ 小角度,则伴随着流速减小,压强、密度和温度增大,气流发生压缩,故此时的马赫波称为压缩马赫波。

通过马赫波后壁面上的压强系数为

$$C_p=\frac{(p+dp)-p}{\frac{1}{2}\rho V^2}=\frac{dp}{\frac{1}{2}\frac{p}{RT}Ma^2a^2}=-\frac{2d\theta}{\sqrt{Ma^2-1}} \tag{2-8}$$

注意,上述诸公式不能直接应用到超声速气流大角度偏转的情况。

2.1.2 膨胀波

超声速气流因通路扩张,例如壁面外折一个角度,或因流动条件规定从高压区过渡到低压区,气流会加速、降压,将出现膨胀波。

1. 膨胀波前后参数变化与外折角关系式

设超声速气流流过由多个无限小外折角 $d\theta_1$,$d\theta_2$,$d\theta_3$… 组成的一个凸壁面,如图 2-4 所示。在每一个折点处都产生一道膨胀马赫波。气流每经过一道膨胀波就加速一次,有 $Ma_1<Ma_2<Ma_3<Ma_4$…,则 $\mu_1>\mu_2>\mu_3$…。这些膨胀马赫波与波前气流的夹角愈向后愈小,因此它们在壁面外绝不会相交。

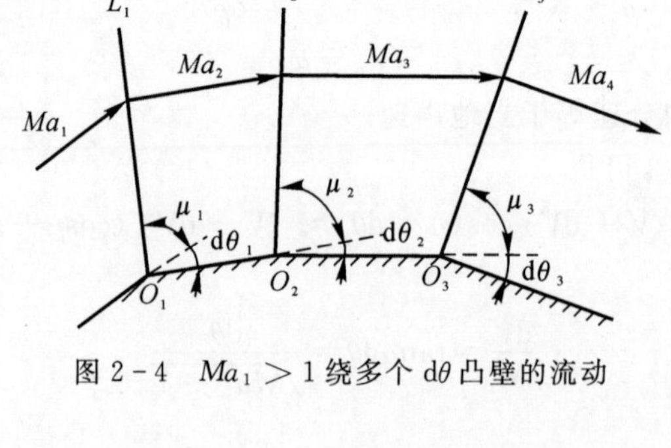

图 2-4 $Ma_1>1$ 绕多个 $d\theta$ 凸壁的流动

如令 O_2,O_3… 无限靠近 O_1 点，这些马赫波就集中起来，组成一个以 O_1 点为中心的扇形膨胀波束，称为膨胀波，如图 2－5 所示。

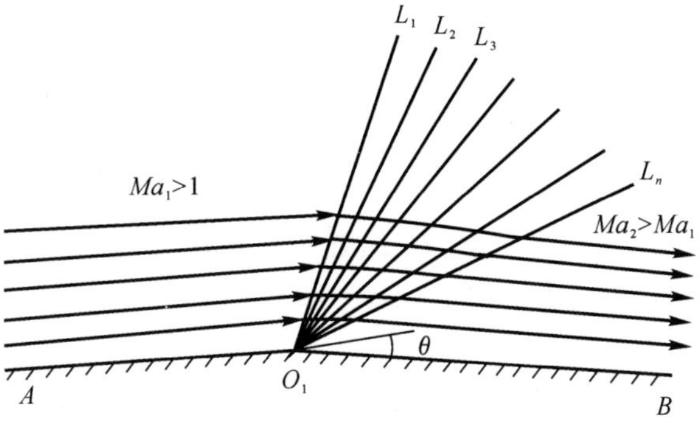

图 2－5　$Ma_1>1$ 绕外折角 θ 的流动

假设壁面在 O_1 点集中向外折转了一个有限角度 θ(可视为无限多个 $d\theta$ 之和)，超声速气流经过发自 O_1 点的无数道马赫波连续膨胀，从 Ma_1 加速到 Ma_2，气流参数发生了有限的变化，流向也同时偏转了 θ 角。由于气流每经过一道膨胀马赫波参数只发生无限小的变化，穿过整个膨胀波束时气流参数必是连续变化的。这种连续变化是等熵的，故气流经过膨胀波是可逆等熵过程。对于一定来流条件，波后气流参数只取决于总的外折角 θ，而与壁面是一次折转还是多次折转无关。

下述来推导超声速气流通过膨胀波时气流参数变化与气流方向变化间的关系式。为此将穿过膨胀波束中任一条马赫波时的微分关系式(2－4)改写为

$$d\theta=\sqrt{(Ma^2-1)}\ \frac{dV}{V}$$

壁面折角由零增大到 θ，马赫数由 Ma_1 增大到 Ma_2，积分上式有

$$\theta=\int_{Ma_1}^{Ma_2}\frac{\sqrt{Ma^2-1}}{1+\frac{\gamma-1}{2}Ma^2}\frac{dMa}{Ma}$$

求此积分需做变量置换，令 $t=Ma^2-1$，则有

$$\theta=\int_{t_1}^{t_2}\frac{t}{1+\frac{\gamma-1}{2}(1+t^2)}\frac{t\,dt}{1+t^2}=\left[\frac{1}{\sqrt{\frac{\gamma-1}{\gamma+1}}}\arctan\sqrt{\frac{\gamma-1}{\gamma+1}}\,t-\arctan t\right]_{t_1}^{t_2}$$

或

$$\theta=\left[\sqrt{\frac{\gamma+1}{\gamma-1}}\arctan\sqrt{\frac{\gamma-1}{\gamma+1}(Ma_2^2-1)}-\arctan\sqrt{Ma_2^2-1}\right]-$$
$$\left[\sqrt{\frac{\gamma+1}{\gamma-1}}\arctan\sqrt{\frac{\gamma-1}{\gamma+1}(Ma_1^2-1)}-\arctan\sqrt{Ma_1^2-1}\right]\qquad(2-9)$$

式(2－9)为普朗特-迈耶尔(Prandtl－Meyer，简称 P－M)公式，在给定 Ma_1 和 θ 后，Ma_2 即可由式(2－9)求出，然后再应用等熵流公式由 Ma_2 求出 $\frac{p_2}{p_{02}}$、$\frac{\rho_2}{\rho_{02}}$、$\frac{T_2}{T_{02}}$ 值。由于是等熵膨胀过程，$p_{02}=p_{01}$，$\rho_{02}=\rho_{01}$，$T_{02}=T_{01}$，故当波前参数给定时，即可求得波后的 p_2、ρ_2、T_2。若给定 Ma_1 和

要求的 Ma_2，则由式(2-9)也可求得所需的壁面外折角 θ。

如指定气流是从 $Ma_1=1$ 的声速流开始膨胀的，达到某个大于1的 Ma 时外折角为 θ_*，则由式(2-9)可得

$$\theta_*=\sqrt{\frac{\gamma+1}{\gamma-1}}\arctan\sqrt{\frac{\gamma-1}{\gamma+1}(Ma^2-1)}-\arctan\sqrt{Ma^2-1} \tag{2-10}$$

当 $Ma\to\infty$，$\theta_{*\max}=\sqrt{\frac{\gamma+1}{\gamma-1}}\cdot\frac{\pi}{2}-\frac{\pi}{2}=130.45^\circ$，此时已膨胀到压强、密度、温度均降为零的真空状态。若 $\theta>\theta_{*\max}$，气流也只能膨胀转折 $\theta_{*\max}$，不能再膨胀了。事实上这种膨胀到真空状态是不会真正达到的，因为在静温降到绝对零度以前空气已经液化了，上述计算已不再成立。

例 2-1 已知 $Ma_1=1.605$ 的超声速气流绕 $\theta=20^\circ$ 外折角，求膨胀波后的 Ma_2 和 $\frac{p_2}{p_1}$ 值。

解 设想 $Ma_1=1.605$ 的超声速气流是由 $Ma=1$ 绕外折角 θ_{*1} 膨胀而来的，然后再继续外折 $\theta=20^\circ$ 膨胀到 Ma_2。这样算出的波后参数与 $Ma_1=1.605$ 气流直接一次外折 $\theta=20^\circ$ 所得到结果完全一样，如图2-6所示。

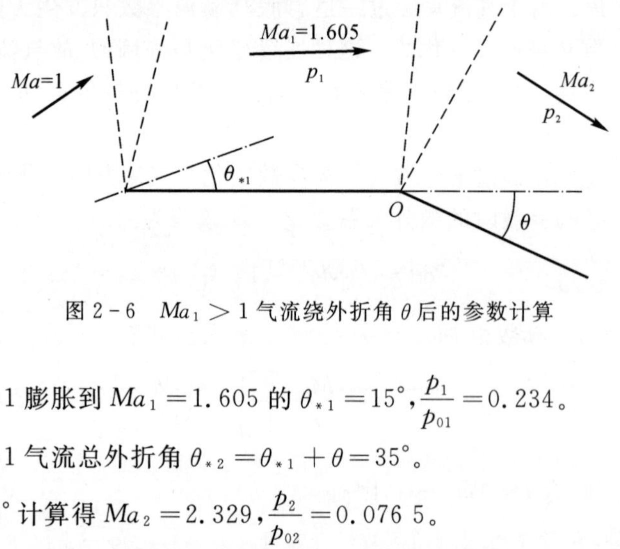

图2-6 $Ma_1>1$ 气流绕外折角 θ 后的参数计算

(1) 求出 $Ma=1$ 膨胀到 $Ma_1=1.605$ 的 $\theta_{*1}=15^\circ$，$\frac{p_1}{p_{01}}=0.234$。

(2) 计算 $Ma=1$ 气流总外折角 $\theta_{*2}=\theta_{*1}+\theta=35^\circ$。

(3) 由 $\theta_{*2}=35^\circ$ 计算得 $Ma_2=2.329$，$\frac{p_2}{p_{02}}=0.0765$。

(4) 因 $p_{02}=p_{01}$，故 $\frac{p_2}{p_1}=\frac{p_2}{p_{02}}\cdot\frac{p_{01}}{p_1}=0.327$。

2.1.3 激波

超声速气流因通路收缩，例如壁面相对气流内折一个角度，或因流动规定从低压区过渡到高压区，气流会减速、增压，将出现与膨胀波性质完全不同的另一种波，即激波。

以超声速平面气流流过一个内折角的凹壁为例，此凹壁是由多个无限小内折角 $d\theta_1$、$d\theta_2$、$d\theta_3$… 所组成的，如图2-7所示。此时在每个折点处都产生一道压缩马赫波，气流每经过一道压缩波就减速一次，所以 $Ma_1>Ma_2>Ma_3>Ma_4>\cdots$，故 $\mu_1<\mu_2<\mu_3<\cdots$，这样每经过一道压缩马赫波，气流就向内折转一个角度，再加上 μ 角逐渐加大，必造成无数多条压缩波彼此密集、相互叠加，在内折壁上方形成一道有限强度的压缩波。如令 O_2，O_3… 无限接近 O_1

点，壁面在 O_1 点形成一个有限内折角 θ，在 O_1 点处产生一道有限强度的压缩波，称为激波。超声速气流经过激波速度下降，波后 $Ma_2 < Ma_1$，气流方向也向内转折了 θ 角，如图 2－8 所示。

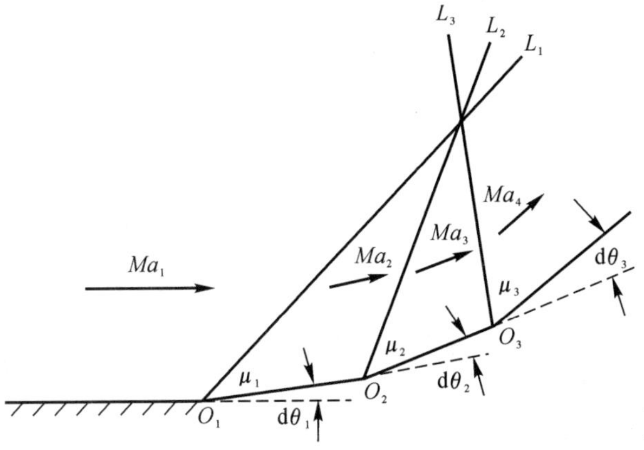

图 2－7　$Ma_1 > 1$ 的超声速气流绕凹壁的流动

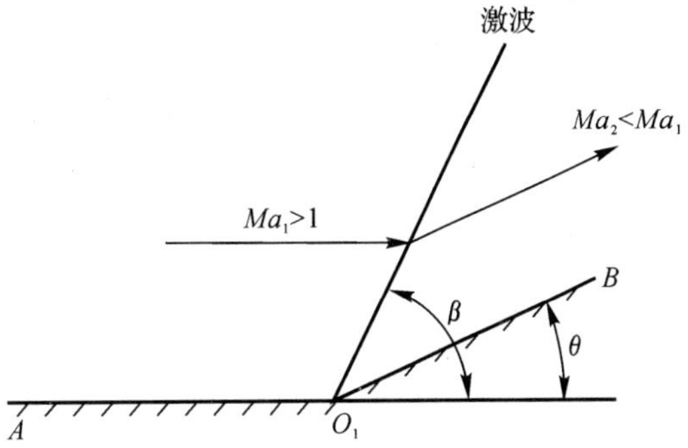

图 2－8　$Ma_1 > 1$ 的超声速气流绕内折角 θ 的流动

实际激波是有厚度的，但其值非常小，约为 2.5×10^{-5} cm，与气体分子自由程同一数量级。在连续介质假设下可忽略它的厚度，而将激波视为气流参数发生突跃变化的间断面。来流穿过激波时受到突然的压缩，压强、密度和温度升高，而速度和马赫数下降。在极小的激波厚度内速度梯度很大，黏性内摩擦作用非常强烈，从而产生客观的机械能损失，而气流穿过激波的时间极短，因此可视为一个绝热但不等熵的过程。

激波与来流方向的夹角称为激波角，用 β 表示。当激波面与来流方向垂直，即 $\beta = \frac{\pi}{2}$ 时称为正激波；当 $\beta < \frac{\pi}{2}$ 时则称为斜激波。另外，当物体是二维时，产生的是二维或平面激波；当物体是三维时，则产生的是三维或空间激波。

下述推导气流经过激波时气流参数的变化与气流方向变化及激波角之间的关系式。

1. 正激波

(1) 基本方程组。在正激波前后取一个矩形控制区“1122”，如图 2－9 所示。

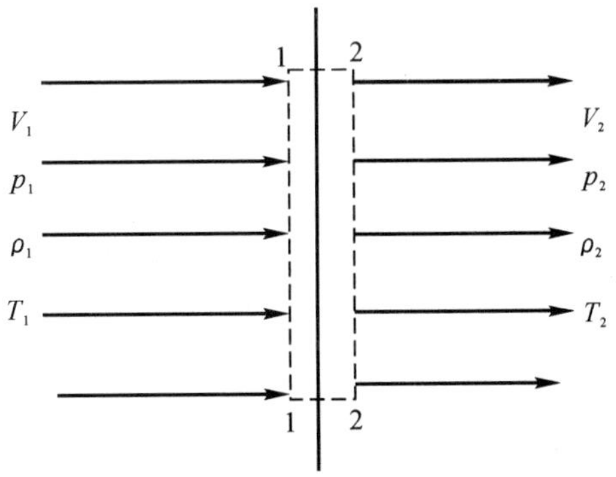

图 2－9　正激波前后关系

11 和 22 为平行波面，长度取为 1，垂直于纸面方向的宽度也取为 1，以使计算简便。正激波前后参数分别用下标1和2表示，并对此控制区的气体写出一维定常流的基本方程组：

连续方程为

$$\rho_1 V_1 = \rho_2 V_2$$

动量方程为

$$p_1 + \rho_1 V_1^2 = p_2 + \rho_2 V_2^2$$

能量方程为

$$\frac{V_1^2}{2} + \frac{a_1^2}{\gamma - 1} = \frac{V_2^2}{2} + \frac{a_2^2}{\gamma - 1} = \frac{1}{2}\frac{\gamma + 1}{\gamma - 1} a^{*2}$$

状态方程为

$$p = \rho R T$$

若正激波前参数 p_1、ρ_1、T_1、Ma_1 给定，则由以上4个方程可解得波后的 p_2、ρ_2、T_2、Ma_2。

(2) 正激波前后的速度变化。分别用 $\rho_1 V_1$ 和 $\rho_2 V_2$ 除动量方程的两边，并写为

$$V_1 - V_2 = \frac{p_2}{\rho_2 V_2} - \frac{p_1}{\rho_1 V_1} = \frac{a_2^2}{\gamma V_2} - \frac{a_1^2}{\gamma V_1}$$

再利用能量方程，可得

$$V_1 - V_2 = (V_1 - V_2)\left(\frac{\gamma + 1}{2\gamma}\frac{a^{*2}}{V_1 V_2} + \frac{\gamma - 1}{2\gamma}\right)$$

此方程有两个解：一个解为 $V_2 = V_1$，表示气流参数无变化的解，无意义；另一个解为

$$V_1 V_2 = a^{*2} \tag{2-11a}$$

或

$$\lambda_2 = \frac{1}{\lambda_1} \tag{2-11b}$$

式(2-11b)说明：超声速气流($\lambda_1 > 1$)经过正激波后变为亚声速气流($\lambda_2 < 1$)，且 λ_1 愈大则 λ_2 愈小。利用马赫数与速度系数的关系 $\lambda^2 = \frac{V^2}{a^{*2}} = \frac{V^2}{a^2} \cdot \frac{a^2}{a_0^2} \cdot \frac{a_0^2}{a^{*2}} = \frac{(\gamma + 1) Ma^2}{2 + (\gamma - 1) Ma^2}$，可将式(2-11b)改写为

$$Ma_2^2 = \frac{1 + \frac{\gamma - 1}{2} Ma_1^2}{\gamma Ma_1^2 - \frac{\gamma - 1}{2}} \tag{2-12}$$

当 $Ma_1 = 1$ 时，$Ma_2 = 1$，当 $Ma_1 \to \infty$ 时，$Ma_2 \to \sqrt{\frac{\gamma - 1}{2\gamma}} = 0.378$。

(3) 正激波前后静参数比。由连续方程和式(2-11)，得

$$\frac{\rho_2}{\rho_1} = \frac{V_1}{V_2} = \lambda_1^2 = \frac{(\gamma + 1) Ma_1^2}{(\gamma - 1) Ma_1^2 + 2} \tag{2-13}$$

$$\frac{T_2}{T_1} = \frac{2 + (\gamma - 1) Ma_1^2}{(\gamma + 1) Ma_1^2}\left(\frac{2\gamma}{\gamma + 1} Ma_1^2 - \frac{\gamma - 1}{\gamma + 1}\right) \tag{2-14}$$

$$\frac{p_2}{p_1} = \frac{\rho_2}{\rho_1}\frac{T_2}{T_1} = \frac{1 - \frac{\gamma + 1}{\gamma - 1}\lambda_1^2}{\lambda_1^2 - \frac{\gamma + 1}{\gamma - 1}} = \frac{2\gamma}{\gamma + 1} Ma_1^2 - \frac{\gamma - 1}{\gamma + 1} \tag{2-15}$$

现引用 $\frac{p_2 - p_1}{p_1} = \frac{\Delta p}{p_1}$ 表示正激波的强度，则有

$$\frac{\Delta p}{p_1}=\frac{2\gamma}{\gamma+1}(Ma_1^2-1) \tag{2-16}$$

即在正激波时，Ma_1 愈大，$\frac{\Delta p}{p_1}$ 值愈大，激波愈强；而当 $Ma_1\to 1$ 时，$\frac{\Delta p}{p_1}\to 0$，激波强度无限弱。

(4) 正激波前后总压强变化和熵增量。超声速气流穿过正激波是个绝热不等熵过程，总温不变但总压下降。定义波后总压 p_{02} 与波前总压 p_{01} 之比为总压恢复系数 σ，即

$$\sigma=\frac{p_{02}}{p_{01}}$$

因激波前后的流动均是等熵的，只在穿过激波才是熵增的，则有

$$\sigma=\frac{p_{02}}{p_{01}}=\frac{p_2}{\pi(\lambda_2)}\frac{\pi(\lambda_1)}{p_1}=\left(\frac{2\gamma}{\gamma+1}Ma_1^2-\frac{\gamma-1}{\gamma+1}\right)^{-\frac{1}{\gamma-1}}\left[\frac{(\gamma+1)Ma_1^2}{(\gamma-1)Ma_1^2+2}\right]^{\frac{\gamma}{\gamma-1}} \tag{2-17}$$

可见，Ma_1 值愈大，σ 值愈小，气流机械能损失愈大。由熵计算公式 $\Delta S=c_V\ln[p_2/p_1\,(\rho_1/\rho_2)^{\gamma}]$ 可计算出沿流线单位质量气体穿过激波的熵增量为

$$\Delta S=-c_V(\gamma-1)\ln\sigma \tag{2-18}$$

由于 $\sigma<0$，故 $\Delta S>0$。

例 2-2　超声速风速管测速原理和计算公式。

解　超声速飞机上使用的风速管与低速风速管形状基本相同，但常采用球形或更钝的头部，且静压孔开在距头部后很远处，例如下游 10 倍管径以上附近。此时头部总压孔测出的不是来流的总压而是正激波后总压，只要静压孔距飞机较远，静压孔测量值就很接近来流静压 p_1，故飞行马赫数可用下式计算，即

$$\frac{p_{02}}{p_1}=\frac{p_2}{p_1}\frac{p_{02}}{p_2}=\left(\frac{\gamma+1}{2}\right)^{\frac{\gamma+1}{\gamma-1}}\left(\frac{2}{\gamma-1}\right)^{\frac{2}{\gamma-1}}\frac{Ma_1^{2\gamma/(\gamma-1)}}{\left(\frac{2\gamma}{\gamma-1}Ma_1^2-1\right)^{\frac{1}{\gamma-1}}} \tag{2-19}$$

对于空气，$\gamma=1.4$，代入得

$$\frac{p_{02}}{p_1}=\frac{166.7Ma_1^2}{(7Ma_1^2-1)^{2.5}} \tag{2-20}$$

式(2-19) 和式(2-20) 称为皮托-瑞雷公式。据此式只要测量出 p_{02} 和 p_1 就可计算出 Ma_1 值。

2. 平面斜激波

(1) 平面斜激波前后参数关系式。如图 2-10 所示，超声速气流流过一个半顶角为 θ 的二维尖楔，在头部产生波角为 β 的斜激波。已知波前参数为 V_1、p_1、ρ_1、T_1，求波后参数 V_2、p_2、ρ_2、T_2。在此问题中，θ 和 β 给定一个即可。

在斜激波前后取一个控制区 $aob\,boa$，aa 和 bb 平行波面，ao 平行于来流 V_1，ob 平行于波后气流 V_2，如图 2-11 所示。为简化计算，取 $aa=bb=1$。垂直纸面宽度也取为 1。对此控制区写出如下基本方程组：

连续方程为

$$\rho_1V_{n1}=\rho_2V_{n2}$$

切向动量方程为

$$\rho_2V_{n2}V_{t2}=\rho_1V_{n1}V_{t1}$$

即

$$V_{t2}=V_{t1}$$

法向动量方程为

$$p_1 + \rho_1 V_{n1}^2 = p_2 + \rho_2 V_{n2}^2$$

能量方程为

$$\frac{V_{n1}^2}{2} + \frac{a_1^2}{\gamma - 1} = \frac{V_{n2}^2}{2} + \frac{a_2^2}{\gamma - 1}$$

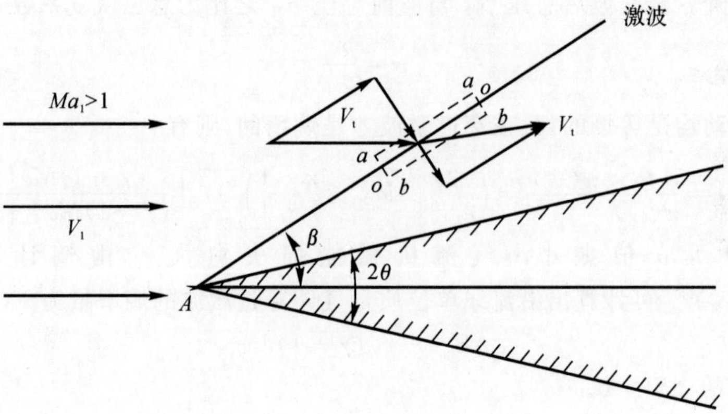

图 2-10　平面斜激波

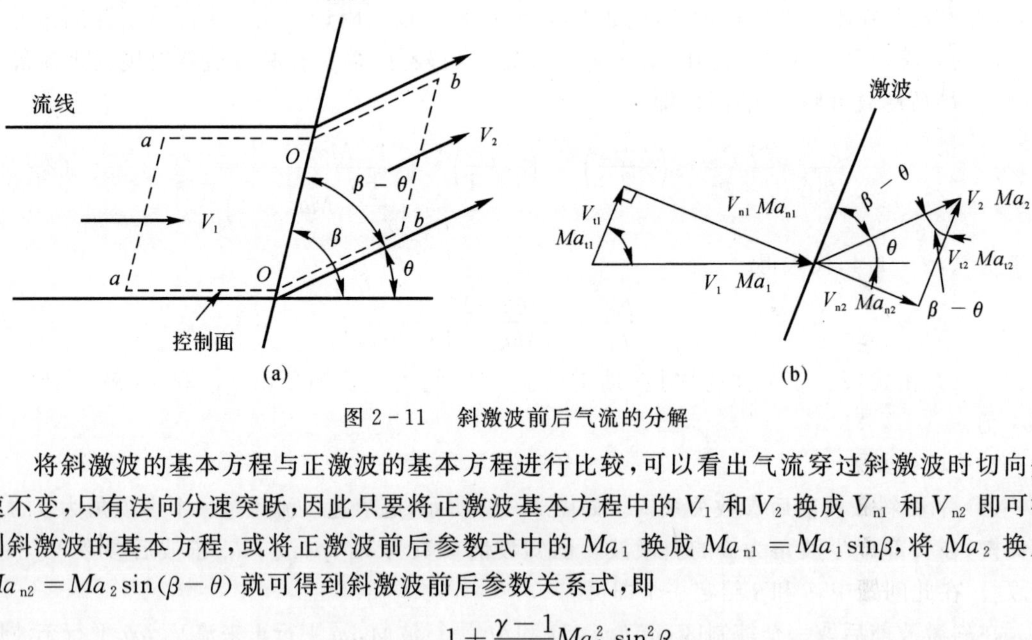

图 2-11　斜激波前后气流的分解

将斜激波的基本方程与正激波的基本方程进行比较，可以看出气流穿过斜激波时切向分速不变，只有法向分速突跃，因此只要将正激波基本方程中的 V_1 和 V_2 换成 V_{n1} 和 V_{n2} 即可得到斜激波的基本方程，或将正激波前后参数式中的 Ma_1 换成 $Ma_{n1} = Ma_1 \sin\beta$，将 Ma_2 换成 $Ma_{n2} = Ma_2 \sin(\beta - \theta)$ 就可得到斜激波前后参数关系式，即

$$Ma_2^2 = \frac{1 + \frac{\gamma - 1}{2} Ma_1^2 \sin^2\beta}{\left(\gamma Ma_1^2 \sin^2\beta - \frac{\gamma - 1}{2}\right) \sin^2(\beta - \theta)} \tag{2-21}$$

$$\frac{\rho_2}{\rho_1} = \frac{(\gamma + 1) Ma_1^2 \sin^2\beta}{(\gamma - 1) Ma_1^2 \sin^2\beta + 2} \tag{2-22}$$

$$\frac{p_2}{p_1} = \frac{2\gamma}{(\gamma + 1)} Ma_1^2 \sin^2\beta - \frac{\gamma - 1}{\gamma + 1} \tag{2-23a}$$

$$\frac{\Delta p}{p_1} = \frac{p_2 - p_1}{p_1} = \frac{2\gamma}{\gamma + 1}(Ma_1^2 \sin^2\beta - 1) \tag{2-23b}$$

$$\frac{T_2}{T_1}=\frac{[2+(\gamma-1)Ma_1^2\sin^2\beta][2\gamma Ma_1^2\sin^2\beta-(\gamma-1)]}{(\gamma+1)^2Ma_1^2\sin^2\beta} \tag{2-24}$$

$$\sigma=\frac{p_{02}}{p_{01}}=\left(\frac{2\gamma}{\gamma+1}Ma_1^2\sin^2\beta-\frac{\gamma-1}{\gamma+1}\right)^{-\frac{1}{\gamma-1}}\left[\frac{(\gamma+1)Ma_1^2\sin^2\beta}{(\gamma-1)Ma_1^2\sin^2\beta+2}\right]^{\frac{\gamma}{\gamma-1}} \tag{2-25}$$

另由图 2-11 中的速度三角形可得

$$\frac{\tan(\beta-\theta)}{\tan\beta}=\frac{V_{n2}}{V_{n1}}=\frac{\rho_1}{\rho_2}=\frac{(\gamma-1)Ma_1^2\sin^2\beta+2}{(\gamma+1)Ma_1^2\sin^2\beta} \tag{2-26}$$

$$\tan\theta=\frac{Ma_1^2\sin^2\beta-1}{\left[1+Ma_1^2\left(\frac{\gamma+1}{2}-\sin^2\beta\right)\right]\tan\beta} \tag{2-27a}$$

$$\tan\theta=2\cot\beta\frac{Ma_1^2\sin^2\beta-1}{Ma_1^2(\gamma+\cos 2\beta)+2} \tag{2-27b}$$

式(2-27) 被称为 θ-β-Ma 关系式，它明确说明 θ 是 Ma_1 和 β 的唯一函数。

(2) 激波图线。由式(2-21) ～ 式(2-27) 可以看出，斜激波前后各物理量之间的关系式均为 Ma_1 和 β 的函数，而 β 又是 Ma_1 和 θ 的函数。为了使用方便，将式(2-26)、式(2-23a)、式(2-21) 和式(2-25) 绘成图线，称为激波图线，如图 2-12(a) ～ (d) 所示。

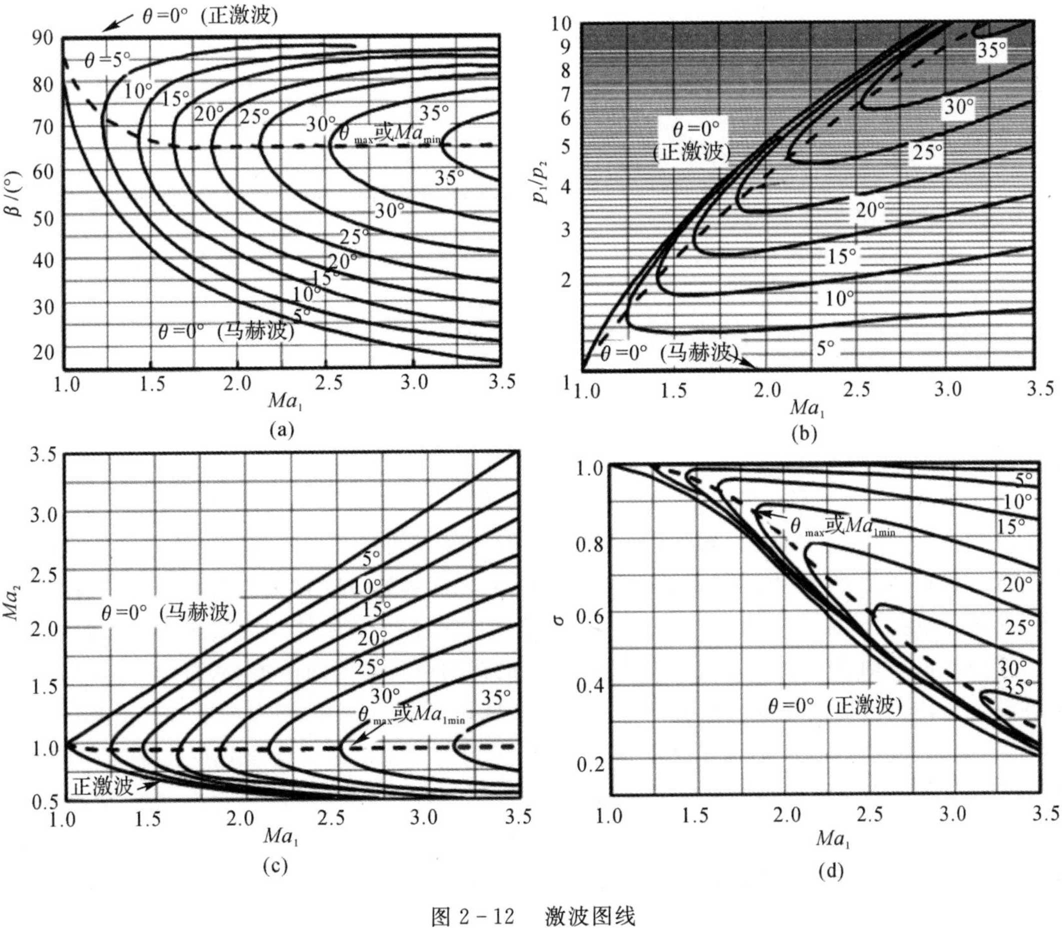

图 2-12　激波图线

(a)$\beta(Ma_1,\theta)$；　(b)$\frac{p_2}{p_1}(Ma_1,\theta)$；　(c)$Ma_2(Ma_1,\theta)$；　(d)$\sigma(Ma_1,\theta)$

由激波图线可以看出以下几点：

1) 由图 2-12(a)，对给定 Ma_1 和 θ 值可查到两个 β 值。β 值较大者为强激波，β 值较小者为弱激波。例如，当 $Ma_1=2.0$，$\theta=15°$ 时，从图 2-12(a) 可以得到，β 可以等于 45.3° 或 79.8°。如图 2-13 所示，大角度激波比小角度激波压缩气体的程度更大。在实际应用中究竟产生哪一种激波要由具体条件决定。超声速气流绕二维尖楔，头激波迫使气流内折后顺壁面流动，称为方向决定激波。据观察，这时产生的是弱激波，应取较小的 β 值，再利用图 2-12 中的(b)(c)(d) 曲线来求此弱激波解的 $\frac{p_2}{p_1}$、Ma_2 和 σ。而超声速气流从喷管流出时，若出口压强 p_1 低于反压 p_a，则将通过斜激波提高压强达到 p_a，如图 2-14 所示。这种情况称为压强决定激波。此激波可能是强激波，也可能是弱激波，应根据 Ma_1 和 $\frac{p_2}{p_1}=\frac{p_a}{p_1}$ 值查图 2-12(b) 曲线确定，对应的解是强就是强，是弱就是弱，并找出气流转折角 θ。查图 2-12 的其他曲线时也由强激波或弱激波查相应的解。

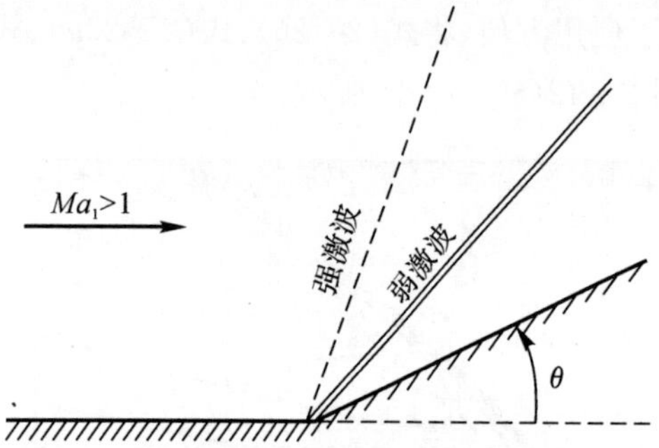

图 2-13 强激波与弱激波

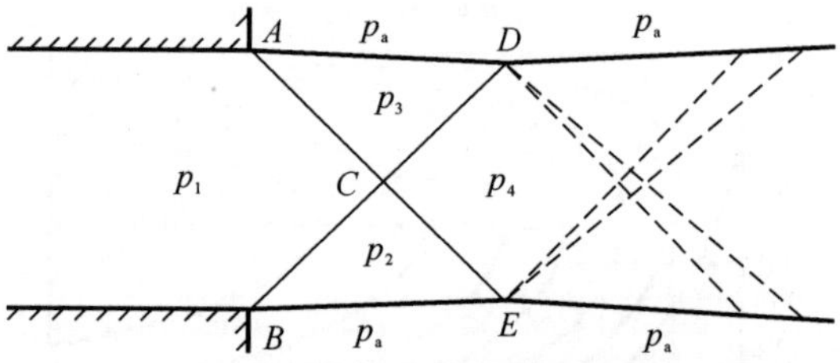

图 2-14 喷管出口的激波

2) 当 $\theta=0°$ 时，$\beta=90°$ 或者 $\beta=\mu$。其中 $\beta=90°$ 时对应正激波情况，$\beta=\mu$ 时对应马赫波情况。对给定 Ma_1，通过正激波的 $\frac{p_2}{p_1}$ 比斜激波大，说明对相同 Ma_1 来流，正激波的压缩作用比斜激波强。

3) 对给定 Ma_1，存在一个最大气流转折角 θ_{max} 时，当 $\theta>\theta_{max}$ 时，在激波图线上查不到解。根据观察，此时出现脱体激波，如图 2-15 所示。脱体激波为位于物体前的一道弓形曲线激波，中间部分接近正激波，向下后方延伸时逐渐变斜，到无限远后方蜕化为马赫波。这时斜激波之所以脱体，是因为气流内折角过大时，超声速气流无法通过一道附体斜激波来满足物面边界条件。脱体激波后面有一个不大的亚声速区，物体的扰动可在此区内前传，从而绕物体的流线也可在这个区内前传以满足物面边界条件。可以发现，θ_{max} 随 Ma_1 的增大而增大。当 $Ma_1\to\infty$ 时，$\theta_{max}=45.6°$，所以超声速气流绕钝头体($\theta_{max}\approx 90°$) 的流动必定会出现脱体激波。同样对于给定的 θ 也存在一个最小的来流马赫数 Ma_{1min}，当 $Ma_1<Ma_{1min}$ 时也会出现脱体激波。当 $\theta<\theta_{max}$ 时，存在一个直线斜激波附着在头部处或者拐角处。

图 2-16 所示为一个流过给定半顶角 θ 的楔形体超声速流动示意。当 Ma_1 增加时，β 减小。当 $\theta=20°$，$Ma_1=2.0$ 时，查图 2-12，$\beta=53.3°$。当 $Ma_1=5.0$ 时，θ 保持不变，如图 2-16(b) 所示，$\beta=29.9°$。虽然这个激波的激波角变小了，但强度变大了。这是因为 Ma_{n1} 更大了。虽

然 β 小了，减小了 Ma_{n1}，但是来流马赫数 Ma_1 大，又增加了 Ma_{n1}，增加的幅度超过了 β 对 Ma_{n1} 减小的影响。图 2-16 给出了 Ma_{n1} 和 p_2/p_1 的值，显然，马赫数为 5 的情况会产生更强的激波。因此，一般来说，对一个偏转角固定的附体斜激波而言，当来流马赫数变大的时候，激波角减小，激波变强。相反，马赫数变小，激波角变大，激波变弱。如果 Ma_1 减小到足够小，那么激波将变成脱体激波。对于 $\theta=20°$，当 $Ma_1<1.84$ 时，激波将变成脱体激波。

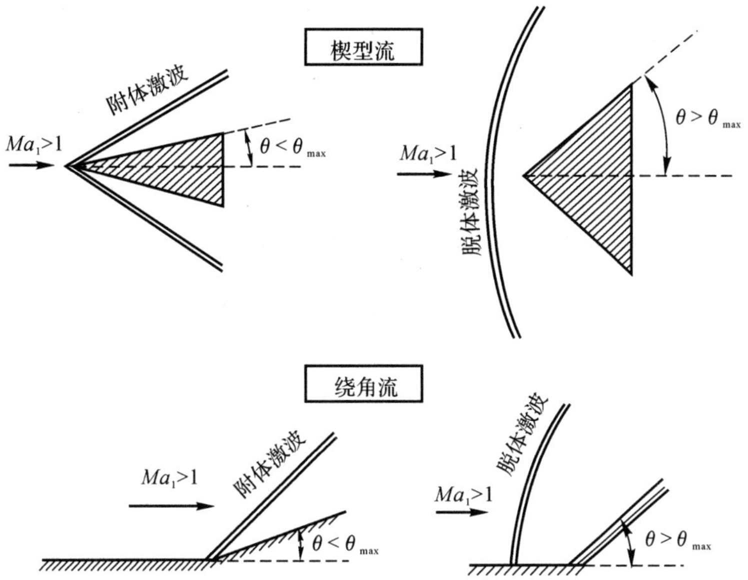

图 2-15　附体激波与脱体激波

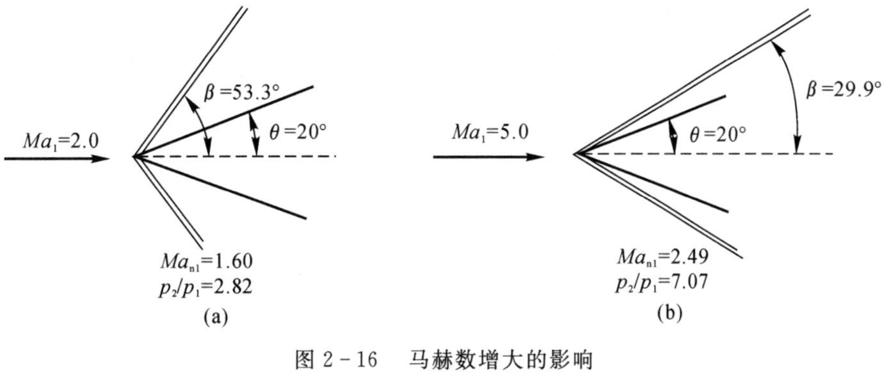

图 2-16　马赫数增大的影响

4) 正激波和强斜激波后的流动是亚声速的，$Ma_2<1$；弱激波后的流动仍是超声速的，$Ma_2>1$（θ 非常接近 θ_{max} 时除外，见图 2-15）。

5) 对于给定的 Ma_1，气流经过正激波的总压损失比斜激波大，即 $\sigma_{正}<\sigma_{斜}$。对飞行器来说，出现正激波时的阻力比斜激波时大，这种由激波引起的阻力叫波阻。保持 Ma_1 不变，增加偏转角。考虑如图 2-17 所示楔形体的超声速流动。假设图 2-17(a) 所示 $Ma_1=2.0$，$\theta=10°$，激波角为 39.2°。增加楔形体的半顶角，且保持马赫数 Ma_1 不变。在这种情况下，如图 2-17(b) 所示，β 将变大，所以 Ma_{n1} 将变大，激波变强。因此，总体上来说，对附体激波而言，当偏转角变大时，激波角 β 也将变大，激波变强。然而，一旦 θ 超过 θ_{max}，激波将变成脱体激波。对

于 $Ma_1=2.0$，这种情况发生在 $\theta>23°$ 时。为减小波阻，超声速机翼应当是尖头薄翼，机身应是尖头细长体，以避免出现正激波或较强的斜激波。

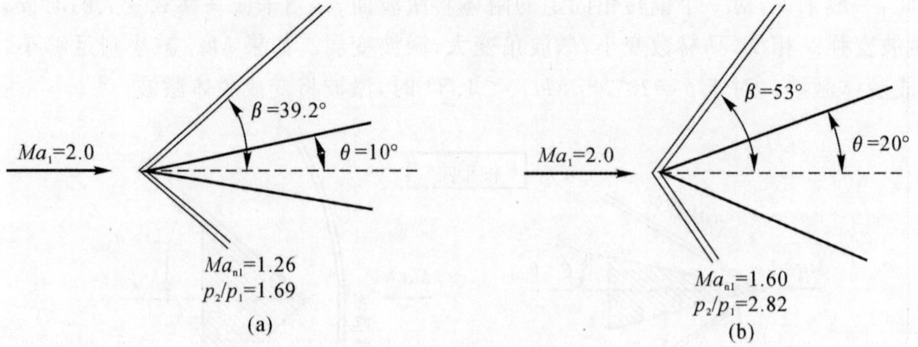

图 2-17　偏转角增大的影响

例 2-3　$Ma_1=2.0$ 超声速气流流过一个尖楔，如图 2-18 所示。试求：(1)$\theta=20°$ 一次偏转时的 β、Ma_2、σ；(2)$\theta=20°$ 两次偏转，每次10°，再求 β 和 σ 值。

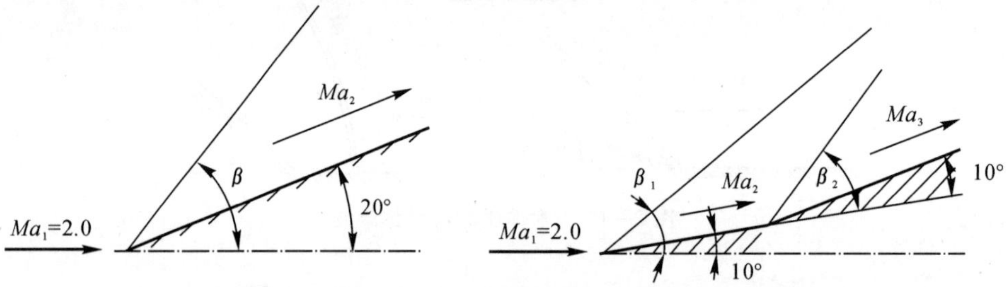

图 2-18　$Ma>1$ 的气流绕尖楔的流动

(a) 一次偏转；(b) 两次偏转

解　(1) 由 $Ma_1=2.0$，$\theta=20°$，计算得 $\beta=53.5°$，$Ma_2=1.205$，$\sigma=0.893$。

(2) 由 $Ma_1=2.0$，$\theta_1=10°$ 计算得 $\beta_1=41.0°$，$Ma_2=1.62$，$\sigma_1=0.985$。

(3) 由 $Ma_2=1.62$，$\theta_2=10°$ 计算可得 $\beta_2=49.5°$，$Ma_3=1.28$，$\sigma=0.990$。

故分两次偏转经两道斜激波后总的 σ 值为

$$\sigma=\sigma_1\sigma_2=0.985\times0.990=0.973>0.893$$

即相同角度分两次偏转比一次偏转总压损失要小，这点对飞行器设计具有指导意义，图2-19所示的高速飞行器，其机翼和弹体形状采用了多次偏转。

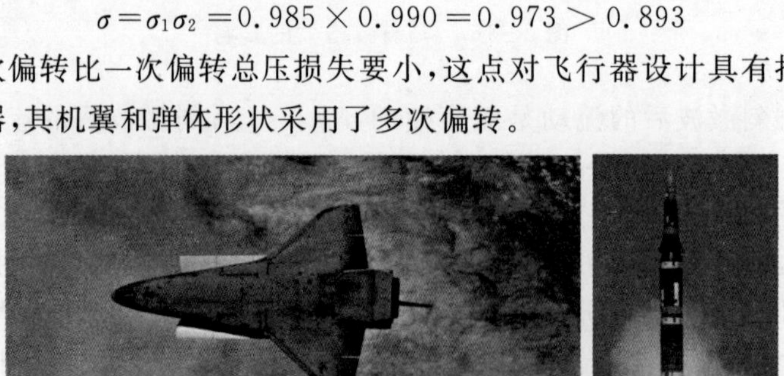

图 2-19　高速飞行器外形的多次偏转

3. 圆锥激波

前面讨论的是平面斜激波，对应于超声速气流流过一个无限宽度的二维尖楔。如果超声速气流以 $\alpha=0$ 流过一个半顶角为 θ_c 的圆锥，则只要 θ_c 不过大或 Ma_1 不太小，就会产生激波角为 β_c 的附体三维圆锥激波，如图 2-20 所示。

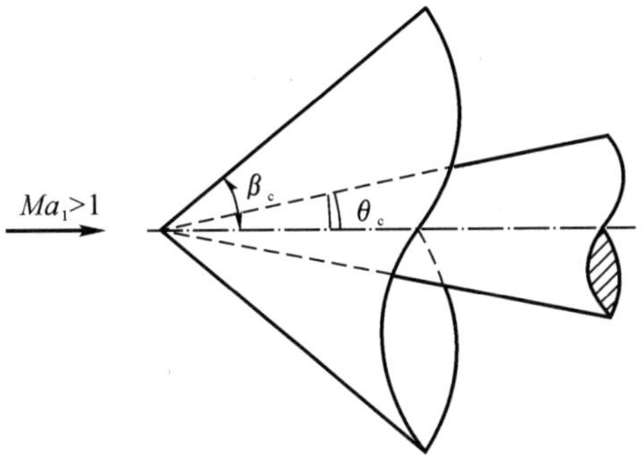

图 2-20　圆锥激波

圆锥激波和平面斜激波的共同点是：从波面看二者均是斜激波，如果它们的 Ma_1 和 β 值均相同，圆锥激波前后参数关系即可由平面斜激波来确定。这是因为在导出斜激波前后参数的关系式时并不限定只能是平面激波。但是超声速气流通过圆锥激波后的流动情况与平面斜激波的明显差别如下：

(1) 在相同半顶角下，即 $\theta_c=\theta$ 时，圆锥激波较平面斜激波弱，$\beta_c<\beta$。其原因是：流过圆锥时气流从头部沿整个锥面向四面八方均匀散开；而流过尖楔时气流只能在偏转后沿上、下表面流下去，因此对于相同的 Ma_1 且 $\theta_c=\theta$ 时，圆锥的三维效应使其扰动比尖楔的弱。由此特点，不能直接查平面斜激波图 2-12(a) 的方法来得到圆锥激波角 β_c，而必须使用根据圆锥激波理论计算得出的图线 $\beta_c=\beta_c(Ma_1,\theta_c)$，如图 2-21 所示。

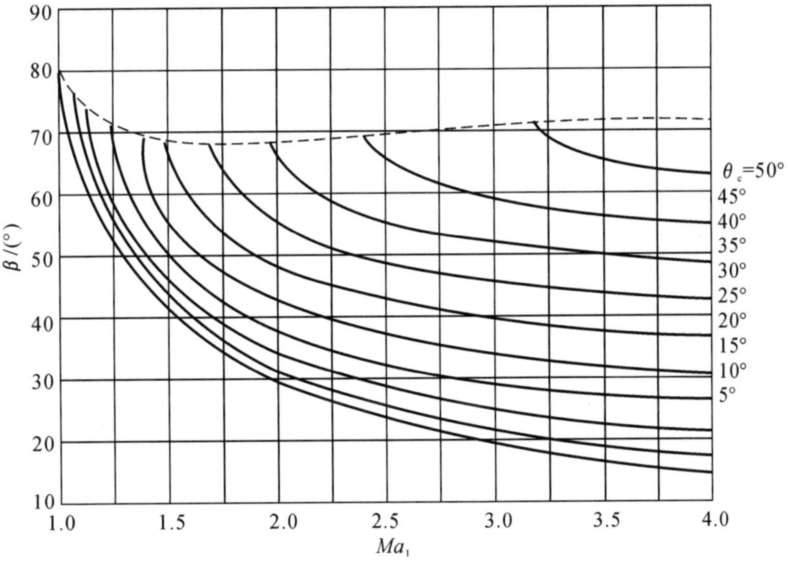

图 2-21　$\beta_c=f(Ma_1,\theta_c)$ 曲线

当 $Ma_1=2.5$，$\theta_c=25°$ 时，由图 2-21 查得 $\beta_c=37.5°$，而当 $Ma_1=2.5$，$\theta=25°$ 时，查图 2-12(a) 得 $\beta=50.5°$。

(2) 圆锥激波后的气流要继续偏转，最后达到与锥面平行。由于来流马赫数和其半顶角相同时 $\beta_c<\beta$，与 β_c 对应的圆锥激波气流偏转角小于 θ_c，因此波后气流流线以锥面为渐近线，继续弯曲偏转。此偏转是个等熵压缩过程，使波后较高的马赫数逐渐下降到锥面上马赫数 Ma_c。这种变化过程正是轴对称流动质量守恒定律所要求的。因为锥体半径沿轴向逐渐增大，在定常流中为保持质量守恒，流线离锥面的径向距离将越来越小。因此，圆锥激波后气流参数与圆锥表面上的参数并不是相等的。按圆锥激波理论计算出的锥面上马赫数 Ma_c 与 Ma_1 和 θ_c 曲线关系如图 2-22 所示。

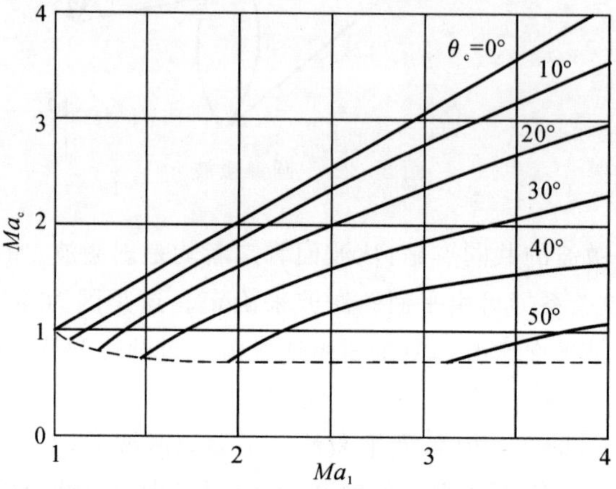

图 2-22 $Ma_c=f(Ma_1,\theta_c)$ 曲线

(3) 圆锥激波后是锥形流场。圆锥激波与锥面之间的气流除气流方向逐渐偏转外各参数也在发生变化。这种变化是等熵的，但根据圆锥的几何特性，在从锥顶点发出的同一条射线上流动诸参数均相同，这种流动称为锥形流。

利用图 2-21 和图 2-22 可以计算圆锥激波后的气体参数值。

例 2-4 $Ma_1=2.0$，$a=0$ 的气流流过 $\theta_c=20°$ 的圆锥，试求 β_c、θ、Ma_c 和 C_{pc} 值。

解 (1) 由 $Ma_1=2.0$，$\theta_c=20°$ 可得 $\beta_c=37.812°$。

(2) 由 $Ma_1=2.0$，$\beta=\beta_c=37.812°$，按平面斜激波式算得 $\theta=8.586°$。

(3) 由 Ma_1 和 θ，按平面斜激波公式得

$$\frac{p_2}{p_1}=1.5873,\quad Ma_2=1.6924$$

(4) 由 Ma_1 和 θ_c，得 $Ma_c=1.579$。

(5)
$$\frac{p_c}{p_2}=\left(\frac{1+0.2Ma_c^2}{1+0.2Ma_2^2}\right)^{-3.5}=1.180$$

$$\frac{p_c}{p_1}=\frac{p_c}{p_2}\frac{p_2}{p_1}=1.18\times1.5873=1.873$$

(6)
$$C_{pc}=\frac{1}{0.7Ma_1^2}\left(\frac{p_c}{p_1}-1\right)=\frac{1}{2.8}\times0.873=0.3120$$

这里顺便提一下，锥面上的 C_p 值可用如下近似公式计算：

$$C_p=\left(0.0016+\frac{0.002}{Ma_\infty^2}\right)\theta_c^{1.7}=0.342$$

2.2　高超声速流中的激波与膨胀波关系式

2.2.1　高超声速流中的激波关系式

高超声速气流流经一平板，其流动图形如图 2-23 所示，其上、下压强分布可分别按膨胀波及激波理论求出。但在高超声速情况下，$Ma_1 \gg 1$，激波角 β 很小，因此可以进一步把有关公式加以简化，得到一些在应用上比较方便的公式。下述研究激波和膨胀波后气流参数的近似表达式，然后把它们应用于高超声速气动力的近似计算。

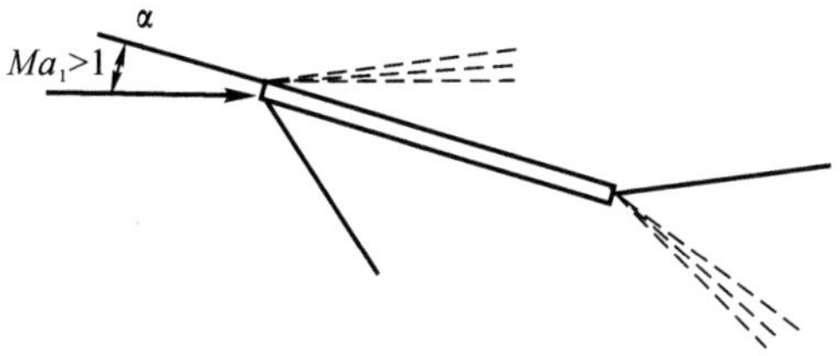

图 2-23　高超声速气流中的平板流动图形

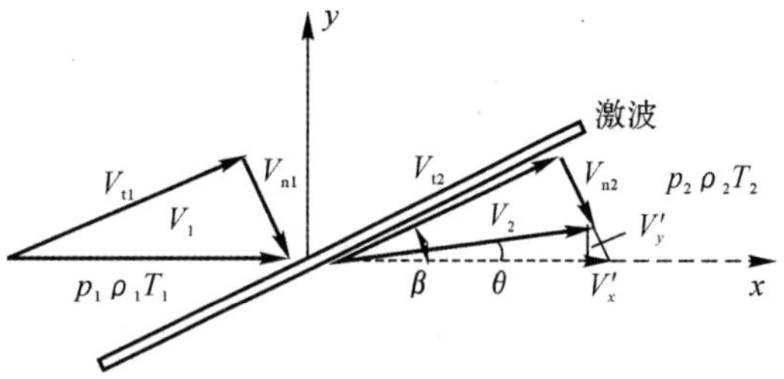

图 2-24　激波前后气流参数

在空气动力学中，根据平面斜激波理论，超声速气流通过平面斜激波时，按照式(2-26)和式(2-23a)计算，激波后的气流参数应满足：

$$\frac{\rho_1}{\rho_2}=\frac{\tan(\beta-\theta)}{\tan\beta}=\frac{2}{\gamma+1}\frac{1}{Ma_1^2\sin^2\beta}+\frac{\gamma-1}{\gamma+1} \tag{2-28}$$

$$\frac{p_2}{p_1}=\frac{2\gamma}{\gamma+1}Ma_1^2\sin^2\beta-\frac{\gamma-1}{\gamma+1} \tag{2-29}$$

或

$$C_{p2}=\frac{p_2-p_1}{\frac{1}{2}\rho_1 V_1^2}=\frac{4}{\gamma+1}\left(\sin^2\beta-\frac{1}{Ma_1^2}\right) \tag{2-30}$$

当气流以高超声速流动时，以上两式可以简化。当 $Ma_1 \gg 1$，激波角 β 与激波后气流偏转角 θ 很接近，如果 θ 很小，则有 $\tan\beta\approx\sin\beta\approx\beta$，$\tan\theta\approx\theta$，$\tan(\beta-\theta)\approx\beta-\theta$，代入式(2-28)和式(2-30)，则有

$$\frac{\rho_1}{\rho_2}=\frac{\beta-\theta}{\beta}=\frac{2}{\gamma+1}\frac{1}{Ma_1^2\beta^2}+\frac{\gamma-1}{\gamma+1} \tag{2-31}$$

$$C_{p2}=\frac{4}{\gamma+1}\left(\beta^2-\frac{1}{Ma_1^2}\right) \tag{2-32}$$

式(2-31)可改写成

$$\beta-\theta=\frac{2}{(\gamma+1)Ma_1^2\beta}+\frac{\gamma-1}{\gamma+1}\beta \tag{2-33}$$

或

$$\beta^2-\frac{\gamma+1}{2}\theta\beta-\frac{1}{Ma_1^2}=0 \tag{2-34}$$

解得

$$\beta=\frac{\gamma+1}{4}\theta\pm\sqrt{\left(\frac{\gamma+1}{4}\theta\right)^{2}+\frac{1}{Ma_{1}^{2}}} \tag{2-35}$$

式(2-35)中负号不合理,取正号,则有

$$\frac{\beta}{\theta}=\frac{\gamma+1}{4}\left[1+\sqrt{1+\left(\frac{4}{\gamma+1}\frac{1}{Ma_{1}\theta}\right)^{2}}\right] \tag{2-36}$$

由式(2-36)可知,对高超声速流,β/θ 仅取决于参数 $Ma_1\theta$。当 $Ma_1\theta\to\infty$ 时,有

$$\frac{\beta}{\theta}=\frac{\gamma+1}{2} \tag{2-37}$$

若取 $\gamma=1.4$,则 β 仅为 θ 的 1.2 倍。当 $\gamma\to 1$ 时,$\beta=\theta$,即激波完全和物面重合。

将式(2-34)代入式(2-31)可得激波后的压强系数 C_{p2} 为

$$C_{p2}=2\theta\beta \tag{2-38}$$

用符号 C_{py} 表示激波后的压强系数 C_{p2},并将式(2-36)代入式(2-38)中,则有

$$\frac{C_{py}}{\theta^{2}}=\frac{\gamma+1}{2}\left\{1+\sqrt{1+\left[\frac{4}{(\gamma+1)Ma_{1}\theta}\right]^{2}}\right\} \tag{2-39}$$

令 $K=Ma_1\theta$(相仿参数),则有

$$\frac{C_{py}}{\theta^{2}}=f(K,\gamma) \tag{2-40}$$

当 $Ma_1\theta\to\infty$ 时,有

$$\frac{C_{py}}{\theta^{2}}=\gamma+1 \tag{2-41}$$

同样,对于穿越激波后的其他参数,其关系为

$$\frac{\rho_{2}}{\rho_{1}}=\frac{\gamma+1}{\gamma-1} \tag{2-42a}$$

$$\frac{p_{2}}{p_{1}}\to\frac{2\gamma}{(\gamma+1)}Ma_{1}^{2}\sin^{2}\beta \tag{2-42b}$$

$$\frac{T_{2}}{T_{1}}\to\frac{2\gamma(\gamma-1)}{(\gamma+1)^{2}}Ma_{1}^{2}\sin^{2}\beta \tag{2-42c}$$

2.2.2 高超声速流中的膨胀波关系式

超声速流形成如图 2-24 所示普朗特-迈耶尔膨胀波,在角点处产生由无限多个马赫波组成的膨胀扇形区,并向下游传播。膨胀波上游的马赫数和压强分别为 Ma_1 和 p_1,下游的参数分别为 Ma_2 和 p_2。

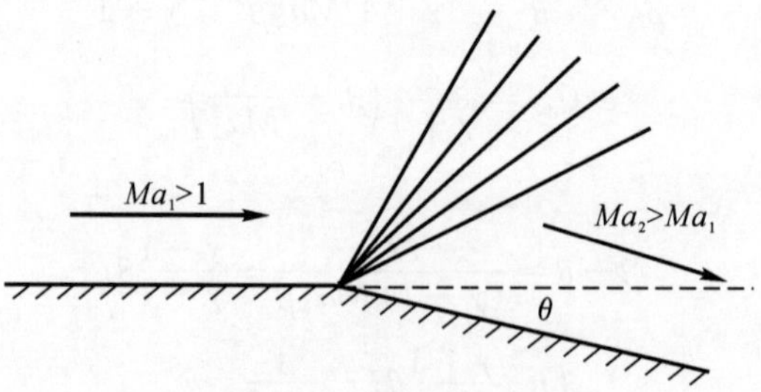

图 2-24 膨胀波

在高马赫数下，$\sqrt{Ma^2-1}\approx Ma$，式(2-10) 可以写为

$$\theta_*=\sqrt{\frac{\gamma+1}{\gamma-1}}\arctan\sqrt{\frac{\gamma-1}{\gamma+1}}Ma-\arctan Ma \tag{2-43}$$

存在以下三角关系，即

$$\arctan x=\frac{\pi}{2}-\arctan\left(\frac{1}{x}\right) \tag{2-44}$$

由级数展开，则有

$$\arctan\frac{1}{x}=\frac{1}{x}-\frac{1}{3x^3}+\frac{1}{5x^5}-\frac{1}{7x^7}+\cdots \tag{2-45}$$

根据式(2-44) 和式(2-45)，式(2-43) 可以写为

$$\theta_*=\sqrt{\frac{\gamma+1}{\gamma-1}}\left(\frac{\pi}{2}-\sqrt{\frac{\gamma+1}{\gamma-1}}\frac{1}{Ma}+\cdots\right)-\left(\frac{\pi}{2}-\frac{1}{Ma}+\cdots\right) \tag{2-46}$$

忽略高阶项，可得

$$\theta_*=\sqrt{\frac{\gamma+1}{\gamma-1}}\frac{\pi}{2}-\frac{\gamma+1}{\gamma-1}\frac{1}{Ma}-\frac{\pi}{2}+\frac{1}{Ma} \tag{2-47}$$

将式(2-47) 代入式(2-9) 中，推导得到

$$\theta=\frac{2}{\gamma-1}-\left(\frac{1}{Ma_1}-\frac{1}{Ma_2}\right) \tag{2-48}$$

式(2-48) 就是高超声速气流中的普朗特-迈耶尔关系式。利用等熵关系，有

$$\frac{p_2}{p_1}=\left[\frac{1+\frac{(\gamma-1)}{2}Ma_1^2}{1+\frac{(\gamma-1)}{2}Ma_2^2}\right]^{\frac{\gamma}{\gamma-1}} \tag{2-49}$$

当 $Ma_1\rightarrow\infty$ 时，式(2-49) 可近似表示为

$$\frac{p_2}{p_1}=\left(\frac{Ma_1}{Ma_2}\right)^{\frac{2\gamma}{\gamma-1}} \tag{2-50}$$

由式(2-48)，有

$$\frac{Ma_1}{Ma_2}=1-\frac{\gamma-1}{2}Ma_1\theta \tag{2-51}$$

将式(2-51) 代入式(2-50) 中，有

$$\frac{p_2}{p_1}=\left(1-\frac{\gamma-1}{2}Ma_1\theta\right)^{\frac{2\gamma}{\gamma-1}} \tag{2-52}$$

气流流经膨胀波后的压强系数为

$$C_{p2}=\frac{2}{\gamma Ma_1^2}\left(\frac{p_2}{p_1}-1\right)=\frac{2}{\gamma Ma_1^2}\left[\left(1-\frac{\gamma-1}{2}Ma_1\theta\right)^{\frac{2\gamma}{\gamma-1}}-1\right] \tag{2-53}$$

用符号 C_{pp} 表示膨胀波后的压强系数 C_{p2}，可进一步写为

$$\frac{C_{pp}}{\theta^2}=\frac{2}{\gamma\,(Ma_1\theta)^2}\left[\left(1-\frac{\gamma-1}{2}Ma_1\theta\right)^{\frac{2\gamma}{\gamma-1}}-1\right] \tag{2-54}$$

令 $K=Ma_1\theta$，则有

$$\frac{C_{pp}}{\theta^2}=f(K,\gamma) \tag{2-55}$$

当马赫数很高时，流经膨胀波后 $Ma_2 \to \infty$，此时由式(2-51)，有

$$\theta = -\frac{2}{\gamma-1}\frac{1}{Ma_1} \tag{2-56}$$

代入式(2-52)，可得

$$\frac{p_2}{p_1} \to 0 \tag{2-57}$$

2.2.3 马赫数无关原理

由上述讨论可以看出：

(1) 当高超声速气流通过激波和膨胀波时，波后气流的压强系数与 θ^2 之比 $\frac{C_p}{\theta^2}$ 只取决于一个参数 $Ma_1\theta$，若 $Ma_1\theta$ 不变，则 $\frac{C_p}{\theta^2}$ 不变，这称为高超声速相仿律，$Ma_1\theta$ 为相仿参数。压强系数 C_p 和 θ 的关系是非线性的。

(2) 当 θ 一定时，$Ma_1\theta$ 随 Ma_1 增加而增加。当 $Ma_1\theta \to \infty$ 时，激波和膨胀波后的压强系数与 Ma_1 无关，这一结果通常称为高超声速的马赫数无关原理。

例 2-5 高超声速气流以一定迎角 α 流经一平板(见图 2-25) 并且 $|\alpha| \ll 1$，试求该平板的气动力系数。

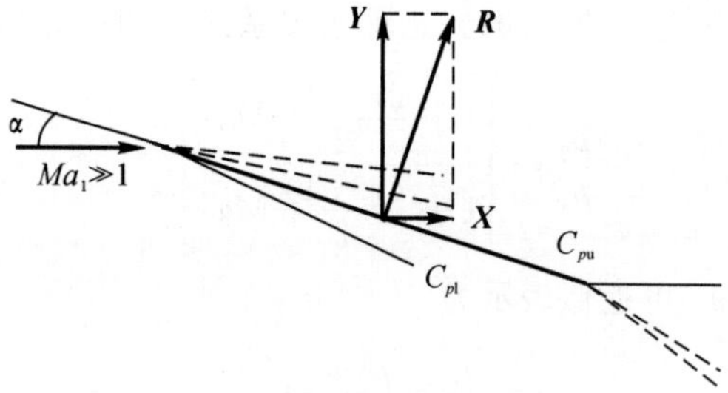

图 2-25 高超声速气流中平板的气动力

解 对于该平板，下表面为激波，上表面为膨胀波，当马赫数很高时，有

$$C_{pu} = 0$$

$$C_{pl} = \frac{\gamma+1}{2}\alpha^2$$

作用在平板单位长度上的空气动力合力 **R** 为

$$R = (p_l - p_u)\,b = (C_{pl} - C_{pu})\,q_\infty b$$

升力为

$$Y = R\cos\alpha \approx R$$

阻力为

$$X = R\sin\alpha \approx R\alpha$$

将升力、阻力表达为系数的形式，则有

$$\begin{cases} C_y = (\gamma+1)\,\alpha^2 \\ C_x = (\gamma+1)\,\alpha^3 \end{cases}$$

上式表明，Cy 与 α 的关系是非线性的。当 $Ma_1\alpha \to \infty$ 时，C_y，C_x 与 Ma_1 无关。由于平板表面上压力分布是均匀的，故压力中心和焦点为

$$\bar{x}_p = \bar{x}_F = 0.5$$

例 2-6　高超声速流流经一楔形翼剖面，如图 2-26 所示，并且 $|\alpha| \ll 1$，$|\bar{c}| \ll 1$，楔形翼的半顶角 $\theta = \frac{c}{2b} = \frac{\bar{c}}{2}$，试求该翼型的气动力系数。

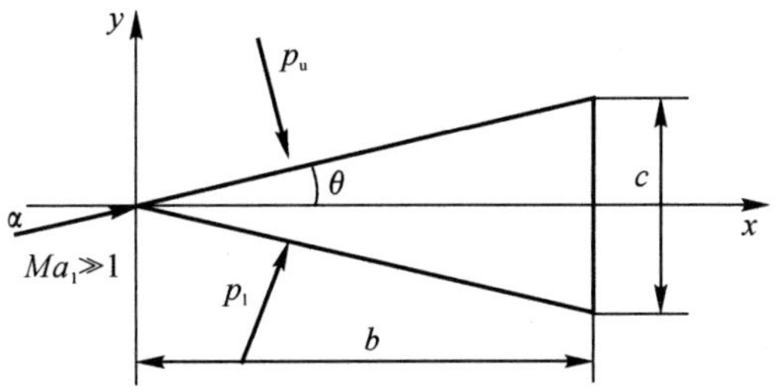

图 2-26　楔形翼剖面

解　楔形翼的上、下表面分别相当于平板的一个表面，因此只要求出上、下表面的局部迎角(气流的转折角)，即可求出表面的压强系数。

对于下表面，局部迎角为

$$\alpha_l = \alpha + \frac{\bar{c}}{2} = \alpha\left(1 + \frac{\bar{c}}{2\alpha}\right) \text{（压缩区）}$$

上表面局部迎角为

$$\alpha_u = -\left(\alpha - \frac{\bar{c}}{2}\right) = -\alpha\left(1 - \frac{\bar{c}}{2\alpha}\right)$$

当 $\alpha > \frac{\bar{c}}{2}$ 或 $\frac{\bar{c}}{2\alpha} < 1$ 时，上表面为膨胀区；当 $\alpha < \frac{\bar{c}}{2}$ 或 $\frac{\bar{c}}{2\alpha} > 1$ 时，上表面为压缩区。

当 $\alpha < \frac{\bar{c}}{2}$ 时，上、下表面气流向内偏转，故

$$C_{pl} = (\gamma + 1)\left(\alpha + \frac{\bar{c}}{2}\right)^2 \quad \text{或} \quad C_{pl} = \alpha^2(\gamma + 1)\left(1 + \frac{\bar{c}}{2\alpha}\right)^2$$

而

$$C_{pu} = \alpha^2(\gamma + 1)\left(\frac{\bar{c}}{2\alpha} - 1\right)^2$$

当 $\alpha > \frac{\bar{c}}{2}$ 时，上表面为膨胀区，下表面为压缩区，故

$$C_{pl} = \alpha^2(\gamma + 1)\left(1 + \frac{\bar{c}}{2\alpha}\right)^2$$

$$C_{pu} = 0$$

如果用体轴系，则作用在单位翼展上的空气动力系数分别为

$$C_{yt} = C_{pl} - C_{pu}$$

$$C_{xt} = (C_{pl} + C_{pu})\frac{\bar{c}}{2} \quad \text{（不包括底阻力）}$$

$$m_{zt} \approx -\frac{1}{2}(C_{pl} - C_{pu}) \quad \text{（抬头为正）}$$

而相对于风轴系的空气动力系数则为

$$C_y \approx C_{yt} - C_{xt}\alpha \approx C_{pl} - C_{pu}$$

$$C_x \approx C_{xt} + C_{yt}\alpha \approx (C_{pl} + C_{pu})\frac{\bar{c}}{2} + (C_{pl} - C_{pu})\alpha$$

$$m_z = m_{zt} = -\frac{1}{2}(C_{pl} - C_{pu})$$

将 C_{pu}、C_{pl} 值代入 C_y、C_x、m_z 的表达式可得出以下结果：

当 $\alpha < \frac{\bar{c}}{2}$ 时，有

$$\frac{C_y}{\bar{c}^2} = 2(\gamma + 1)\frac{\alpha}{\bar{c}}$$

$$\frac{C_x}{\bar{c}^3} = (\gamma + 1)\left(3\frac{\alpha^2}{\bar{c}^2} + \frac{1}{4}\right)$$

$$\frac{m_z}{\bar{c}^2} = -\frac{1}{2}\frac{C_y}{\bar{c}^2}$$

当 $\alpha > \frac{\bar{c}}{2}$ 时，有

$$\frac{C_y}{\bar{c}^2} = (\gamma + 1)\left(\frac{\alpha}{\bar{c}} + \frac{1}{2}\right)^2$$

$$\frac{C_x}{\bar{c}^3} = (\gamma + 1)\left(\frac{\alpha}{\bar{c}} + \frac{1}{2}\right)^3$$

$$\frac{m_z}{\bar{c}^2} = -\frac{1}{2}\frac{C_y}{\bar{c}^2}$$

当 $\alpha = 0°$ 时，有 $C_y = 0$，零升波阻系数为

$$\frac{C_{x0}}{\bar{c}^3} = \frac{\gamma + 1}{4}$$

由以上公式可以看出：

(1) 当 $Ma_1 \gg 1$ 时，所有空气动力系数均只取决于 $\frac{\alpha}{\bar{c}}$ 这个参数，若 $\frac{\alpha}{\bar{c}}$ 不变，则 $\frac{C_y}{\bar{c}^2}$，$\frac{C_x}{\bar{c}^3}$，$\frac{m_z}{\bar{c}^2}$ 保持不变。

(2) 当 $Ma_1 \gg 1$ 时，所有气动系数与马赫数无关。

(3) 和超声速线性理论不同，在高超声速下升力系数不仅取决于 α，而且还与 $\bar{c}$ 有关，C_y 和 α 的关系一般不是线性关系，但 $\alpha < \frac{\bar{c}}{2}$ 的情况应除外。

(4) 在波阻系数 C_x 表达式中，与升力有关的部分并不等于 $C_y\alpha$，另外还取决于 α 和 $\bar{c}$ 的一项。例如，当 $\alpha < \frac{\bar{c}}{2}$ 时，C_x 可写成

$$C_x = \frac{\gamma + 1}{4}\bar{c}^3 + 3(\gamma + 1)\bar{c}\alpha^2 = C_{x0} + \frac{3}{2}C_y\alpha$$

此外，楔形翼剖面的底部也是一个膨胀区，其底压系数为

$$C_{pd} = \frac{p_d - p_1}{\frac{1}{2}\rho_1 V_1^2} = -\frac{p_1}{\frac{1}{2}\rho_1 V_1^2} = -\frac{2}{\gamma Ma_1^2}$$

当 $Ma_1 \gg 1$ 时，其值可略去不计，即剖面底部阻力的影响可略去。

2.2.4　高超声速相仿律

在高超声速流中，气流不论是通过斜激波还是通过膨胀波，波后压强系数均可表达为$\frac{C_p}{\theta^2}=f(Ma_\infty\theta)$ 的形式。即$\frac{C_p}{\theta^2}$仅取决于一个参数$Ma_\infty\theta$，而不是两个单独的参数Ma_∞ 和θ。这个重要的规律就是高超声速相仿律，式中 $Ma_\infty\theta$ 称高超声速相仿参数，θ 是一个典型的厚度参数。对两个仿射相似的翼剖面，即使其α、$\bar{c}$ 和Ma_∞ 各不相同，但只要 $Ma_\infty\bar{c}$ 及$\frac{\alpha}{\bar{c}}$ 保持不变，则这两个翼剖面周围的压强场就可以用同一个函数 $f(Ma_\infty C,\frac{\alpha}{\bar{c}})$ 表示，即流场中的对应点处$\frac{C_p}{\bar{c}^2}$应相同。必须强调的是，两个剖面必须是仿射相似的，也就是在零迎角下两翼剖面的物面方程的无量纲形式应相同。

上述压强系数的相仿律可以直接推广到其他的空气动力系数。升力系数

$$C_y=\frac{1}{b}\int_0^b(C_{pl}-C_{pu})\,\mathrm{d}x$$

式中：$C_{pl}=\theta^2 f_l(Ma_\infty\theta)$，$C_{pu}=\theta^2 f_u(Ma_\infty\theta)$。将 C_{pl} 和 C_{pu} 代入 C_y 的表达式，则有

$$\frac{C_y}{\theta^2}=\frac{1}{b}\int_0^b(f_l-f_u)\,\mathrm{d}x=Y(Ma_\infty\theta)$$

同理可得力矩系数为

$$\frac{m_z}{\theta^2}=\frac{1}{b^2}\int_0^b(f_l-f_u)\,x\,\mathrm{d}x=M(Ma_\infty\theta)$$

阻力系数

$$C_x=\frac{1}{b}\int_0^b\left(C_{pl}\frac{\mathrm{d}y_l}{\mathrm{d}x}-C_{pu}\frac{\mathrm{d}y_u}{\mathrm{d}x}\right)\mathrm{d}x$$

式中，$\frac{\mathrm{d}y}{\mathrm{d}x}$ 是翼面的当地斜率，也可表示为$\frac{\mathrm{d}y}{\mathrm{d}x}=\theta h\left(\frac{x}{b}\right)$，其中 $h\left(\frac{x}{b}\right)$ 表征剖面厚度分布，于是有

$$\frac{C_x}{\theta^3}=X(Ma_\infty\theta)$$

两个仿射相似的翼剖面，如果相对厚度与来流马赫数的乘积相等，则两个翼剖面的$\frac{C_y}{\theta^2}$，$\frac{m_z}{\theta^2}$，$\frac{C_x}{\theta^3}$ 便相同。如果是三维机翼，则高超声速相仿律可表示为

$$\frac{C_p}{\theta^2}=f(Ma_\infty\theta,Ma_\infty\lambda)$$

式中：λ 是机翼的展弦比，若 Ma_∞ 很大，则 μ_∞ 很小，翼尖马赫锥所遮盖的三维区可以略去不计，这时三维机翼相仿律与二维相仿律相同。

高超声速相仿律对于高速空气动力实验具有很重要的意义。根据这个定律，用仿射相似的物体在风洞中以不很大的 Ma_∞ 做模型试验，就可得到物体在高超声速时的气动特性数据。

2.3　高超声速流中细长旋成体的气动特性

2.3.1　高超声速流中圆锥表面的压强系数

1. 圆锥头部的压强系数

高速飞行器的机身(或弹身)通常都是旋成体,其头部接近于圆锥。超声速气流绕圆锥的轴向流动的理论,不仅适用于超声速流动,也适用于高超声速流动。

考虑高超声速直匀流沿轴向流经一圆锥,如图 2-27 所示,在圆锥激波与圆锥表面之间的流动是定常的轴对称锥形流。根据空气动力学中圆锥激波理论近似可得

$$\frac{\beta_k}{\theta_k}=\frac{\gamma+1}{\gamma+3}\left[1+\sqrt{1+\frac{2(\gamma+3)}{(\gamma+1)^2 Ma_1^2\theta_k^2}}\right] \tag{2-58}$$

$$\frac{C_{pk}}{\theta_k^2}=\frac{4}{\gamma+1}\left[\frac{\beta_k^2}{\theta_k^2}-\frac{1}{Ma_1^2\theta_k^2}\right]+\frac{2(\gamma+1)^2 Ma_1^2\theta_k^2}{2\dfrac{\theta_k^2}{\beta_k^2}+(\gamma-1)Ma_1^2\theta_k^2}\left(\frac{\beta_k}{\theta_k}-1\right)^2 \tag{2-59}$$

式中:θ_k 为圆锥半顶角;β_k 为圆锥激波角;C_{pk} 为圆锥面上的压强系数。

因为$\dfrac{\beta_k}{\theta_k}$仅为$Ma_1\theta_k$的函数,故$\dfrac{C_{pk}}{\theta_k^2}$也仅是$Ma_1\theta_k$的函数,当$Ma_1\theta_k>1$时,式(2-58)和式(2-59)结果与精确结果很接近。如果 $Ma_1\theta_k\rightarrow\infty$,则

$$\frac{\beta_k}{\theta_k}=2\,\frac{\gamma+1}{\gamma+3} \tag{2-60}$$

$$\frac{C_{pk}}{\theta_k^2}=\frac{4}{\gamma+1}\frac{\beta_k^2}{\theta_k^2}+\frac{2(\gamma+1)}{\gamma-1}\left(\frac{\beta_k}{\theta_k}-1\right)^2 \tag{2-61}$$

运用式(2-58),则式(2-61)可以写为

$$\frac{C_{pk}}{\theta_k^2}=\frac{4}{\gamma+1}\left[\frac{2(\gamma+1)}{(\gamma+3)}\right]^2+\frac{2(\gamma+1)}{(\gamma-1)}\left[\frac{2(\gamma+1)}{(\gamma+3)}-1\right]^2 \tag{2-62}$$

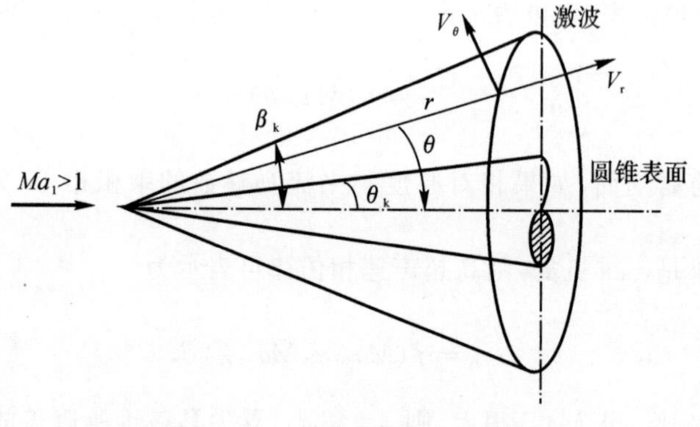

图 2-27　高超声速流中的圆锥

令
$$F_k=\frac{4}{\gamma+1}\left[\frac{2(\gamma+1)}{(\gamma+3)}\right]^2+\frac{2(\gamma+1)}{(\gamma-1)}\left[\frac{2(\gamma+1)}{(\gamma+3)}-1\right]^2$$

若取 $\gamma=1.4$,由式(2-60),则有

$$\frac{\beta_k}{\theta_k}\approx 1.09 \tag{2-63}$$

可得

$$\frac{C_{pk}}{\theta_k^2} \approx 2.08 \tag{2-64}$$

将式(2-64)的结果与楔形翼相比较，当 $Ma_1\theta_k \to \infty$ 时，楔形翼表面的压强系数为

$$\frac{C_p}{\theta^2} = \gamma + 1 = 2.4 \tag{2-65}$$

说明在同样的半顶角下，圆锥表面的压强系数比楔形翼的小。

为了使 C_{pk} 的公式在应用上更为方便，需进一步加以简化，比较式(2-63)和式(2-64)，近似认为在任意 $Ma_1\theta_k \to \infty$ 的情况下，以下关系式成立：

$$\frac{C_{pk}}{\theta_k^2} \approx \frac{\beta_k}{\theta_k} + 1 \tag{2-66}$$

由式(2-58)得

$$\frac{\beta_k}{\theta_k} = \frac{\gamma+1}{\gamma+3}\left\{2 + \left[\sqrt{(Ma_1\theta_k)^2 + \frac{2(\gamma+3)}{(\gamma+1)^2}} - Ma_1\theta_k\right]\frac{1}{Ma_1\theta_k}\right\} \tag{2-67}$$

令

$$H_k = \frac{\gamma+1}{\gamma+3}\left[\sqrt{(Ma_1\theta_k)^2 + \frac{2(\gamma+3)}{(\gamma+1)^2}} - Ma_1\theta_k\right] \tag{2-68}$$

则有

$$\frac{\beta}{\theta_k} \approx \frac{2(\gamma+1)}{(\gamma+3)} + \frac{H_k}{Ma_1\theta_k} \tag{2-69}$$

$$\frac{C_{pk}}{\theta_k^2} \approx F_k + \frac{H_k}{Ma_1\theta_k} \tag{2-70}$$

在式(2-70)中，H_k 取决于 $Ma_1\theta_k$。当 $Ma_1\theta_k = 0$，$H_k = 0.674$；当 $Ma_1\theta_k \to \infty$ 时，$H_k = 0$。

2. 圆锥尾部的压强系数

如果弹体或机身的尾部也做成倒锥形截尾式，气流流过尾部时将发生膨胀，当 $Ma_1\theta_k$ 足够大时 $p_k = 0$，这时压强系数为

$$C_{pk} = \frac{2}{\gamma Ma_1^2}\left(\frac{p_k}{p_1} - 1\right) = -\frac{2}{\gamma Ma_1^2} \tag{2-71}$$

或

$$\frac{C_{pk}}{\theta_k^2} = -\frac{2}{\gamma Ma_1^2\theta_k^2} \tag{2-72}$$

若 $Ma_1\theta_k \to \infty$，则 $C_{pk} \to 0$。

3. 迎角不为零时圆锥表面的压强系数

前面只讨论了高超声速气流绕圆锥的轴向流动($\alpha = 0$)，如果高超声速气流的迎角 $\alpha(\alpha \neq 0)$ 流过圆锥，则流动仍为锥形流(见图 2-28)，但不是轴对称流动，激波的形状是一个锥面波但不是一个圆锥面。通过圆锥轴线的任一子午面($\gamma =$ 常数)与激波的交线仍为直线，其倾角 β_γ 即为激波角，这不仅取决于 Ma_1 与 θ_k，而且还与 α 及 γ 角有关，故激波后的流动是有旋的。

对于不同的子午面，气流在圆锥表面的偏转情况将各不相同，即气流在该平面内的迎角(气流在该平面的投影与 x 轴的夹角)各不相同。考虑任一垂直于轴线的截面 A—A，则 $\boldsymbol{V}_\infty$ 在此平面内的分量为 $\boldsymbol{V}_\infty \sin\alpha$，而 $\boldsymbol{V}_\infty \sin\alpha$ 又可分解为径向分量 $\boldsymbol{V}_r$ 和切向分量 $\boldsymbol{V}_\gamma$(见图 2-28)：

$$\boldsymbol{V}_r = \boldsymbol{V}_\infty \sin\alpha\cos\gamma \tag{2-73}$$

$$V_\gamma = V_\infty \sin\alpha \sin\gamma \tag{2-74}$$

设气流速度在 γ 为常数,平面内的迎角为 α_γ,由图 2-29 中几何关系可知

$$\tan\alpha_\gamma = \frac{V_r}{V_\infty \cos\alpha} = \tan\alpha\cos\gamma \tag{2-75}$$

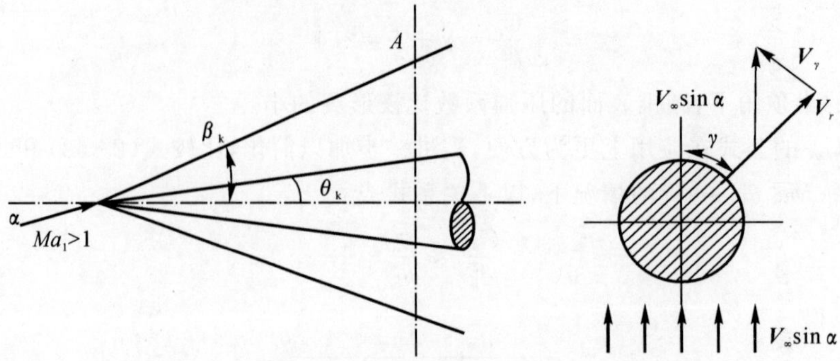

图 2-28　迎角不为 0 时高超声速流中锥形头部流动图

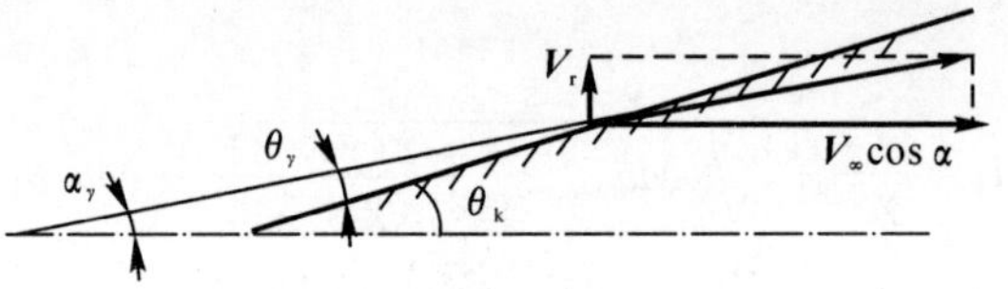

图 2-29　高超声速流中锥形头部气流参数关系

当 α 较小时,有

$$\alpha_\gamma = \alpha\cos\gamma \tag{2-76}$$

而气流在 γ 为常数的平面内的局部偏转角 θ_γ 为

$$\theta_\gamma = \theta_k - \alpha\cos\gamma \tag{2-77}$$

当 $\alpha < \theta_k$ 时,在全部锥面上,气流都向内偏转而受到压缩;而当 $\alpha > \theta_k$ 时,锥面上某些部分将出现膨胀区或称遮蔽区,其条件为 $\theta_\gamma \leqslant 0$,或者

$$\cos\gamma \geqslant \frac{\theta_k}{\alpha} \tag{2-78}$$

而遮蔽区的范围可用式(2-78)确定,即

$$\gamma_1 = \arccos\frac{\theta_k}{\alpha} \tag{2-79}$$

其位置如图 2-30 所示。在求迎角不为零的圆锥表面任一点的压强系数时,可以使用"切锥法"。这个方法假定有迎角的圆锥表面上任一点的压强等于某一圆锥在同一 Ma 的轴向气流中的表面压强($\alpha = 0$),此圆锥的半顶角即等于该点处物面与气流方向在子午面内的夹角 θ_γ。只要求出 θ_γ,即可利用 $\alpha = 0$ 的结果计算有迎角的圆锥。

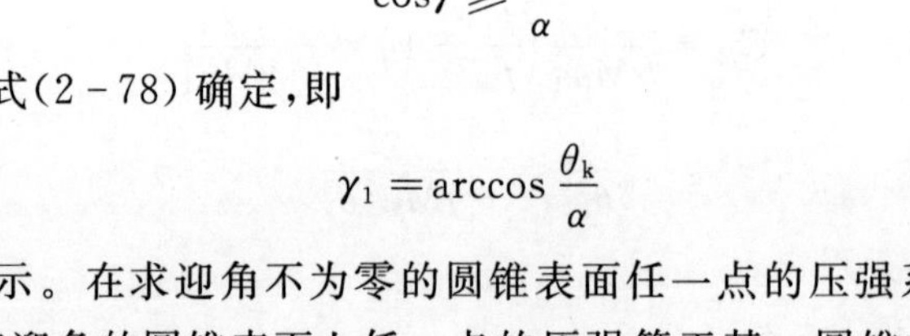

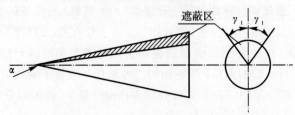

图 2-30　锥形头部的遮蔽区与非遮蔽区

对于非遮蔽区($\theta_\gamma > 0$)，气流向内偏转，由式(2-70)，得

$$\frac{C_{pk}}{\theta_r^2} = F_k + \frac{H_k}{Ma_1\theta_\gamma} \tag{2-80}$$

$$C_{pk} = F_k\ (\theta_k - \alpha\cos\gamma)^2 + \frac{H_k}{Ma_1}(\theta_k - \alpha\cos\gamma) \tag{2-81}$$

或

$$\frac{C_{pk}}{\theta_k^2} = F_k\left(1 - \frac{\alpha}{\theta_k}\cos\gamma\right)^2 + \frac{H_k}{Ma_1\theta_k}\left(1 - \frac{\alpha}{\theta_k}\cos\gamma\right) \tag{2-82}$$

当 $Ma_1\theta_k$ 足够大时，对于非遮蔽区($\theta_\gamma > 0$)，有

$$\frac{C_{pk}}{\theta_k^2} \approx F_k\left(1 - \frac{\alpha}{\theta_k}\cos\gamma\right)^2 \tag{2-83}$$

对于遮蔽区($\theta_\gamma < 0$)，气流向外偏转，有

$$C_{pk} = -\frac{2}{\gamma Ma_1^2} \quad 或 \quad C_{pk} = 0 \tag{2-84}$$

由以上结果可见，在有迎角情况下，$\frac{C_{pk}}{\theta_k^2}$ 为 $Ma_1\theta_k$ 和 $\frac{\alpha}{\theta_k}$ 的函数，用“切锥法”求得的结果与准确值也很接近，同时，这一概念还可推广到任意形状的旋成体。

2.3.2　高超声速流中旋成体的气动力

高超声速气流流经一个任意形状的尖头细长的旋成体，迎角 $\alpha \neq 0$[见图 2-31(a)]，并且 $|\alpha| \ll 1$。应用“切锥法”的概念，即可计算此旋成体上任意一点的压强系数。令 θ 为旋成体某一截面 A—A 处表面的锥角(表面切线与 x 轴的夹角)，如图 2-31(b) 所示。

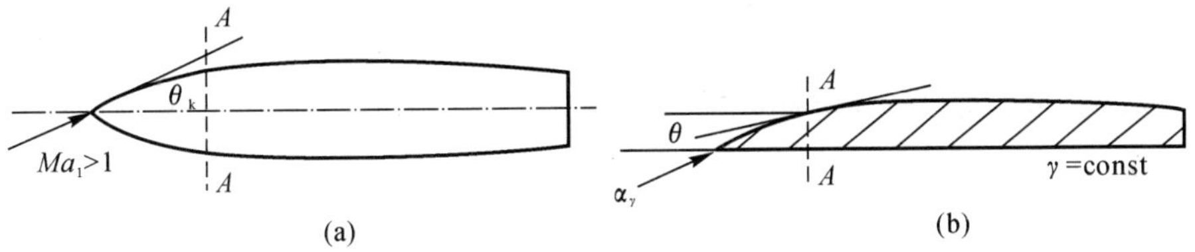

图 2-31　尖头细长旋成体的“切锥法”用图

当迎角不为零时，在 A—A 截面上对应于不同 γ 角处气流的局部偏转角 θ_γ 应为

$$\theta_\gamma = \theta - \alpha_\gamma = \theta - \alpha\cos\gamma \tag{2-85}$$

如果 $\theta_\gamma > 0$，即 $\theta_\gamma > \alpha\cos\gamma$，则对应于非遮蔽区(压缩区)的压强系数为

$$C_p \approx F_k\ (\theta - \alpha\cos\gamma)^2 \tag{2-86}$$

或写成

$$\frac{C_p}{\theta_k^2} \approx F_k\left(\frac{\theta}{\theta_k} - \frac{\alpha}{\theta_k}\cos\gamma\right)^2 \tag{2-87}$$

式中，θ_k 为旋成体的半顶角。

对于遮蔽区($\theta_\gamma < 0$)，即 $\theta < \alpha\cos\gamma$，则有

$$C_p = 0 \tag{2-88}$$

以上各式适合于 $Ma_1\theta \gg 1$ 的情况。当旋成体表面上各点压强系数 C_p 求出后，即可求空气动力和力矩。取机体坐标系(见图 2-32)，在截面 x 处取面积元 ds，有

$$ds = r d\gamma dl \tag{2-89}$$

其中 r 为旋成体半径，dl 为在 dx 上的微元母线长度，作用在 ds 上的空气动力为 dR。则有

$$dR = (p - p_1)\, ds = (p - p_1)\, r d\gamma dl \tag{2-90}$$

此力在坐标轴上的投影 dY_t、dX_t 和对顶点的俯仰力矩 dM_{zt} 为

$$dY_t = -dR\cos\gamma\cos\theta = -(p - p_1)\, r d\gamma dx \cos\gamma \tag{2-91}$$

$$dX_t = dR\sin\theta \approx (p - p_1)\, r\theta d\gamma dx \tag{2-92}$$

$$dM_{zt} = -x dY_t \approx (p - p_1)\, rx\cos\gamma d\gamma dx \tag{2-93}$$

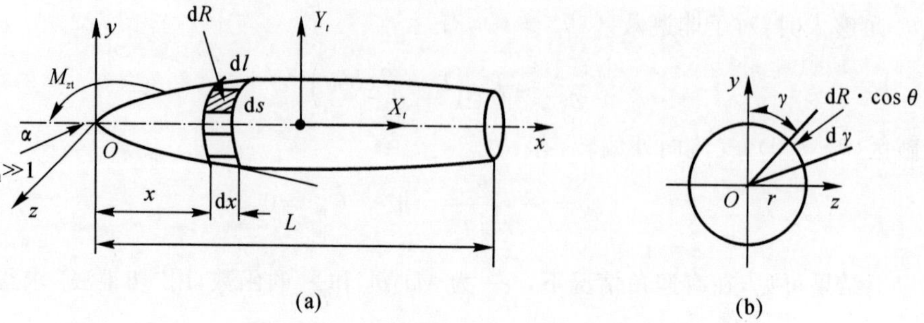

图 2-32　旋成体气动力分析用图

将 dY_t，dX_t，dM_{zt} 积分，可得作用在整个旋成体的空气动力和力矩为

$$X_t = \int_0^L \int_0^{2\pi} dX_t = q_\infty \int_0^L r\theta dx \int_0^{2\pi} C_p d\gamma \tag{2-94}$$

$$Y_t = -q_\infty \int_0^L r dx \int_0^{2\pi} C_p \cos\gamma d\gamma \tag{2-95}$$

$$M_{zt} = q_\infty \int_0^L rx dx \int_0^{2\pi} C_p \cos\gamma d\gamma \tag{2-96}$$

改写成系数形式，由于 C_p 的分布对 $\gamma = 0$ 平面是对称的，可得

$$C_{xt} = \frac{X_t}{q_\infty S_{sh}} = \frac{2}{S_{sh}} \int_0^L r\theta dx \int_0^\pi C_p d\gamma \tag{2-97}$$

$$C_{yt} = \frac{Y_t}{q_\infty S_{sh}} = -\frac{2}{S_{sh}} \int_0^L r dx \int_0^\pi C_p \cos\gamma d\gamma \tag{2-98}$$

$$m_{zt} = \frac{M_{zt}}{q_\infty S_{sh} L_{sh}} = \frac{2}{S_{sh} L_{sh}} \int_0^L rx dx \int_0^\pi C_p \cos\gamma d\gamma \tag{2-99}$$

式中：$S_{sh} = \pi r_{sh}^2$，为旋成体的最大横截面积；L_{sh} 为旋成体长度。除了前面得到的轴向力 X_t 外，整个旋成体的轴向力还应包括底部阻力 X_d，即

$$X_d = C_{pd} q_\infty S_d \tag{2-100}$$

式中：S_d 为底部横截面积，$S_d = \pi r_d^2$。

化成系数形式为

$$C_{xd} = \frac{X_d}{q_\infty S_{sh}} = C_{pd} \frac{S_d}{S_{sh}}$$

总轴向力系数为

$$C_x = C_{xt} + C_{xd} \tag{2-101}$$

当 $Ma_1\theta_k$ 足够大时，可近似认为在遮蔽区及底部 $C_p = 0$，而遮蔽区的范围可由式(2-79)给

出，然后将压强系数代入式(2-97) ～ 式(2-99)，可得

$$C_{xt}=F_k\frac{2}{S_{sh}}\int_0^L r\theta\mathrm{d}x\int_{\gamma_1}^{\pi}(\theta-\alpha\cos\gamma)^2\mathrm{d}\gamma \tag{2-102}$$

$$C_{yt}=-F_k\frac{2}{S_{sh}}\int_0^L r\mathrm{d}x\int_{\gamma_1}^{\pi}(\theta-\alpha\cos\gamma)^2\cos\gamma\mathrm{d}\gamma \tag{2-103}$$

$$m_{zt}=F_k\frac{2}{S_{sh}}\int_0^L rx\mathrm{d}x\int_{\gamma_1}^{\pi}(\theta-\alpha\cos\gamma)^2\cos\gamma\mathrm{d}\gamma \tag{2-104}$$

由于 θ 及 α 与 γ 无关，故由式(2-102) ～ 式(2-104) 中的第二个积分可算出，即

$$A(\gamma_1)=\int_{\gamma_1}^{\pi}(\theta-\alpha\cos\gamma)^2\mathrm{d}\gamma=(\pi-\gamma_1)\left(\theta^2+\frac{\alpha^2}{2}\right)+\frac{3}{2}\alpha\theta\sin\gamma_1 \tag{2-105}$$

$$B(\gamma_1)=\int_{\gamma_1}^{\pi}(\theta-\alpha\cos\gamma)^2\cos\gamma\mathrm{d}\gamma=-\left[(\pi-\gamma_1)\theta\alpha+\frac{1}{3}(2\alpha^2+\theta^2)\sin\gamma_1\right] \tag{2-106}$$

而

$$\sin\gamma_1=\sqrt{1-\cos^2\gamma_1}=\sqrt{1-\frac{\theta^2}{\alpha^2}} \tag{2-107}$$

式(2-102) ～ 式(2-104) 可写成如下形式：

$$C_{xt}=F_k\frac{2}{S_{sh}}\int_0^L A(\gamma_1)r\theta\mathrm{d}x \tag{2-108}$$

$$C_{yt}=-F_k\frac{2}{S_{sh}}\int_0^L B(\gamma_1)r\mathrm{d}x \tag{2-109}$$

$$m_{zt}=F_k\frac{2}{S_{sh}}\int_0^L B(\gamma_1)rx\mathrm{d}x \tag{2-110}$$

相对于气流坐标轴，在小迎角下，有

$$C_y\approx C_{yt} \tag{2-111}$$

$$C_x\approx C_{xt}+C_{yt}\alpha \tag{2-112}$$

$$m_z=m_{zt} \tag{2-113}$$

例 2-7　参考旋成体的一段截锥图(见图 2-33)，求作用在其表面的空气动力(不包括前、后底面)，C_{xt}、C_{yt}、m_{zt} 及压力中心位置。

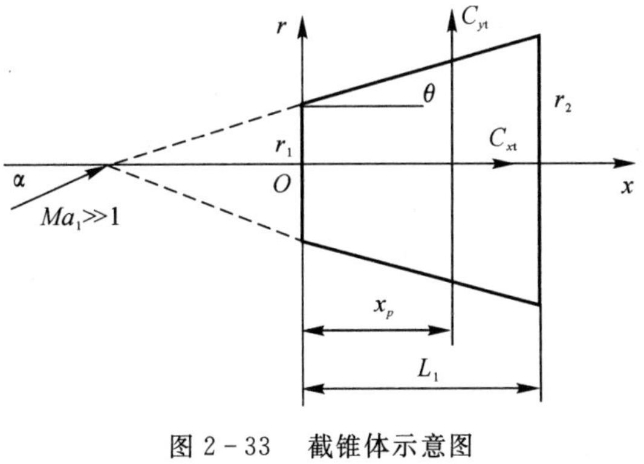

图 2-33　截锥体示意图

解　由图 2-33 可知，θ 为常数，故 $\cos\gamma_1=\dfrac{\theta}{\alpha}$ 和 $A(\gamma_1)$，$B(\gamma_1)$ 均为常数，而 $r=r_1+\theta x$，$r_2=r_1+\theta L_1$，代入式(2-108) ～ 式(2-110)，得

$$C_{xt}=F_{\mathrm{k}}A(\gamma_1)\,\theta\,\frac{L_1}{S_{\mathrm{sh}}}(r_1+r_2)$$

$$C_{yt}=-F_{\mathrm{k}}B(\gamma_1)\,\frac{L_1}{S_{\mathrm{sh}}}(r_1+r_2)$$

$$m_{zt}=F_{\mathrm{k}}B(\gamma_1)\,\frac{L_1}{3S_{\mathrm{sh}}}(r_1+2r_2)$$

式中:$A(\gamma_1)$,$B(\gamma_1)$ 的数值由式(2-105)和式(2-106)确定。

当 $\alpha<\theta$ 时,在截面上无遮蔽区($\gamma_1=0$),则有

$$A(\gamma_1)=\pi\left(\theta^2+\frac{\alpha^2}{2}\right)$$

$$B(\gamma_1)=-\pi\theta\alpha$$

当 $\alpha>\theta$ 时,存在遮蔽区,则有

$$A(\gamma_1)=(\pi-\gamma_1)\left(\theta^2+\frac{\alpha^2}{2}\right)+\frac{3}{2}\alpha\theta\sqrt{1-\frac{\theta^2}{\alpha^2}}$$

$$B(\gamma_1)=-(\pi-\gamma_1)\,\alpha\theta-\frac{1}{3}(2\alpha^2+\theta^2)\sqrt{1-\frac{\theta^2}{\alpha^2}}$$

可得截锥的压力中心位置为

$$\bar{x}_p=\frac{x_p}{L_1}=-\frac{m_{zt}}{C_{yt}}=\frac{1}{3}\,\frac{(r_1+2r_2)}{(r_1+r_2)}$$

例 2-8 高超声速气流以迎角 α 流经一细长旋成体(见图 2-34),$|\alpha|\ll 1$。求此旋成体的轴向力、法向力和压力中心。

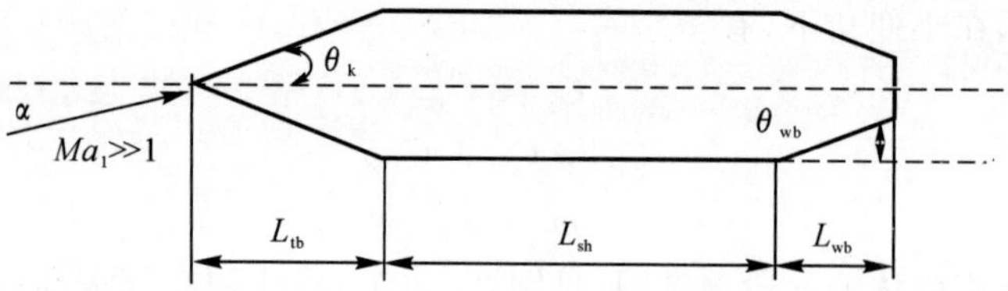

图 2-34 旋成体气动力计算用图

解 此旋成体的每一段可以看成一段截锥,因此求它的空气动力时可应用例 2-7 的结果。

(1) 轴向力。对圆锥头部,有

$$\theta=\theta_{\mathrm{k}},\quad L_1=L_{\mathrm{tb}},\quad r_1=0,\quad r_2=\theta_{\mathrm{k}}L_{\mathrm{tb}}=r_{\mathrm{sh}}$$

$$\begin{cases}A(\gamma_1)=\pi\left(\theta_{\mathrm{k}}^2+\dfrac{\alpha^2}{2}\right) & (\alpha\leqslant\theta_{\mathrm{k}})\\[2ex] A(\gamma_1)=(\pi-\gamma_1)\left(\theta_{\mathrm{k}}^2+\dfrac{\alpha^2}{2}\right)+\dfrac{3}{2}\alpha\theta_{\mathrm{k}}\sqrt{1-\dfrac{\theta_{\mathrm{k}}^2}{\alpha^2}} & (\alpha>\theta_{\mathrm{k}})\end{cases}$$

代入式(2-108)中,可得

$$\begin{cases}(C_{xt})_{\mathrm{tb}}=F_{\mathrm{k}}\theta_{\mathrm{k}}^2\left(1+\dfrac{1}{2}\,\dfrac{\alpha^2}{\theta_{\mathrm{k}}^2}\right) & (\alpha\leqslant\theta_{\mathrm{k}})\\[2ex] (C_{xt})_{\mathrm{tb}}=F_{\mathrm{k}}\theta_{\mathrm{k}}^2\left[\left(1-\dfrac{\gamma_1}{\pi}\right)\left(1+\dfrac{1}{2}\,\dfrac{\alpha^2}{\theta_{\mathrm{k}}^2}\right)+\dfrac{3}{2\pi}\sqrt{\dfrac{\alpha^2}{\theta_{\mathrm{k}}^2}-1}\right] & (\alpha>\theta_{\mathrm{k}})\end{cases}$$

而对尾部则有

$$r_1=r_{sh},\quad r_2=r_d,\quad L=L_{wb},\quad \theta=-\theta_{wb},\quad \cos\gamma_1=-\frac{\theta_{wb}}{\alpha}$$

将其代入式(2-108),可得

当 $\alpha<\theta_{wb}$ 时，尾部全部在遮蔽区内，$\gamma_1=\pi$,$A(\gamma_1)=0$,故

$$(C_{xt})_{wb}=0$$

当 $\alpha>\theta_{wb}$ 时，则有

$$(C_{xt})_{wb}=F_k\theta_{wb}^2\left[\left(1-\frac{\gamma_1}{\pi}\right)\left(1+\frac{1}{2}\frac{\alpha^2}{\theta_{wb}^2}\right)-\frac{3}{2\pi}\sqrt{\frac{\alpha^2}{\theta_{wb}^2}-1}\right]\left(1-\frac{S_d}{S_{sh}}\right)$$

由于圆柱部分不产生轴向力，故整个旋成体的轴向力系数为

$$C_{xt}=(C_{xt})_{tb}+(C_{xt})_{wb}$$

对实际情况计算表明$(C_{xt})_{wb}$ 往往很小，当$\dfrac{\alpha}{\theta_{wb}}<2$ 时可以略去不计。

(2) 法向力。旋成体各部分的法向力可用式(2-109)求出，对于头部可得

$$\begin{cases}(C_{yt})_{tb}=F_k\alpha & (\alpha\leqslant\theta_k)\\ (C_{yt})_{tb}=F_k\left[\left(1-\dfrac{\gamma_1}{\pi}\right)\alpha+\dfrac{1}{3\pi}(2\alpha^2+\theta_k^2)\dfrac{1}{\theta_k}\sqrt{1-\dfrac{\theta_k^2}{\alpha^2}}\right] & (\alpha\geqslant\theta_k)\end{cases}$$

上式中的 θ_k 可改写成 $\lambda_{tb}=\dfrac{1}{2\theta_k}$。可将上式改写为另一形式：

$$\begin{cases}(C_{yt})_{tb}\lambda_{tb}=F_k\lambda_{tb}\alpha & (\alpha\leqslant\theta_k)\\ (C_{yt})_{tb}\lambda_{tb}=\dfrac{1}{2}F_k\left[\left(1-\dfrac{\gamma_1}{\pi}\right)2\alpha\lambda_{tb}+\dfrac{1}{3\pi}(8\alpha^2\lambda_{tb}^2+1)\sqrt{1-\dfrac{1}{4\alpha^2\lambda_{tb}^2}}\right] & (\alpha\geqslant\theta_k)\end{cases}$$

试验表明，$Ma_1\theta_k>1$ 或$\dfrac{Ma_1}{\lambda_{tb}}>2$ 时,上式也可用于其他曲线形状的头部。

对于柱段，有

$$L_1=L_{zhu},\quad r_1=r_2=r_{sh},\quad \theta_k=0$$

故
$$B(\gamma_1)=-\frac{2}{3}\alpha^2$$

令
$$\lambda_{zhu}=\frac{L_{zhu}}{D_{sh}}$$

得
$$(C_{yt})_{zhu}=1.78\lambda_{zhu}\alpha^2$$

同样对尾段可求出

$$\begin{cases}(C_{yt})_{wb}=0 & (\alpha<\theta_{wb})\\ (C_{yt})_{wb}=F_k\theta_{wb}\left[\dfrac{1}{3\pi}\left(2\dfrac{\alpha^2}{\theta_{wb}^2}+1\right)\sqrt{1-\dfrac{\theta_{wb}^2}{\alpha^2}}-\left(1-\dfrac{\gamma_1}{\pi}\right)\dfrac{\alpha}{\theta_{wb}}\right]\left(1-\dfrac{S_d}{S_{sh}}\right) & (\alpha>\theta_{wb})\end{cases}$$

整个旋成体的法向力系数为

$$(C_{yt})=(C_{yt})_{tb}+(C_{yt})_{zhu}+(C_{yt})_{wb}$$

当 $\alpha/\theta_{wb}<2$ 时，$(C_{yt})_{wb}$ 可略去不计。

(3) 压力中心位置。旋成体各部分压力中心的位置可利用例 2-7 中的压力中心计算公式求出：

$$(x_p)_{tb}=\frac{2}{3}L_{tb}$$

$$(x_p)_{zhu}=\frac{1}{2}L_{zhu}$$

$$(x_p)_{wb}=\frac{1}{3}\frac{1+2r_d/r_{sh}}{1+r_d/r_{sh}}L_{wb}$$

如果略去尾部的法向力，则可求得整个旋成体压力中心为

$$x_p=\frac{\frac{2}{3}(C_{yt})_{tb}L_{tb}+(C_{yt})_{zhu}\left(L_{tb}+\frac{L_{zhu}}{2}\right)}{C_{yt}}$$

$$\bar{x}_p=\frac{x_p}{L_{sh}}=\frac{L_{tb}}{C_{yt}L_{sh}}\left[\frac{2}{3}(C_{yt})_{tb}+(C_{yt})_{zhu}\left(\frac{1}{2}\frac{\lambda_{zhu}}{\lambda_{tb}}+1\right)\right]$$

当 α 较小($\alpha<\theta_k$)时，有

$$(C_{yt})_{tb}=2.09\alpha$$

$$(C_{yt})_{zhu}=1.78\lambda_{zhu}\alpha^2$$

$$x_p=\frac{2}{3}L_{tb}+\frac{1.78\lambda_{zhu}\alpha L_{tb}}{2.09+1.78\lambda_{zhu}\alpha}\left(\frac{\lambda_{zhu}}{2\lambda_{tb}}+\frac{1}{3}\right)$$

$$\bar{x}_p=\frac{2}{3}\frac{L_{tb}}{L_{sh}}+\frac{1.78\lambda_{zhu}\alpha}{2.09+1.78\lambda_{zhu}\alpha}\left(\frac{\lambda_{zhu}}{2\lambda_{tb}}+\frac{1}{3}\right)\frac{L_{tb}}{L_{sh}}$$

若头部不是圆锥，则上式的$\frac{2}{3}$应代以其他的$(\bar{x}_p)_{tb}$值。如对抛物线头部，则$(\bar{x}_p)_{tb}\approx 0.5$。计算结果表明，当 $\lambda_{zhu}/\lambda_{tb}$ 增加时，旋成体的压力中心向后移动，特别是大迎角时更为显著。

2.4 爆炸波理论

钝头的几何尺寸很小，但由它引起的阻力却很大。因此在几何上，可以忽略钝头所占据的空间，把它视为一点，用一个集中力来代替钝头的影响。此时，若在固定的平面上研究流动，物体穿过这个平面，显然要对气体做功。由于集中力是突然加到这个平面上的，因此在平面上的气体突然获得能量，就好像炸弹爆炸时使周围的气体获得能量一样。在这之后，物体的后部分穿过这个平面对气体的排挤作用，还可以看作是活塞的膨胀作用。这种理论就叫作爆炸波理论。

爆炸波理论是建立在非定常比拟基础上的一种理论。其基本假设是纵向扰动速度比其他方向的扰动速度小一个量级，并在一个点上沿着一条线瞬时释放能量。这种理论用于近似模拟钝头物体在高超声速中的绕流。

爆炸波和强激波情况一样，即激波前的压强比起激波后的压强可以略去不计，对于柱形爆炸波，靠近爆炸中心的压强和激波形状由下式给出：

$$p=K_1\rho_\infty\left(\frac{E}{\rho_\infty}\right)^{\frac{1}{2}}t^{-1} \tag{2-114}$$

$$K_1=\frac{r^{2(\gamma-1)/(2-\gamma)}}{Z^{(4-\gamma)/(2-\gamma)}} \tag{2-115}$$

$$r_s = \left(\frac{E}{\rho_\infty}\right)^{\frac{1}{4}} t^{\frac{1}{2}} \tag{2-116}$$

对于平面爆炸波，则有

$$p = K_2 \rho_\infty \left(\frac{E}{\rho_\infty}\right)^{\frac{2}{3}} t^{\frac{2}{3}} \tag{2-117}$$

$$K_2 = \frac{2^{\frac{7}{3}} (2\gamma - 1)^{(5\gamma-4)/3(2-\gamma)}}{9(\gamma+1)^{(2\gamma+1)/3(2-\gamma)}} \tag{2-118}$$

$$r_s = \left(\frac{E}{\rho_\infty}\right)^{\frac{1}{3}} t^{\frac{2}{3}} \tag{2-119}$$

式中，E 是爆炸时瞬时释放的能量，其值等于头部的阻力，即

$$E = X = \frac{1}{2}\rho_\infty V_\infty^2 C_x S \tag{2-120}$$

$$t = \frac{x}{V_\infty} \tag{2-121}$$

式中：S 为参考面积，对于轴对称情况，$S=\frac{\pi d^2}{4}$，d 为钝头的底部直径；对于平面情况，$S=d$，d 为钝头的底面宽度。在 $\gamma=1.4$ 的情况下，可得

钝柱：

$$\frac{p}{p_\infty} = 0.068\,1 Ma_\infty^2 \frac{\sqrt{C_x}}{x/d} \tag{2-122}$$

$$\frac{r_s}{d} = 0.792 C_x^{\frac{1}{4}} \sqrt{\frac{x}{d}} \tag{2-123}$$

钝平板：

$$\frac{p}{p_\infty} = 0.127 Ma_\infty^2 C_x^{\frac{2}{3}} \left(\frac{x}{d}\right)^{\frac{-2}{3}} \tag{2-124}$$

$$\frac{r_s}{d} = 0.794 C_x^{\frac{1}{3}} \left(\frac{x}{d}\right)^{\frac{2}{3}} \tag{2-125}$$

如果考虑激波前压力的影响，可得到二级近似公式。

钝柱：

$$\frac{p}{p_\infty} = 0.067 Ma_\infty^2 \frac{\sqrt{C_x}}{x/d} + 0.44 \tag{2-126}$$

$$\frac{r_s}{d} = 0.795 \sqrt{\frac{(x/d)}{Ma_\infty^2 C_x^{\frac{1}{2}}} \left[1 + 3.15 \frac{(x/d)}{Ma_\infty^2 C_x^{\frac{1}{2}}}\right]} \tag{2-127}$$

钝平板：

$$\frac{p}{p_\infty} = 0.121 Ma_\infty^2 \left(\frac{C_x}{x/d}\right)^{\frac{2}{3}} + 0.56 \tag{2-128}$$

$$\frac{r_s}{d} = \frac{0.774 Ma_\infty^2 C_x}{Ma_\infty^2 \left[C_x/(x/d)^{\frac{2}{3}} - 1.09\right]} \tag{2-129}$$

由以上公式可得出结论：对于钝柱，p/p_∞ 与 Ma_∞^2、$C_x^{\frac{1}{2}}$ 成正比，与 x/d 成反比，其激波形状正比于 $C_x^{\frac{1}{4}}$ 和 $(x/d)^{1/2}$。

习　　题

(1) 马赫数 $Ma_1=3.0$ 的空气流过半顶角 $\theta=15^\circ$ 的楔体(见图 2-35)。来流静压、静温分别为:$p_1=1.0\times10^4$ Pa、$T_1=216.5$ K,激波角 β 为32.2°。求:① 激波后的静压 p_2、T_2、ρ_2;② 激波前后的总压 p_{01}、p_{02}。

(2) 超声速空气绕凸角 AOB 流动,由 $Ma_1=2$ 膨胀到 $Ma_2=2.50$(见图 2-36),DOE 为扇形膨胀区。$CDEF$ 为流线,与第一条和最后一条膨胀波分别交于 D,E 两点,$OD=r_1$,$OE=r_2$。试求:气流偏转角 θ,r_2/r_1。

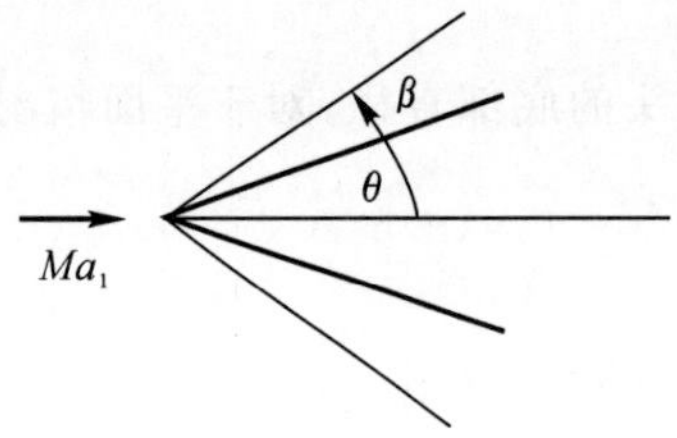

图 2-35　习题(1) 图

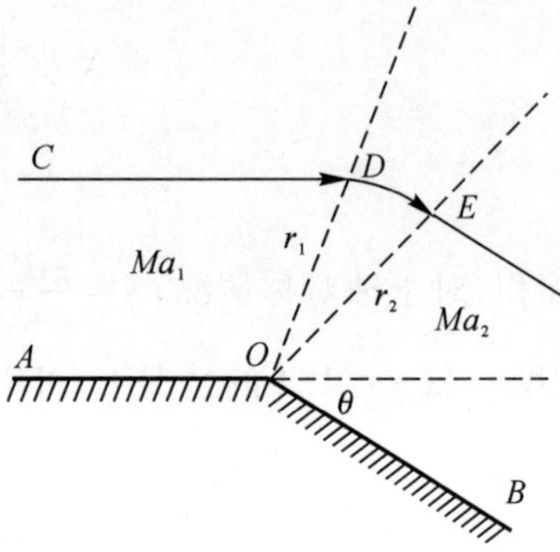

图 2-36　习题(2) 图

(3) 如图 2-37 所示,马赫数 $Ma_1=2.0$、压力 $p_1=1$ atm(1 atm=101.325 kPa) 的平面超声速定常空气气流绕一凸角 AOB 膨胀,如果膨胀后的 ② 区气流的压力为0.20 atm,试计算气流偏转角 θ。

(4) 一任意形状薄翼如图 2-38 所示,试利用高超声速的激波和膨胀波关系计算:当飞行迎角为 α 时,其压强分布和气动系数。

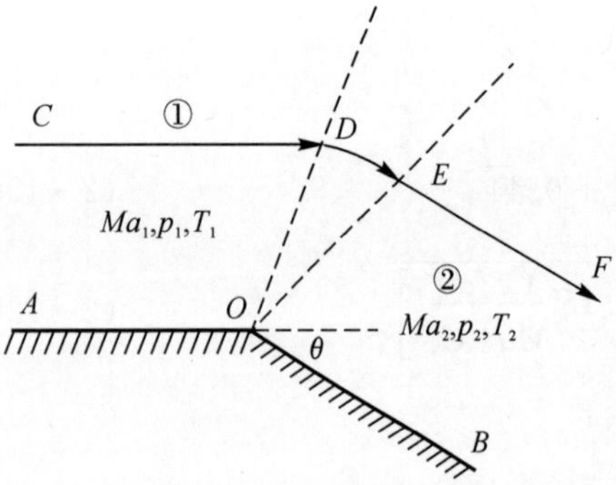

图 2-37　习题(3) 图

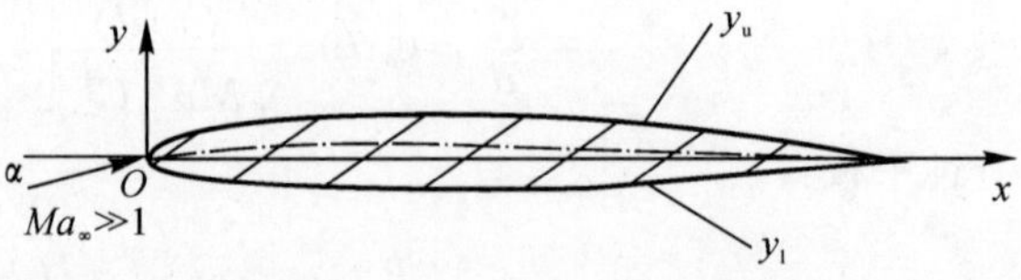

图 2-38　一任意形状薄翼

(5) 简述马赫数无关原理。

第3章 牛顿理论及高超声速气动力计算方法

1687年，牛顿在《自然哲学的数学原理》中建立了一种直线运动的粒子流流动模型，在 $Ma_\infty \gg 1$ 的情况下其理论的结果与实验相符，下面介绍牛顿理论。

3.1 牛顿公式

牛顿理论的基本假设：

(1) 流动介质由一系列均布的、彼此无关的运动质点组成。

(2) 绕物体流动的流体在与物体的微元表面相碰时，流体质点将失去与物体表面垂直方向上的动量(法向动量)而保持原有的切向动量沿着物体表面流动。由于在物面法线方向的动量的改变引起了流体作用于物面上的力，显然流体对物面的压力只作用在物面上能与流体相碰的表面(物体的迎风面)。

(3) 流体质点不能直接碰撞到的表面(称遮蔽区)压力应该为零。

为了确定流体质点作用在物体上的压强大小，根据牛顿理论的基本假设，我们研究一块和来流方向成倾斜角 θ 的微元平板表面 $\mathrm{d}s$，其内法线方向为 $\boldsymbol{n}$，如图3-1所示。

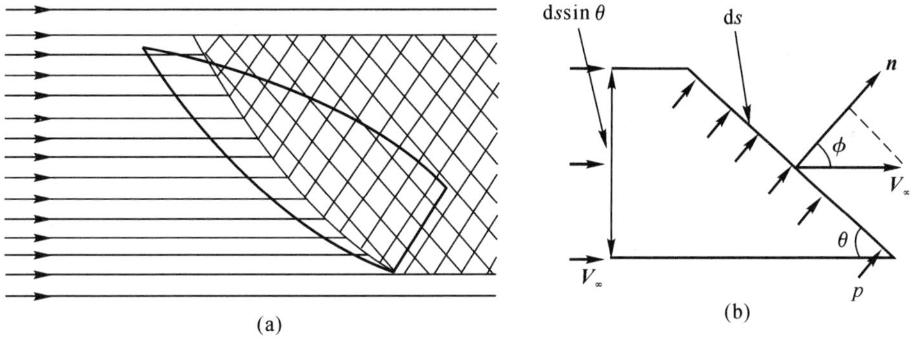

图3-1 牛顿理论的分析用图

在单位时间里，与微元表面 $\mathrm{d}s$ 相撞的流体质点的质量为 $\rho_\infty V_\infty \sin\theta \mathrm{d}s$。由于碰撞作用在微元表面 $\mathrm{d}s$ 上的力与流体质点和物体表面相互作用的性质有关，在非弹性碰撞时，在微元表面的法线方向上，单位时间内与 $\mathrm{d}s$ 相碰撞的流体质点的动量变化为

$$\rho V_n \mathrm{d}s = \rho_\infty V_\infty^2 \sin^2\theta \mathrm{d}s \tag{3-1}$$

根据牛顿理论，碰撞后流体质点失去了全部法向动量，则由动量定理，作用在微元表面法向方向的法向力为

$$(p - p_\infty)\mathrm{d}s = \rho_\infty V_\infty^2 \sin^2\theta \mathrm{d}s \tag{3-2}$$

其压强系数为

$$C_p=\frac{p-p_\infty}{\frac{1}{2}\rho_\infty V_\infty^2}=\frac{\rho_\infty V_\infty^2\sin^2\theta}{\frac{1}{2}\rho_\infty V_\infty^2}=2\sin^2\theta \tag{3-3}$$

式(3-3)也适用于一般物体表面的当地压强系数的计算。

实际流体可视为由一系列相互作用且连续分布的流体质点组成，扰动可以通过流体质点向四周传播。将牛顿理论应用于低速、亚声速和低超声速等流动时，误差很大。但在高超声速流中，基于牛顿理论得到的式(3-3)(也称牛顿公式)很适合。由于激波层很薄，流体质点流经激波后不再出来，因此自由流的流体质点几乎可以看成是直接撞击到物体表面，然后沿物面作切向运动，这与牛顿公式的假设相似。

根据斜激波关系，激波后的压强系数公式见式(2-30)，当 $Ma_\infty\to\infty$ 时，其压强系数为

$$C_p=\frac{4}{\gamma+1}\sin^2\beta \tag{3-4}$$

如果进一步使 $\gamma\to 1$，则式(3-4)可以写为

$$C_p=2\sin^2\beta \tag{3-5}$$

根据式(2-37)，当 $\gamma\to 1$ 时，有

$$\beta=\theta \tag{3-6}$$

即激波角等于当地物面角(气流偏转角)。从式(2-42a)也可以看出，在 $\gamma\to 1$ 时，有

$$\frac{\rho_2}{\rho_1}=\frac{\gamma+1}{\gamma-1}\to\infty \tag{3-7}$$

这说明激波后的密度为无限大，必然造成激波与物体表面相重合。故在高超声速流动中，高温效应使得 $\gamma\to 1$，因而在 $Ma_\infty\to\infty$ 的极限条件下，用牛顿公式来描述是合理的。

将式(3-3)应用于高超声速飞行器时，θ 为当地物面角(气流偏转角)，即自由来流方向与表面切向之间的夹角(见图 3-2)。可以看出，牛顿理论中 C_p 仅由当地表面偏转角决定，而与周围流场影响无关。图 3-2(a)给出了一个任意形状的二维物体。需要估计物体表面 P 点的压强值。过 P 点作一条与物面相切的线，这条线与自由来流方向的夹角为 θ。按照式(3-3)即可计算得到当地的压强。当分析三维物体的流动时，在 P 点做一个单位法向矢量 $\boldsymbol{n}$，得到其与自由来流速度矢量 $\boldsymbol{V}_\infty$ 之间的关系：

$$\boldsymbol{V}_\infty\cdot\boldsymbol{n}=|\boldsymbol{V}_\infty|\cos\phi=|\boldsymbol{V}_\infty|\sin\left(\frac{\pi}{2}-\phi\right) \tag{3-8}$$

式中，ϕ 为 $\boldsymbol{n}$ 和 $\boldsymbol{V}_\infty$ 之间的夹角。$\boldsymbol{n}$ 和 $\boldsymbol{V}_\infty$ 构成一个平面，在该平面上，$\theta=\frac{\pi}{2}-\phi$，为表面切向与自由来流方向之间的夹角。则有

$$\boldsymbol{V}_\infty\cdot\boldsymbol{n}=|\boldsymbol{V}_\infty|\sin\theta$$

或

$$\sin\theta=\frac{\boldsymbol{V}_\infty}{|\boldsymbol{V}_\infty|}\cdot\boldsymbol{n} \tag{3-9}$$

根据牛顿理论，粒子没有撞击到的区域为遮蔽区(或背风面，见图 3-3 中的阴影部分)，在该区域内 $C_p=0$。实验证明，这一结论一般要在 $Ma_\infty>10$ 的范围时才接近实际情况。

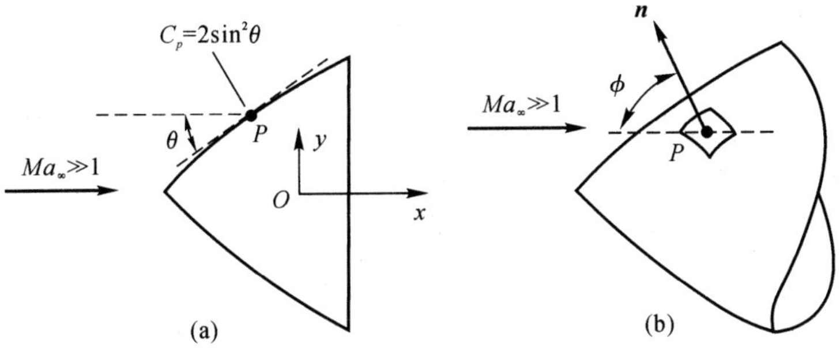

图 3-2　牛顿公式的应用示例

(a) 二维物体；(b) 三维物体

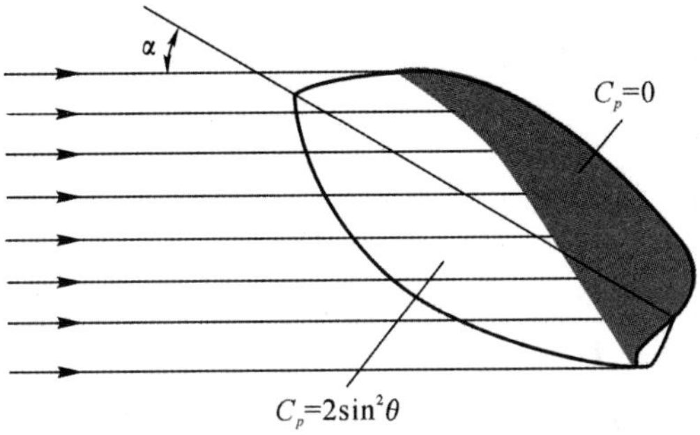

图 3-3　牛顿公式中的撞击区和遮蔽区

例 3-1　图 3-4 所示为一线性化平板翼型，(1) 试用牛顿公式计算其在 $Ma_\infty=8$，$\alpha=15°$ 时的气动力系数；(2) 与低速、亚声速和超声速的升力系数结果进行比较；(3) 与第 2 章激波、膨胀波后极限($Ma_\infty \to \infty$，$\gamma \to 1$) 结果和精确结果进行对比。

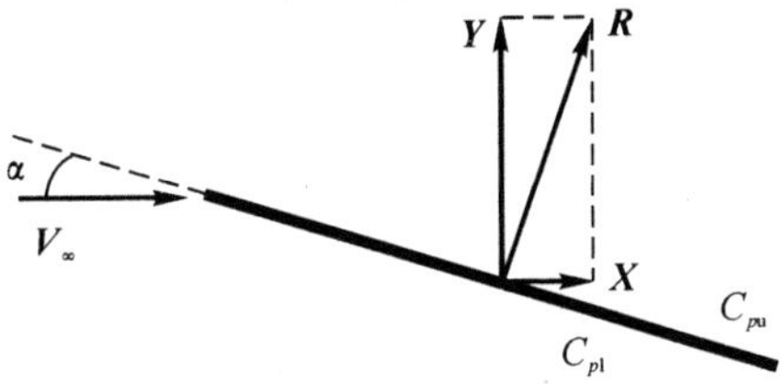

图 3-4　平板翼型

解　(1) 对于该平板而言，下表面为撞击区，上表面为遮蔽区，由牛顿公式，则有

$$C_{pl}=2\sin^2\alpha$$

$$C_{pu}=0$$

作用在平板单位长度上的空气动力合力 **R** 为

$$R=(p_l-p_u)b=(C_{pl}-C_{pu})q_\infty b=2\sin^2\alpha q_\infty b$$

进而计算升力、阻力系数如下：

$$C_y=\frac{Y}{q_\infty b}=\frac{R\cos\alpha}{q_\infty b}=2\sin^2\alpha\cos\alpha$$

$$C_x=\frac{X}{q_\infty b}=\frac{R\sin\alpha}{q_\infty b}=2\sin^3\alpha$$

$$\frac{Y}{X}=\frac{C_y}{C_x}=\cot\alpha$$

将迎角代入，可得

$$C_y=0.129\ 4$$

$$C_x=0.034\ 7$$

$$\frac{Y}{X}=3.729\ 1$$

(2) 在低速气流中：

$$C_y=2\pi\alpha$$

在亚声速气流中：

$$C_y=\frac{2\pi\alpha}{\sqrt{1-Ma_\infty^2}}$$

在超声速气流中：

$$C_y=\frac{4\alpha}{\sqrt{Ma_\infty^2-1}}$$

可以看出，高超声速气流中，升力系数与迎角是非线性关系。

(3) 按照第2章例2-5的结果，当 $\gamma\to 1$ 时，有以下结果：

$$C_y=(\gamma+1)\alpha^2=0.137\ 1$$

$$C_x=(\gamma+1)\alpha^3=0.035\ 9$$

$$\frac{Y}{X}=3.818\ 9$$

当采用精确激波、膨胀波关系时，可进行如下求解：

由 $Ma_\infty=8$ 可知，对于平板上表面，为膨胀波，有

$$\theta_*=\sqrt{\frac{\gamma+1}{\gamma-1}}\arctan\sqrt{\frac{\gamma-1}{\gamma+1}(Ma^2-1)}-\arctan\sqrt{Ma^2-1}=95.62°$$

$$\theta_{*1}=95.62°+15°=110.62°$$

由 θ_{*1} 求得 $Ma_2=14.32$，由式(2-49)，代入马赫数，有

$$\frac{p_2}{p_1}=\left[\frac{1+\dfrac{(\gamma-1)}{2}Ma_\infty^2}{1+\dfrac{(\gamma-1)}{2}Ma_2^2}\right]^{\frac{\gamma}{\gamma-1}}=0.020\ 3$$

$$C_{pu}=\frac{2}{\gamma Ma_\infty^2}\left(\frac{p_2}{p_1}-1\right)=-0.021\ 9$$

对于平板下表面，为斜激波，由式(2-27)，计算得到激波角 $\beta=21°$，由式(2-23a)可得

$$\frac{p_2}{p_1}=\frac{2\gamma}{(\gamma+1)}Ma_\infty^2\sin^2\beta-\frac{\gamma-1}{\gamma+1}=9.443$$

$$C_{pl}=\frac{2}{\gamma Ma_\infty^2}\left(\frac{p_2}{p_1}-1\right)=0.188\ 5$$

$$C_y=(C_{pl}-C_{pu})\cos\alpha=0.203\ 2$$

$$C_x = (C_{pl} - C_{pu})\sin\alpha = 0.0545$$

$$\frac{Y}{X} = \frac{C_y}{C_x} = 3.7284$$

图 3-5 所示为基于牛顿公式的平板翼型气动参数，可以看出：

(1) 升阻比的值随迎角的增大而单调减小，需要注意的是 $\alpha \to 0, Y/X \to \infty$，这是没有考虑黏性摩擦力的结果。

(2) 升力系数在 $\alpha \approx 55^\circ$ 时达到峰值，从实验来看，许多高超声速飞行器的最大升力系数也出现在这个迎角附近。

(3) 当 $\alpha = 0 \sim 15^\circ$ 时，升力系数随迎角的变化为非线性。

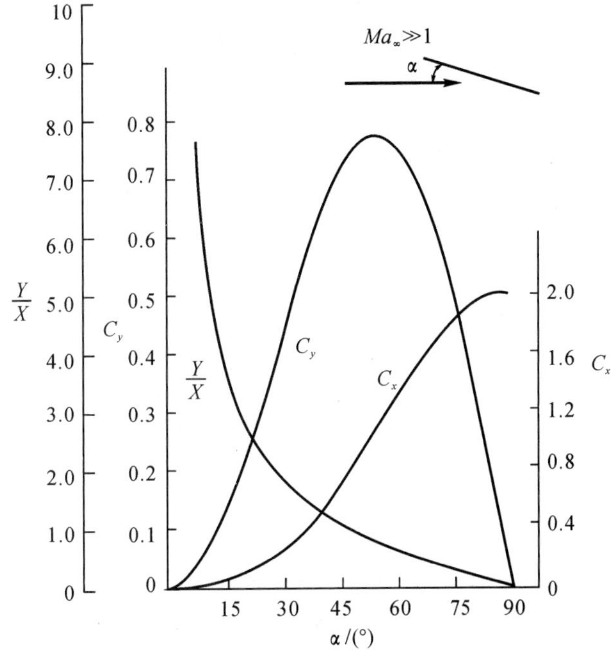

图 3-5　基于牛顿公式的平板翼型气动系数

例 3-2　一等腰三角形翼型如图 3-6 所示，翼型相对厚度为 $\bar{c}$，且 $AB = BC$，$\angle A = 2\bar{c}$。试用牛顿公式计算该翼型的气动力系数。(假定迎角和翼型厚度都很小)

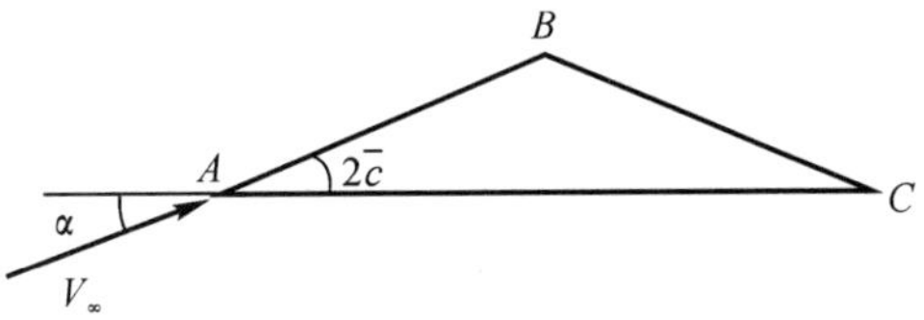

图 3-6　等腰三角形翼型

解　用牛顿公式计算时，首先要分析碰撞区和遮蔽区，然后确定气流偏转角，最后代入牛顿公式即可。对于该翼型：

(1) 当 $\alpha < 2\bar{c}$ 时，AC 边与来流夹角为 α，则有

$$C_{pAC} = 2\sin^2\alpha \approx 2\alpha^2$$

AB 边与来流夹角为 $2\bar{c}-\alpha$，则有

$$C_{pAB}=2\sin^2(2\bar{c}-\alpha)\approx 2(2\bar{c}-\alpha)^2$$

BC 边为遮蔽区，所以

$$C_{pBC}=0$$

翼型升力系数

$$C_y=\frac{C_{pAC}\,AC\cos\alpha-C_{pAB}\,AB\cos(2\bar{c}-\alpha)}{AC}$$

将 C_{pAC}，C_{pAB} 的表达式代入，并注意到当 $\bar{c}$ 和 α 很小时有 $\cos\alpha\approx 1$，$\cos(2\bar{c}-\alpha)\approx 1$，$AB=\frac{1}{2}AC$，于是可得

$$C_y=2\alpha^2-(2\bar{c}-\alpha)^2$$

或

$$\frac{C_y}{\bar{c}^2}=2\left(\frac{\alpha}{\bar{c}}\right)^2-\left(2-\frac{\alpha}{\bar{c}}\right)^2$$

同样可以求得翼型阻力系数为

$$C_x=2\alpha^3+(2\bar{c}-\alpha)^3$$

$$\frac{C_x}{\bar{c}^3}=2\left(\frac{\alpha}{\bar{c}}\right)^3+\left(2-\frac{\alpha}{\bar{c}}\right)^3$$

(2) 当 $\alpha>2\bar{c}$ 时，AB 边也成为遮蔽区，整个翼型上表面的压强系数为零，在这种情况，三角翼型的升力系数和阻力系数与平板相同。

例 3-3 如图 3-7 所示菱形翼型，翼型的相对厚度为 $\bar{c}$，$\angle A$，$\angle C$ 均为 $2\bar{c}$，且 AC 平分 $\angle A$，$\angle C$。试用牛顿公式计算该翼型的气动力系数。(假定迎角和翼型厚度都很小。)

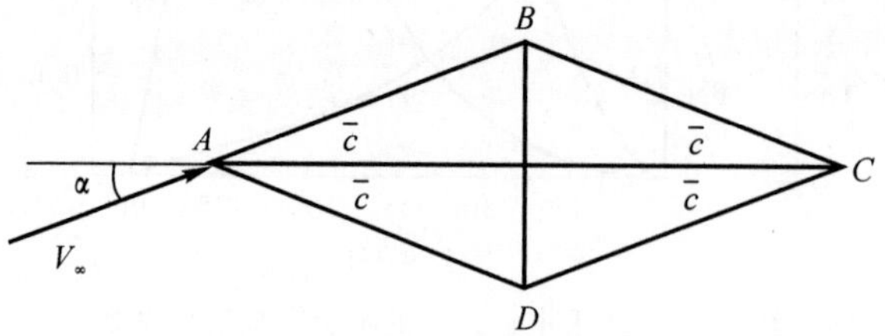

图 3-7 菱形翼型

解 (1) 当 $\alpha<\bar{c}$ 时，AB、AD 边均为迎风面，且 AB 边和 AD 边与来流方向的夹角分别为 $(\bar{c}-\alpha)$ 及 $(\bar{c}+\alpha)$。于是有

$$C_{pAB}=2(\bar{c}-\alpha)^2$$

$$C_{pAD}=2(\bar{c}+\alpha)^2$$

BC，DC 边为遮蔽区，所以 $C_{pBC}=C_{pDC}=0$，翼型升力系数为

$$C_y=\frac{C_{pAD}\,AD\cos(\bar{c}+\alpha)-C_{pAB}\,AB\cos(\bar{c}-\alpha)}{AC}$$

当 $\bar{c}$，α 均很小时，上式化为

$$C_y=(\bar{c}+\alpha)^2-(\bar{c}-\alpha)^2$$

或

$$\frac{C_y}{\bar{c}^2}=\left(1+\frac{\alpha}{\bar{c}}\right)^2-\left(1-\frac{\alpha}{\bar{c}}\right)^2$$

(2) 当 $\alpha > \bar{c}$ 时，AB 边为遮蔽区，DC 边为迎风面，则有

$$C_{pAD}=2(\bar{c}+\alpha)^2,\quad C_{pDC}=2(\alpha-\bar{c})^2,\quad C_{pAB}=C_{pBC}=0$$

于是升力系数为

$$\frac{C_y}{\bar{c}^2}=\left(1+\frac{\alpha}{\bar{c}}\right)^2+\left(\frac{\alpha}{\bar{c}}-1\right)^2$$

将两种情况的升力系数合并成统一的形式，即

$$\frac{C_y}{\bar{c}^2}=\left(1+\frac{\alpha}{\bar{c}}\right)^2+\left|1-\frac{\alpha}{\bar{c}}\right|\left(1-\frac{\alpha}{\bar{c}}\right)$$

上式对 $\alpha<\bar{c}$ 和 $\alpha>\bar{c}$ 都适用。同理得阻力系数的表达式为

$$\frac{C_x}{\bar{c}^3}=\left(1+\frac{\alpha}{\bar{c}}\right)^3+\left|1-\frac{\alpha}{\bar{c}}\right|^3$$

对于例 3－2 和例 3－3 对三角形翼型和菱形翼型的计算结果，可以作下述讨论：

(1) 高超声速流中，$Ma_\infty\to\infty$，翼剖面与气动特性仅取决于 $\frac{\alpha}{\bar{c}}$，而与 Ma_∞ 无关。

(2) 作出以上两种翼型及平板翼型的极曲线，如图 3－8 所示。显然，在高超声速情况下，迎角足够大时，下表面平直的三角形翼型比菱形翼型有更高的升阻比。因为高超声速流中产生升力主要是与来流方向成较大倾角的下翼面气流受到压缩的作用，下翼面设计为平底时气流受压缩作用比菱形情况严重，菱形翼型后半段气流有膨胀，所以下表面平直的翼型其气动特性较具有相同的相对厚度的双凸形翼型要好。这一结论亦可推广到三维绕流情况。图 3-9 显示了半锥的升阻比，在适当迎角时其比全锥的升阻比要高。

(3) 与超声速线化理论不同，在高超声速下，升力系数不仅与 α 有关，而且与 $\bar{c}$ 有关，且 C_y 与 α 的关系一般不是线性关系。

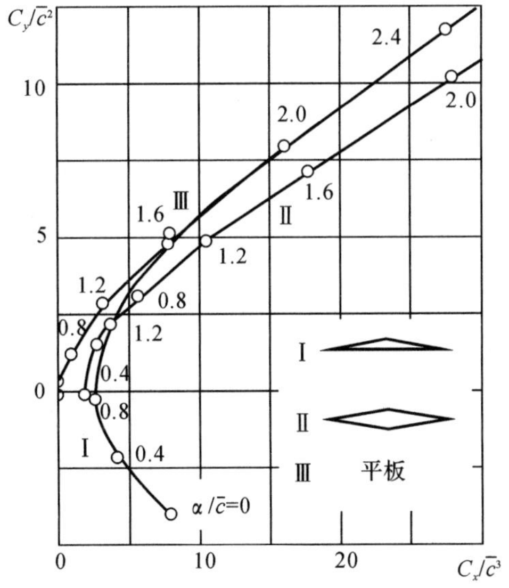

图 3－8　三角形和菱形翼型 $\frac{C_y}{\bar{c}^2}$ 与 $\frac{C_x}{\bar{c}^3}$ 的曲线关系

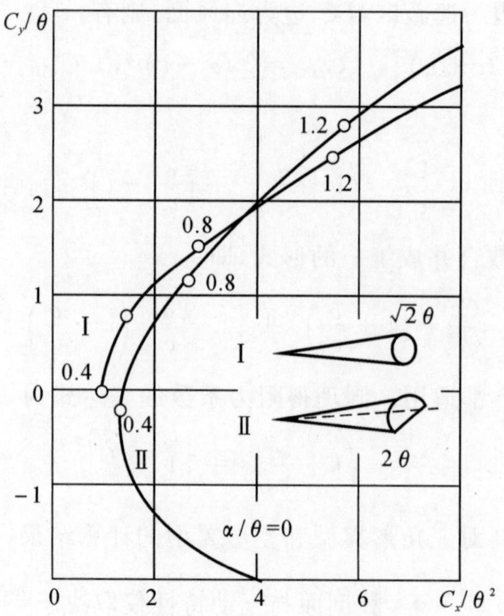

图 3-9　全锥与半锥$\dfrac{C_y}{\theta}$与$\dfrac{C_x}{\theta^2}$的曲线关系

3.2　修正的牛顿公式

3.2.1　Lees 修正

在工程应用中,为了得到与精确解更为接近的计算结果,莱斯特·利斯(Lester Lees)对牛顿公式进行了修正。考虑钝头体的流动,在物体前面顶点处$\theta=\dfrac{\pi}{2}$,由牛顿公式可知该点的压强系数为 2。实际该点为驻点,其压强系数为正激波后的驻点压强系数C_{p02},可由激波理论求出,即

$$C_{p02}=\frac{2}{\gamma Ma_\infty^2}\left(\frac{p_{02}}{p_\infty}-1\right)=\frac{2}{\gamma Ma_\infty^2}\left(\frac{p_{02}}{p_{01}}\frac{p_{01}}{p_\infty}-1\right)=$$

$$\frac{2}{\gamma Ma_\infty^2}\left\{\frac{1}{\left(\frac{2\gamma}{\gamma+1}Ma_\infty^2-\frac{\gamma-1}{\gamma+1}\right)^{\frac{1}{\gamma-1}}}\left[\frac{(\gamma+1)Ma_\infty^2}{(\gamma-1)Ma_\infty^2+2}\right]^{\frac{\gamma}{\gamma-1}}\left(1+\frac{\gamma-1}{2}Ma_\infty^2\right)^{\frac{\gamma}{\gamma-1}}-1\right\}=$$

$$\frac{2}{\gamma Ma_\infty^2}\left[\left(\frac{\gamma+1}{2\gamma Ma_\infty^2-\gamma+1}\right)^{\frac{1}{\gamma-1}}\left(\frac{\gamma+1}{2}Ma_\infty^2\right)^{\frac{\gamma}{\gamma-1}}-1\right]=$$

$$\frac{2}{\gamma Ma_\infty^2}\left\{\left[\frac{(\gamma+1)^2Ma_\infty^2}{4\gamma Ma_\infty^2-2(\gamma-1)}\right]^{\frac{\gamma}{\gamma-1}}\left(\frac{1-\gamma+2\gamma Ma_\infty^2}{\gamma+1}\right)-1\right\} \tag{3-10}$$

当$Ma_\infty\to\infty$时,式(3-10)可改写为

$$\left.\begin{aligned}&C_{p02}=1.84\quad(\gamma=1.4)\\&C_{p02}=2.0\quad(\gamma=1.0)\\&C_{p02}=\left[\frac{(\gamma+1)^2}{4\gamma}\right]^{\frac{\gamma}{\gamma-1}}\left(\frac{4}{\gamma+1}\right)\text{(其他)}\end{aligned}\right\} \tag{3-11}$$

牛顿公式改写为

$$C_p = C_p^* \frac{\sin^2\theta}{\sin^2\theta_0} \tag{3-12}$$

式(3-12)的结果与实验值之间的吻合程度得到很大的改善，式(3-12)即为修正的牛顿公式。其中 C_p^* 是物体顶端处的压强系数；θ_0 为物体顶端处物面切线与来流方向之间的夹角。

对于钝头体的流动，$\sin\theta_0 = \sin\frac{\pi}{2} = 1$，$C_p^*$ 即为正激波后驻点处的压强系数 C_{p02}，则

$$C_p = C_{p02} \sin^2\theta \tag{3-13}$$

可以看出：

(1) 基于 Lees 修正的公式不再是马赫数无关，式(3-12)和式(3-13)都考虑了马赫数的影响。

(2) 按照式(3-13)，当 $Ma_\infty \to \infty$，$\gamma \to 1.0$ 时，修正的牛顿公式演变为牛顿公式。

(3) 对于钝头体，修正的牛顿公式比简单的牛顿公式的结果更为准确。图 3-10 所示为修正的牛顿公式与有限差分方法求解抛物面型头部的结果对比，二者符合较好，尤其是在头部位置。牛顿公式的结果在头部附近偏差较大。

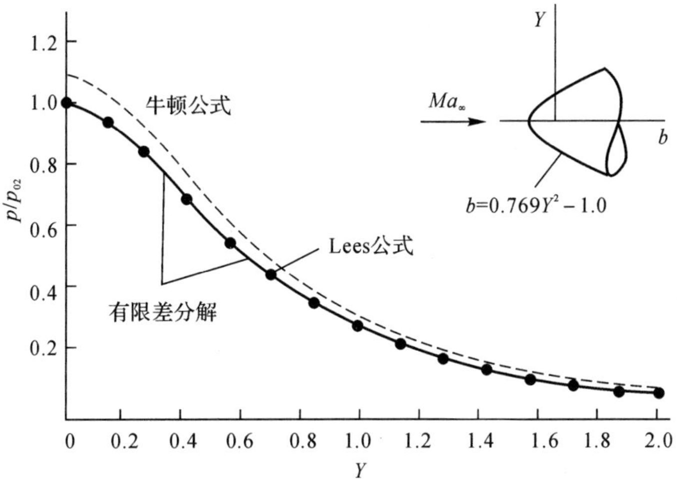

图 3-10　$Ma_\infty = 8$ 抛物面外形的压强分布

例 3-4　$Ma_\infty = 10$、$\alpha = 0$ 的气流流过 $\bar{c} = 0.05$ 的半弧形翼型，$\bar{y}_u = 4\bar{c}\bar{x}(1-\bar{x})$，试使用牛顿公式和修正的牛顿公式计算该翼型表面的压强分布和气动力系数。

解
$$\theta \approx \tan\theta = \frac{d\bar{y}_u}{d\bar{x}} = 4\bar{c}(1-2\bar{x}),\quad \theta = \arctan[0.2(1-2\bar{x})]$$

$$\theta_0 \approx \tan\theta_0 = 4\bar{c},\quad \theta_0 = \arctan 0.2 = 11.31^\circ = 0.197\ 4\ \text{rad}$$

按牛顿公式，有

$$(C_{pu})_{\bar{x}\leqslant 0.5} = 2\sin^2\{\arctan[0.2(1-2\bar{x})]\}$$

使用修正的牛顿公式，有

$$(C_{pu})_{\bar{x}\leqslant 0.5} = C_p^* \frac{\sin^2\theta}{\sin^2\theta_0} = C_p^* \frac{\sin^2\theta}{(\sin 11.31)^2}$$

式中，C_p^* 为翼型顶端处的压强系数，由式(2-39)计算得

$$C_p^* = \frac{\gamma+1}{2}\left\{1+\sqrt{1+\left[\frac{4}{(\gamma+1)Ma_\infty\theta_0}\right]^2}\right\}\theta_0^2 = 0.108$$

而由 $Ma_\infty = 10$、$\theta_0 = 11.31°$ 查斜激波图线[见图 2-12(b)]，计算可得 $C_p^* = 0.110$。使用 $C_p^* = 0.108$ 计算，则有

$$(C_{pu})_{\bar{x}\leqslant 0.5} = 0.108 \times \frac{\sin^2\theta}{(\sin 11.31°)^2} = 2.81 \times \sin^2\theta$$

最后将使用两种公式计算的 $(C_p)_{\bar{x}\leqslant 0.5}$ 值列在表 3-1 中。

表 3-1 半弧型翼型的压强分布

$\bar{x}$	0.0	0.1	0.5	0.3	0.4	0.5
$\tan\theta$	0.2	0.16	0.12	0.08	0.04	0
$\theta/(°)$	11.31	9.09	6.84	4.57	2.29	0
$\sin^2\theta$	0.038 5	0.025	0.014 2	0.006 4	0.001 6	0
$C_{p牛}$	0.077	0.050	0.028 4	0.012 7	0.003 2	0
$C_{p修牛}$	0.108	0.072	0.040	0.017 8	0.004 5	0
$C_{p精确}$	0.110	—	—	—	—	—

升力系数 C_y 的计算结果为

$$C_{y牛} \approx \int_0^{0.5}(C_{pl}-C_{pu})\,d\bar{x} = -\int_0^{0.5}2\sin^2\theta\,d\bar{x} = -32\bar{c}^2\int_0^{0.5}(1-2\bar{x})^2\,dx =$$

$$-0.08\int_0^{0.5}(1-4\bar{x}+4\bar{x}^2)\,d\bar{x} = -0.013\ 3$$

$$C_{y修牛} \approx -2.81\times 16\times 0.05^2\int_0^{0.5}(1-2\bar{x})^2\,d\bar{x} = -0.018\ 7$$

阻力系数 C_x 的计算结果为

$$C_{x牛} \approx \int_0^{0.5}C_{pu}\tan\theta\,d\bar{x} = \int_0^{0.5}32\bar{c}^2(1-2\bar{x})\,4\bar{c}(1-2\bar{x})\,d\bar{x} =$$

$$128\bar{c}^3\int_0^{0.5}(1-2\bar{x})^3\,d\bar{x} = 0.016\int_0^{0.5}(1-2\bar{x})^3\,d\bar{x} = 0.003\ 6$$

$$C_{x修牛} \approx 179.84\bar{c}^3\int_0^{0.5}(1-2\bar{x})^3\,d\bar{x} = 0.005\ 06$$

3.2.2 Busemann 修正

在牛顿公式中，认为激波与物体是完全重合的。事实上，高超声速流动中，激波层虽然很薄，但是其中还是存在着不同的流线。一般来说，沿着不同的流线，压力是不一样的，这是因为质点沿曲线壁面运动，必定会产生离心力，为了使质点不脱离壁面，必然有一反向的压力梯度与离心力相抵消。在牛顿公式的基础上，进一步考虑离心力修正，就叫作布塞曼(Busemann)公式。

如图 3-11 所示，考虑流体微团以速度 V 沿着半径为 R 的弯曲流线运动。流体微团有径向

加速度$\frac{V^2}{R}$，可知流体微团沿径向有一个与径向加速度对应的离心力。为了平衡这种离心力并保持流体微团沿弯曲流线运动，流体微团上表面的压强 $p+\mathrm{d}p$ 必须大于下表面的压强 p，即沿径向有正的压力梯度。可以推测，绕凸表面的流动中，由于离心力的作用，物面压强低于激波处的压强，即减小了由牛顿公式计算的压强。

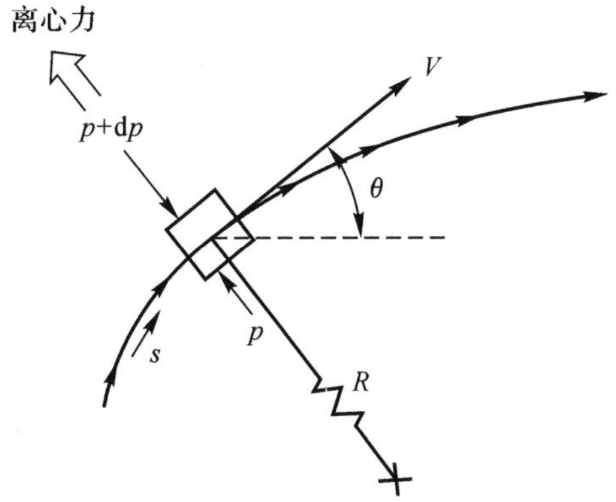

图 3-11　流体微团沿弯曲流线运动时上、下的压强差

如图 3-12 所示，设 i 点的曲率半径为 R，对于厚度为 $\mathrm{d}n$ 的气体层，气流密度为 ρ，速度为 V，单位面积微团上作用的离心力近似为 $\rho\frac{V^2}{R}\mathrm{d}n$，该力应该等于上、下表面的压力差 $\mathrm{d}p$，即

$$\mathrm{d}p=\rho\frac{V^2}{R}\mathrm{d}n \tag{3-14}$$

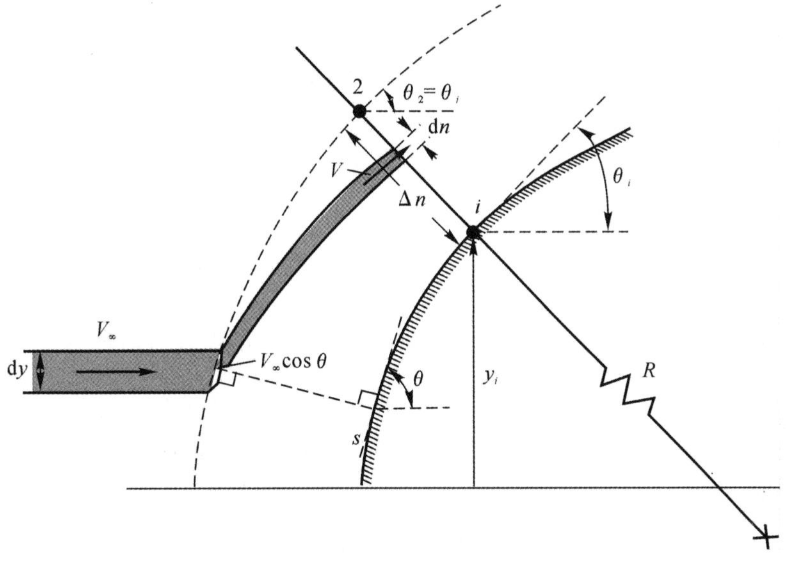

图 3-12　离心力修正模型

跨过薄层从 i 点到 2 点对式(3-14)积分，有

$$p_2-p_i=\int_0^{\Delta n}\rho\frac{V^2}{R}\mathrm{d}n \tag{3-15}$$

对于二维流动，假定激波前方气体的密度和速度分别为 ρ_∞，V_∞，则由阴影部分的质量守恒关系得到

$$\rho_\infty V_\infty \mathrm{d}y = \rho V \mathrm{d}n \tag{3-16}$$

将式(3-16)代入式(3-15)，可得

$$p_2 - p_i = \frac{\rho_\infty V_\infty}{R} \int_0^{y_i + \Delta n \cos\theta_i} V \mathrm{d}y \tag{3-17}$$

式(3-17)是沿垂直坐标方向积分的，需要说明的是，i 点和 2 点的垂直坐标分别为 y_i 和 $y_i + \Delta n \cos\theta_i$。在式(3-15)中，积分是从 0 到 Δn，在 i 点上方厚度为 Δn 的薄层横截面上，其所有的质量流量都是在自由流中沿垂直方向从底部一直到 2 点进行积分的，故式(3-17)的积分下限为 0，上限为 $y_i + \Delta n \cos\theta_i$，假定 $\Delta n \to 0$，上限可以近似为 y_i。

对于无黏流，可认为速度 V 近似等于激波处的速度 V_s，高超声速流中激波近似平行于物面，波后流线也近似平行于物面。按照牛顿理论，气流与物面碰撞后，法向动量消失，切向动量不变，有

$$V = V_\infty \cos\theta \tag{3-18}$$

则式(3-17)的积分就变为

$$p_2 - p_i = \frac{\rho_\infty V_\infty^2}{R} \int_0^{y_i} \cos\theta \mathrm{d}y \tag{3-19}$$

将曲率半径的定义：

$$\frac{1}{R} = -\left(\frac{\mathrm{d}\theta}{\mathrm{d}s}\right)_i = -\left[\frac{\dfrac{\mathrm{d}\theta}{\mathrm{d}y}}{\sin\theta}\right]_i = -\left(\sin\theta \frac{\mathrm{d}\theta}{\mathrm{d}y}\right)_i \tag{3-20}$$

代入式(3-19)中，可得

$$p_2 - p_i = -\rho_\infty V_\infty^2 \left(\sin\theta \frac{\mathrm{d}\theta}{\mathrm{d}y}\right)_i \int_0^{y_i} \cos\theta \mathrm{d}y \tag{3-21}$$

进而有

$$p_i = p_2 + \rho_\infty V_\infty^2 \sin\theta_i \left(\frac{\mathrm{d}\theta}{\mathrm{d}y}\right)_i \int_0^{y_i} \cos\theta \mathrm{d}y \tag{3-22}$$

得到压强系数为

$$C_{p_i} = C_{p_2} + 2\sin\theta_i \left(\frac{\mathrm{d}\theta}{\mathrm{d}y}\right)_i \int_0^{y_i} \cos\theta \mathrm{d}y \tag{3-23}$$

式(3-23)右端 C_{p_2} 可以看作是激波处的压强，而该点的压强可通过牛顿公式得到，则有

$$C_{p_i} = 2\sin^2\theta_i + 2\sin\theta_i \left(\frac{\mathrm{d}\theta}{\mathrm{d}y}\right)_i \int_0^{y_i} \cos\theta \mathrm{d}y \tag{3-24}$$

式(3-24)即为考虑离心力修正的二维曲面上一点的压强系数计算公式。类似地，对于轴对称的三维流动，可得

$$C_{p_i} = 2\sin^2\theta_i + 2\sin\theta_i \left(\frac{\mathrm{d}\theta}{\mathrm{d}y} \frac{1}{y}\right)_i \int_0^{y_i} \cos\theta \mathrm{d}y \tag{3-25}$$

从式(3-23)和式(3-24)可以看出，右端第一项为牛顿公式，第二项是离心力的影响所作的修正。其不仅与当地物面斜率有关，还和 i 点上游的物面形状有关。也就是说，i 点的状态会受到上游区压力波的影响。对于楔和圆锥，θ 不变，$\left(\frac{\mathrm{d}\theta}{\mathrm{d}y}\right)_i = 0$，此时式(3-23)和式(3-24)变

为牛顿公式。

对于细长体，$\theta_i \to 0$，式(3-23)和式(3-24)中：$\sin\theta_i \to \theta_i$，$\int_0^{y_i}\cos\theta \mathrm{d}y \to y_i$，令 $\mathrm{d}s_i$ 表示沿物面的长度增量，则 $\mathrm{d}y_i = \mathrm{d}s_i \sin\theta_i$，故

$$\sin\theta_i \left(\frac{\mathrm{d}\theta}{\mathrm{d}y}\right)_i = \left(\frac{\mathrm{d}\theta}{\mathrm{d}s}\right)_i = K_i \tag{3-26}$$

K_i 就是物面上 i 点的曲率，进而可以总结，对于二维薄体，有

$$C_p = 2(\theta^2 + Ky) \tag{3-27}$$

对于三维细长旋成体，有

$$C_p = 2\theta^2 + Kr \tag{3-28}$$

图 3-13 所示为 10% 厚度双弧形翼型的压强分布计算结果，并与特征线的精确数值解进行了比较。由图可见，当 $\gamma=1.4$ 时，牛顿公式的结果更令人满意。其原因是，实际上激波与来流的夹角要比牛顿公式中使用的物面与来流的夹角大，因此激波后的压力要比用牛顿公式计算出的压力高，但由于离心力的影响，物面的压力要低于激波后的压力。上述两种因素相互抵消，使得牛顿公式有较高的精确度。当 $\gamma=1.05$ 时，Busemann 公式比牛顿公式要更为精确。

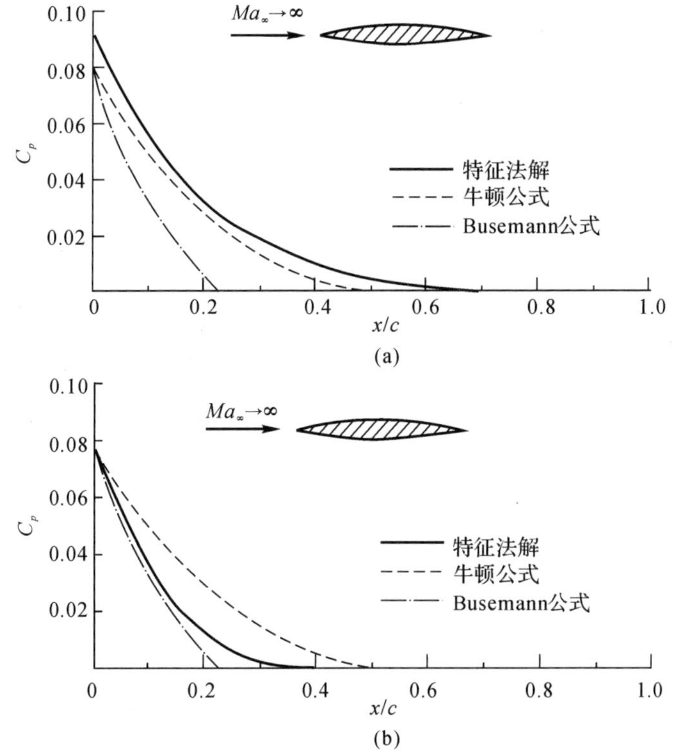

图 3-13　10% 厚度双弧形翼型的压强分布

(a)$\gamma=1.4$；(b)$\gamma=1.05$

3.2.3　内伏牛顿公式

在高超声速飞行器的飞行过程中，存在一些流动现象，用牛顿公式计算的压强和真实压强有较大的偏差。

1. 大钝头倒锥体(再入返回舱)激波层的亚声速区

如图 3-14 所示,其头部是球冠,声速点位于拐角附近,对应的圆心角为 23° 左右。与完整的球相比,声速点内移,激波层亚声速区的流场速度梯度和压强分布都发生了变化。利用牛顿公式计算该区域内靠近拐角处的压强有较大差异。

2. 球锥的肩部区附近的流动快速过膨胀和再压缩区

由于三维效应,在肩部出现过膨胀和再压缩。膨胀波和弓形激波相互作用,在激波处发生反射。当半锥角增加时,过膨胀效应更为明显。

3. 多重激波的区域

图 3-15 所示的控制面(如襟翼)局部流动偏转产生附加激波区域,控制面位于头部激波的"下游",它所面临的流动条件显然不同于自由流条件。直接应用牛顿公式计算 3 区域的控制面压强是不准确的。

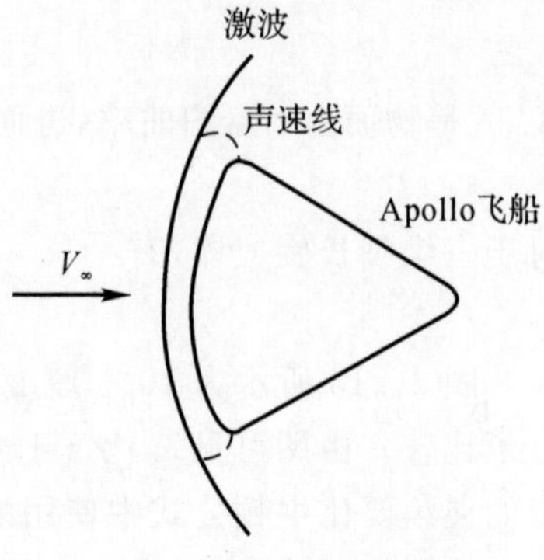

图 3-14　再入返回舱示意图

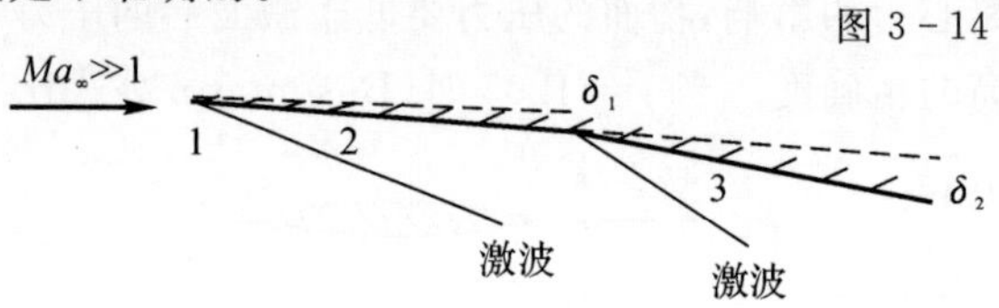

图 3-15　控制面局部流动偏转的附加激波区域

图 3-16 所示的球-柱-裙组合体的高超声速流动,由于产生了次激波,A 点处的压强不能直接用牛顿公式计算。

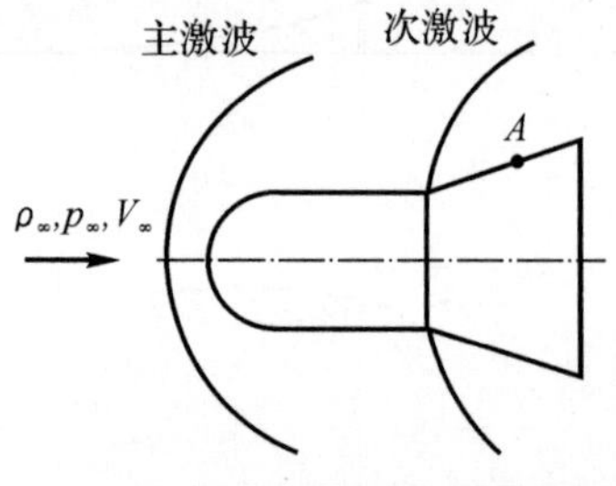

图 3-16　球-柱-裙组合体的高超声速流动

塞夫(Seiff)引进了内伏牛顿公式的概念,后来,埃里克逊(Ericsson)将其应用到求解钝头细长体的各种气动力导数,形成了一套较完整的方法。对于图 3-16 所示的绕流问题,为了计算尾裙表面 A 点的压强,首先求尾裙不存在时的压强、密度和速度,分别记作 p,ρ 和 V,可以用其他理论由球柱绕流问题解出;而后再考虑尾裙处 A 点的压强,根据牛顿公式的思想,A 点压强的计算式为

$$\frac{p_A - p}{\frac{1}{2}\rho V^2} = C_{p\max}\left(\frac{V_n}{V}\right)^2 \tag{3-29}$$

式中:V_n 是速度的法向分量,$C_{p\max}$ 是 Lees 修正公式中的系数。由于物面压强系数都是以自由流参数定义的,所以 A 点处的压强系数为

$$C_{pA}=\frac{p_A-p_\infty}{\frac{1}{2}\rho_\infty V_\infty^2}=\frac{p-p_\infty}{\frac{1}{2}\rho_\infty V_\infty^2}+\frac{p_A-p}{\frac{1}{2}\rho_\infty V_\infty^2}=\frac{p-p_\infty}{\frac{1}{2}\rho_\infty V_\infty^2}+C_{p\max}\frac{\rho V^2}{\rho_\infty V_\infty^2}\left(\frac{V_n}{V}\right)^2 \tag{3-30}$$

引入 $C_{p_0}=\dfrac{p-p_\infty}{\frac{1}{2}\rho_\infty V_\infty^2}$，$\varphi=\dfrac{\rho V^2}{\rho_\infty V_\infty^2}$，式(3-30)可以简写为

$$C_{p_A}=C_{p_0}+C_{p\max}\varphi\left(\frac{V_n}{V}\right)^2 \tag{3-31}$$

3.3　旋成体的空气动力系数

设高超声速气流以迎角 α 流过任意形状旋成体，如图 3-17 所示。现应用牛顿公式先求出其表面的压强分布，进而求得作用在旋成体上的空气动力。应用牛顿公式时必须先知道物面上任一点处气流速度 $\boldsymbol{V}_\infty$ 与物面切线的夹角 θ 或者气流速度 $\boldsymbol{V}_\infty$ 与物面内法线的夹角 ϕ。对于如图 3-17 所示的旋成体，用 θ 表示当地物面倾角。

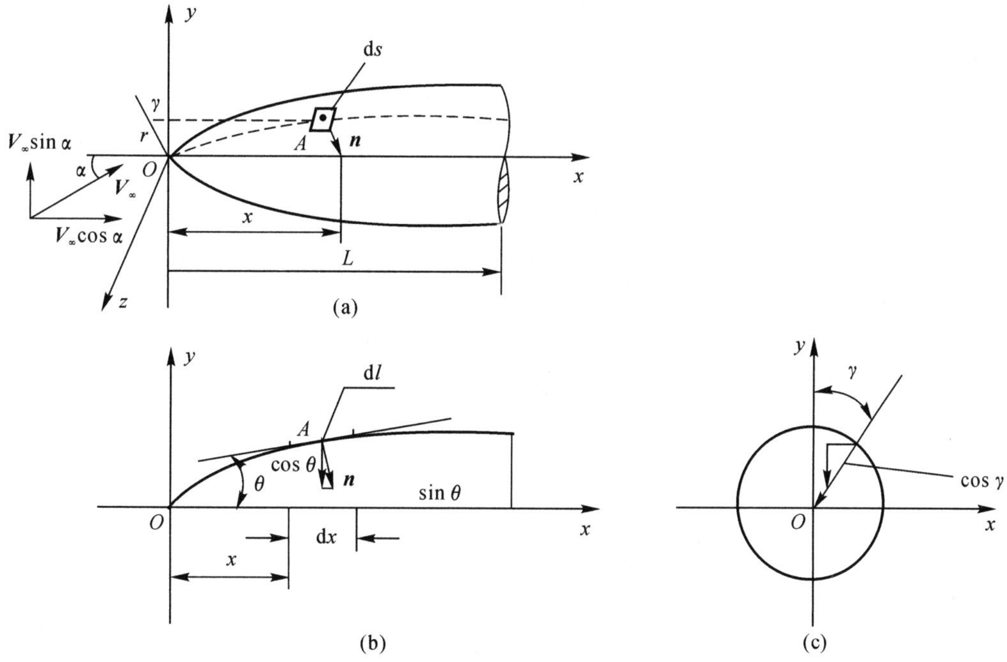

图 3-17　任意形状旋成体的几何关系图

由几何关系知

$$\cos\phi=\frac{\boldsymbol{V}_\infty\cdot\boldsymbol{n}}{|\boldsymbol{V}_\infty||\boldsymbol{n}|} \tag{3-32}$$

法线向量 $\boldsymbol{n}$ 可用它在 3 个坐标轴上的投影表示：

$$\boldsymbol{n}=n_x\boldsymbol{i}+n_y\boldsymbol{j}+n_z\boldsymbol{k} \tag{3-33}$$

而 $\boldsymbol{V}_\infty$ 可表示为

$$\boldsymbol{V}_\infty=V_x\boldsymbol{i}+V_y\boldsymbol{j}+V_z\boldsymbol{k} \tag{3-34}$$

$\boldsymbol{V}_{\infty}$,$\boldsymbol{n}$ 与相应于 x,y,z 的单位矢量 $\boldsymbol{i},\boldsymbol{j},\boldsymbol{k}$ 之间的方向余弦可表示为

	$\boldsymbol{i}$	$\boldsymbol{j}$	$\boldsymbol{k}$
$\boldsymbol{V}_{\infty}$	$\cos\alpha$	$\sin\alpha$	0
$\boldsymbol{n}$	$\sin\theta$	$-\cos\theta\cos\gamma$	$-\cos\theta\sin\gamma$

利用 $\boldsymbol{V}_{\infty}$ 及 $\boldsymbol{n}$ 的表达式及上述方向余弦表,由式(3-32)可得

$$\cos\phi=\sin\theta\cos\alpha-\sin\alpha\cos\theta\cos\gamma \tag{3-35}$$

则 A 点处的压强系数为

$$C_p=2\cos^2\phi=2\,(\sin\theta\cos\alpha-\sin\alpha\cos\theta\cos\gamma)^2 \tag{3-36}$$

对于细长物体,α、θ 均很小,则式(3-36)可写成

$$C_p=2\,(\theta-\alpha\cos\gamma)^2 \tag{3-37}$$

为了计算物面上所受的气动力,必须对式(3-36)或式(3-37)进行积分,但当气流绕过凸角时(即 $\theta\geqslant\frac{\pi}{2}$ 时,达到遮蔽区)该点的压强系数 $C_p=0$,因此积分界限可根据式(3-35)确定,角度 θ,α,γ 必须满足:

$$\cos\alpha\sin\theta-\sin\alpha\cos\gamma\cos\theta=0 \tag{3-38}$$

当 α,θ 均很小时,式(3-38)又可写为

$$\theta-\alpha\cos\gamma=0 \tag{3-39}$$

当物面已知(即 θ 变化规律已知)及迎角 α 已知时,就可利用式(3-38)和式(3-39)两式,确定 γ_k 的变化规律。γ_k 是气流与物面相切的 γ 边界线,则遮蔽区在 γ_k 所限定的区域内。

已知旋成体表面的压强系数分布后,就可计算其空气动力,气动力系数形式为

$$C_{yt}=-\frac{2}{\pi r_{\max}^2}\int_0^L r\mathrm{d}x\int_{\gamma_k}^{\pi}C_p\cos\gamma\mathrm{d}\gamma \tag{3-40}$$

$$C_{xt}=\frac{2}{\pi r_{\max}^2}\int_0^L r\theta\,\mathrm{d}x\int_{\gamma_k}^{\pi}C_p\mathrm{d}\gamma \tag{3-41}$$

$$m_{zt}=\frac{2}{\pi r_{\max}^2 L}\int_0^L xr\,\mathrm{d}x\int_{\gamma_k}^{\pi}C_p\cos\gamma\mathrm{d}\gamma \tag{3-42}$$

假设

$$\overline{A}(\gamma_k)=\int_{\gamma_k}^{\pi}C_p\mathrm{d}\gamma \tag{3-43}$$

应用式(3-36)和式(3-43)积分可得

$$\overline{A}(\gamma_k)=2\left(\cos^2\alpha\,\sin^2\theta+\frac{1}{2}\sin^2\alpha\,\cos^2\theta\right)(\pi-\gamma_k)+$$
$$4\cos\alpha\sin\alpha\cos\theta\sin\theta\sin\gamma_k-\sin^2\alpha\cos^2\theta\cos\gamma_k\sin\gamma_k \tag{3-44}$$

假设

$$\overline{B}(\gamma_k)=\int_{\gamma_k}^{\pi}C_p\cos\gamma\mathrm{d}\gamma \tag{3-45}$$

积分可得

$$\overline{B}(\gamma_k)=2\cos\alpha\sin\alpha\cos\theta\sin\theta\cos\gamma_k\sin\gamma_k-2\sin\gamma_k(\cos^2\alpha\,\sin^2\theta+\sin^2\alpha\,\cos^2\theta)-$$
$$2\cos\alpha\sin\alpha\cos\theta\sin\theta(\pi-\gamma_k)+\frac{2}{3}\sin^2\alpha\cos^2\theta\sin^3\gamma_k \tag{3-46}$$

因此

$$C_{xt}=\frac{2}{\pi r_{\max}^2}\int_0^L \overline{A}(\gamma_k)\, r\theta\,dx=\frac{2}{\pi r_{\max}^2}\int_0^L \overline{A}(\gamma_k)\, r dr \tag{3-47}$$

$$C_{yt}=-\frac{2}{\pi r_{\max}^2}\int_0^L \overline{B}(\gamma_k)\, r dx \tag{3-48}$$

$$m_{zt}=\frac{2}{\pi r_{\max}^2 L}\int_0^L \overline{B}(\gamma_k)\, rx\,dx \tag{3-49}$$

压力中心距顶点的相对位置 $\overline{x}_p$ 为

$$\overline{x}_p=-\frac{m_{zt}}{C_{yt}}=\frac{1}{L}\frac{\int_0^L \overline{B}(\gamma_k)\, rx\,dx}{\int_0^L \overline{B}(\gamma_k)\, r dx} \tag{3-50}$$

将式(3－44) 和式(3－46) 代入式(3－47) 和式(3－48)，得到

$$C_{xt}=\frac{2}{\pi r_{\max}^2}\int_0^r \Big[2\left(\cos^2\alpha\,\sin^2\theta+\frac{1}{2}\sin^2\alpha\,\cos^2\theta\right)(\pi-\gamma_k)+4\cos\alpha\sin\alpha\cos\theta\sin\theta\sin\gamma_k-\sin^2\alpha\,\cos^2\theta\cos\gamma_k\sin\gamma_k\Big] r dr \tag{3-51}$$

$$C_{yt}=\frac{-2}{\pi r_{\max}^2}\int_0^L \Big[2\cos\alpha\sin\alpha\cos\theta\sin\theta\cos\gamma_k\sin\gamma_k-2\sin\gamma_k(\cos^2\alpha\,\sin^2\theta+\sin^2\alpha\,\cos^2\theta)-2\cos\alpha\sin\alpha\cos\theta\sin\theta(\pi-\gamma_k)-\frac{2}{3}\sin^2\alpha\,\cos^2\theta\,\sin^3\gamma_k\Big] r dx \tag{3-52}$$

例 3-5　图 3-18 所示为一锥形头部旋成体，试用牛顿公式计算该旋成体的气动力系数。

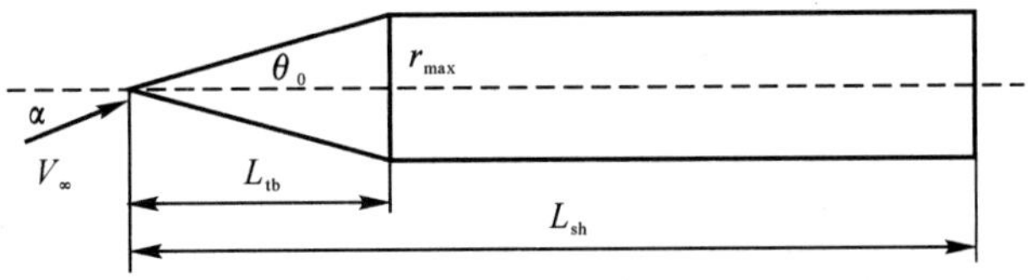

图 3－18　尖头旋成体的几何参数图

解：由于激波紧贴物体表面，在 $\alpha<\theta_0$ 时锥形部分上压强均匀分布，旋成体总切向力为各部分切向力之和，而柱体部分切向力为零(不考虑黏性影响时)。有迎角时，有法向力产生，假定旋成体总法向力为各部分法向力之和，则有

$$C_{xt}=(C_{xt})_{\text{zhui}}+(C_{xt})_{\text{zhu}}=(C_{xt})_{\text{zhui}}$$

$$C_{yt}=(C_{yt})_{\text{zhui}}+(C_{yt})_{\text{zhu}}$$

这里下标 zhui 为锥形头部，zhu 为圆柱段。

(1) 锥体部分：若 $\alpha<\theta_0$(θ_0 为常数)，由式(3－39) 可看出，$\gamma_k=0$，代入式(3－51)，有

$$(C_{xt})_{\text{zhui}}=2\cos^2\alpha\,\sin^2\theta_0+\sin^2\alpha\,\cos^2\theta_0$$

若 α，θ_0 角均较小，则简化成

$$(C_{xt})_{\text{zhui}}=2\theta_0^2+\alpha^2$$

将 $r=x\tan\theta_0$，$\gamma_k=0$ 代入式(3－52)，有

$$(C_{yt})_{\text{zhui}}=\frac{2}{r_{\max}^2}\cos\alpha\sin\alpha\,\sin^2\theta_0 L_{tb}^2$$

当 α、θ_0 角均较小时，上式可简化成

$$(C_{yt})_{zhui}=\frac{2}{r_{max}^2}\theta_0^2\alpha L_{tb}^2=2\alpha$$

(2) 柱体部分:这部分 $\theta=0$,当有迎角 α 时，则由 $\alpha>\theta$ 的关系可看出 $\gamma_k=\frac{\pi}{2}$,并且有 $r=r_{max}$(常数)。将上述关系代入式(3-51) 及式(3-52),则有

$$(C_{xt})_{zhu}=0$$

$$(C_{yt})_{zhu}=\frac{8}{3\pi r_{max}}\sin^2\alpha(L_{sh}-L_{tb})$$

当 α 很小时,有

$$(C_{yt})_{zhu}=\frac{8}{3\pi r_{max}}\alpha^2(L_{sh}-L_{tb})$$

对外形如图 3-18 所示的弹体,其轴向力及法向力公式可总结如下:

$$C_{xt}=(C_{xt})_{zhui}+(C_{xt})_{zhu}=2\cos^2\alpha\sin^2\theta_0+\sin^2\alpha\cos^2\theta_0$$

$$C_{yt}=(C_{yt})_{zhui}+(C_{yt})_{zhu}=\frac{2}{r_{max}^2}\cos\alpha\sin^2\theta_0\sin\alpha L_{tb}^2+\frac{8}{3\pi r_{max}}\sin^2\alpha(L_{sh}-L_{tb})$$

当迎角 α 及锥角 θ_0 较小时,有

$$C_{xt}=2\theta_0^2+\alpha^2$$

$$C_{yt}=\frac{2}{r_{max}^2}\theta_0^2\alpha L_{tb}^2+\frac{8}{3\pi r_{max}}\alpha^2(L_{sh}-L_{tb})=2\alpha+\frac{8\alpha^2}{3\pi r_{max}}(L_{sh}-L_{tb})$$

应用几何关系,可求出空气动力系数在速度坐标轴上的投影，即升力系数 C_y 和阻力系数 C_x:

$$C_x=C_{yt}\sin\alpha+C_{xt}\cos\alpha$$
$$C_y=C_{yt}\cos\alpha-C_{xt}\sin\alpha$$

则

$$C_x=\frac{2}{r_{max}^2}\cos\alpha\sin^2\theta_0\sin^2\alpha L_{tb}^2+\frac{8}{3\pi r_{max}}\sin^3\alpha(L_{sh}-L_{tb})+2\cos^3\alpha\sin^2\theta_0+\sin^2\alpha\cos\alpha\cos^2\theta_0$$

$$C_y=\frac{2}{r_{max}^2}\cos^2\alpha\sin^2\theta_0\sin\alpha L_{tb}^2+\frac{8}{3\pi r_{max}}\sin^2\alpha\cos\alpha(L_{sh}-L_{tb})-2\cos^2\alpha\sin^2\theta_0\sin\alpha-\sin^3\alpha\cos^2\theta_0$$

当 α 及 θ_0 很小时,上述两式可简化为

$$C_x=\frac{2}{r_{max}^2}\theta_0^2\alpha^2L_{tb}^2+\frac{8}{3\pi r_{max}}\alpha^3(L_{sh}-L_{tb})+2\theta_0^2+\alpha^2$$

$$C_y=\frac{2}{r_{max}^2}\theta_0^2\alpha L_{tb}^2+\frac{8}{3\pi r_{max}}\alpha^2(L_{sh}-L_{tb})-2\theta_0^2\alpha-\alpha^3$$

例 3-6　图 3-19 所示为一球形头部的旋成体,试写出其气动力系数的表达式。

解　旋成体由一球形头部、锥体及圆柱段构成,与例 3-5 计算方法相同,将各部分分段计算,有

$$C_{xt}=(C_{xt})_{qiu}+(C_{xt})_{zhui}+(C_{xt})_{zhu}$$
$$C_{yt}=(C_{yt})_{qiu}+(C_{yt})_{zhui}+(C_{yt})_{zhu}$$

其中 $(C_{xt})_{zhu}=0$,这里下标 qiu 表示球形头部。

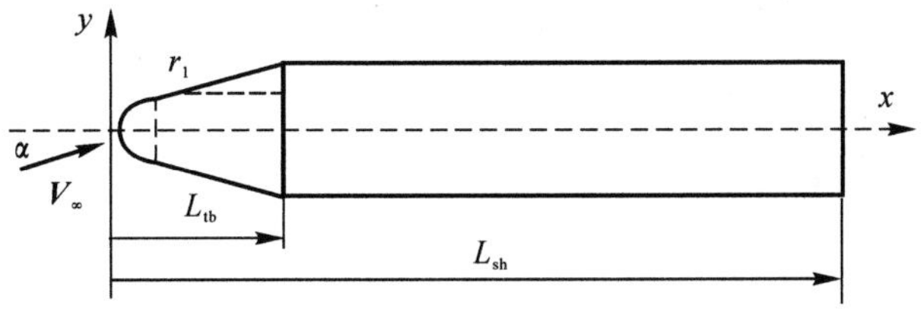

图 3-19　钝头旋成体的几何参数

(1) 球形头部：设 $\alpha<\theta_0$，则对圆球形头部来说，$\gamma_k=0$。由图 3-19 也可看出，圆球部分的 r 与圆球半径 r_1 及物体表面的倾角 θ 有下列关系：

$$r=r_1\cos\theta,\quad \mathrm{d}r=-r_1\sin\theta\mathrm{d}\theta$$

当 $r=r_1$ 时，$\theta=\theta_1=0$。

将上式关系代入式(3-51)得

$$(C_{xt})_{\text{qiu}}=\frac{r_1^2}{r_{\max}^2}\cos^2\alpha+\frac{r_1^2}{2r_{\max}^2}\sin^2\alpha$$

当 α 很小时，有

$$(C_{xt})_{\text{qiu}}=\frac{r_1^2}{r_{\max}^2}+\frac{r_1^2}{2r_{\max}^2}\alpha^2$$

同理将 $r=r_1\cos\theta, x=r(1-\sin\theta), \mathrm{d}x=-r_1\cos\theta\mathrm{d}\theta$ 等关系式代入式(3-52)可得

$$(C_{yt})_{\text{qiu}}=\frac{r_1^2}{r_{\max}^2}\sin\alpha\cos\alpha$$

当 α 很小时，有

$$(C_{yt})_{\text{qiu}}=\frac{r_1^2}{r_{\max}^2}\alpha$$

(2) 锥体部分：在锥体部分，有 $r=r_1+(x-L_1)\tan\theta_0$，将式(3-51)及式(3-52)分别由 r_1 积分到 $r_{\max}$ 及由 L_1 积分到 L_{tb} 得到

$$(C_{xt})_{\text{zhui}}=\frac{1}{r_{\max}^2}(r_{\max}^2-r_1^2)(2\cos^2\alpha\sin^2\theta_0+\sin^2\alpha\cos^2\theta_0)$$

当 α,θ_0 很小时，有

$$(C_{xt})_{\text{zhui}}=\frac{1}{r_{\max}^2}(r_{\max}^2-r_1^2)(2\theta_0^2+\alpha^2)$$

且
$$(C_{yt})_{\text{zhui}}=\frac{4}{r_{\max}^2}\times\Big[r_1\sin\alpha\cos\alpha\sin\theta_0\cos\theta_0(L_{tb}-L_1)(1-\tan\theta_0)+\frac{1}{2}\sin\alpha\cos\theta_0\sin\theta_0\cos\alpha\tan\theta_0(L_{tb}^2-r_1^2)\Big]$$

当 α,θ 很小时，有

$$(C_{yt})_{\text{zhui}}=\frac{4}{r_{\max}^2}\left[r_1\alpha\theta_0(L_{tb}-L_1)(1-\theta_0)+\frac{1}{2}\alpha\theta_0^2(L_{tb}^2-r_1^2)\right]$$

(3) 柱体部分：这部分与前面完全相同，即

$$(C_{xt})_{\text{zhu}}=0$$

$$(C_{yt})_{\text{zhu}}=\frac{8}{3\pi r_{\max}}\sin^2\alpha(L_{sh}-L_{tb})$$

当 α 很小时，有

$$(C_{yt})_{zhu}=\frac{8}{3\pi r_{max}}\alpha^2(L_{sh}-L_{tb})$$

整个旋成体的切向力系数为

$$C_{xt}=(C_{xt})_{qiu}+(C_{xt})_{zhui}+(C_{xt})_{zhu}=$$
$$\frac{r_1^2}{r_{max}^2}\cos^2\alpha+\frac{r_1^2}{2r_{max}^2}\sin^2\alpha+\frac{1}{r_{max}^2}(r_{max}^2-r_1^2)(2\cos^2\alpha\sin^2\theta_0+\sin^2\alpha\cos^2\theta_0)$$

当 α,θ_0 很小时，有

$$C_{xt}=\frac{r_1^2}{r_{max}^2}+\frac{r_1^2}{2r_{max}^2}\alpha^2+\frac{1}{r_{max}^2}(r_{max}^2-r_1^2)(2\theta_0^2+\alpha^2)$$

整个旋成体的法向力系数为

$$C_{yt}=(C_{yt})_{qiu}+(C_{yt})_{zhui}+(C_{yt})_{zhu}=$$
$$\frac{r_1^2}{r_{max}^2}\sin\alpha\cos\alpha+\frac{4}{r_{max}^2}[r_1\sin\alpha\cos\alpha\sin\theta_0\cos\theta_0(L_{tb}-r_1)(1-\tan\theta_1)+$$
$$\frac{1}{2}\sin\alpha\cos\theta_0\sin\theta_0\cos\alpha\tan\theta_0(L_{tb}^2-r_1^2)]+\frac{8\sin^2\alpha}{3\pi r_{max}}(L_{sh}-L_{tb})$$

当 α,θ_0 很小时，有

$$C_{yt}=\frac{r_1^2}{r_{max}^2}\alpha+\frac{4}{r_{max}^2}\left[r_1\alpha\theta_0(L_{tb}-r_1)(1-\theta_0)+\frac{1}{2}\alpha\theta_0^2(L_{tb}^2-r_1^2)\right]+$$
$$\frac{8\alpha^2}{3\pi r_{max}}(L_{sh}-L_{tb})$$

利用下列两式可以将 C_{yt} 及 C_{xt} 表达式转换为 C_x 及 C_y 的表达式：

$$C_x=C_{yt}\sin\alpha+C_{xt}\cos\alpha$$
$$C_y=C_{yt}\cos\alpha-C_{xt}\sin\alpha$$

例 3-7 图 3-20 所示为带有台阶的旋成体，试写出其气动力系数的表达式。

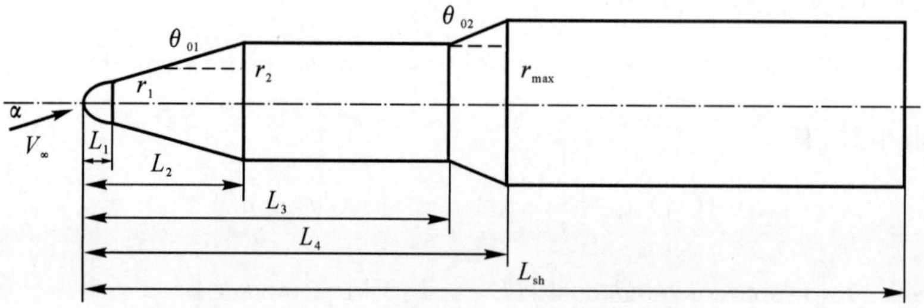

图 3-20 旋成体为带有台阶的几何参数图

解 根据多段叠加思路，有

$$C_{xt}=(C_{xt})_{qiu}+(C_{xt})_{zhui\,\mathrm{I}}+(C_{xt})_{zhui\,\mathrm{II}}+(C_{xt})_{zhu\,\mathrm{I}}+(C_{xt})_{zhu\,\mathrm{II}}$$
$$C_{yt}=(C_{yt})_{qiu}+(C_{yt})_{zhui\,\mathrm{I}}+(C_{yt})_{zhui\,\mathrm{II}}+(C_{yt})_{zhu\,\mathrm{I}}+(C_{yt})_{zhu\,\mathrm{II}}$$

得下列法向力系数及轴向力系数公式：

在 $\alpha,\theta_{01},\theta_{02}$ 很小时，有

$$C_{xt}=\frac{r_1^2}{r_{max}^2}+\frac{r_1^2}{2r_{max}^2}\alpha^2+\frac{1}{r_{max}^2}(r_2^2-r_1^2)(2\theta_{01}^2+\alpha^2)+\frac{1}{r_{max}^2}(r_{max}^2-r_2^2)(2\theta_{02}^2+\alpha^2)$$

$$C_{yt}=\frac{r_1^2}{r_{max}^2}\alpha+\frac{4}{r_{max}^2}\left[r_1\alpha\theta_{01}(L_2-L_1)(1-\theta_{01})+\frac{1}{2}\alpha\theta_{01}^2(L_2^2-L_1^2)\right]+$$
$$\frac{8}{3}\frac{\alpha^2 r_2}{r_{max}^2}(L_3-L_2)+\frac{4}{r_{max}^2}\left[r_2\alpha\theta_{02}(L_4-L_3)(1-\theta_{02})+\frac{1}{2}\alpha\theta_{02}^2(L_4^2-L_3^2)\right]+$$
$$\frac{8}{3}\frac{\alpha^2}{\pi r_{max}}(L_{sh}-L_4)$$

再利用转换关系可以将 C_{yt} 及 C_{xt} 表示式转换为 C_x 及 C_y 表示式。用上述方法计算 C_x 及 C_y 的结果，在 $Ma_\infty>10$ 时和试验结果比较，对于尖头细长旋成体具有较高精度。对于钝头细长旋成体，头部的压强系数利用 Lees 公式更为准确。

对于带有圆球形头部的较钝锥体，钝头锥由球过渡到锥体压强系数亦有一个过渡过程，与尖头锥有所差别。在 $Ma_\infty=4\sim8$ 情况下，在球体部分的压强系数可用下式计算：

$$C_p=2\sin^2\theta-(2-C_{p02})\sin\theta \tag{3-53}$$

还需要求解弹体在高超声速下的压力中心问题。在一般情况下要确定任意形状弹体各部分压力中心是很困难的。迎风面压强分布 C_p 不为常数，求压力中心相当困难，但对于前述所讨论的简单外形(如锥体)，因为 C_p 为常数，在 $\alpha<\theta_0$ 时，可以很简单地定出压力中心在 L_{tb} 的 2/3 处，即

$$x_p=\frac{2}{3}L_{tb}$$

对柱体，$\theta_0=0$，则

$$x_p=\frac{1}{2}L_{zhu}$$

对半球体，因为 θ 是变量，C_p 不为常数，故不能很准确地给出压力中心。但实际经验指出，考虑到球形头部前面弓形脱体正激波影响，半球压力中心可取 $\frac{1}{2}R$ 处，即

$$x_p=\frac{1}{2}R$$

3.4　切楔法和切锥法

以图 3-21 所示二维物体绕流为例，说明切楔法的基本思想。

设物面 i 点处的倾角为 θ_i。为了计算 i 点处的压强 p_i，可以绘出一个在 i 点处的尖楔。它与自由流的夹角为 θ_i。切楔法就是认为 i 点处的物面压强 p_i 与切楔在 Ma_∞ 自由流中的表面压强 p_i 相同，可以通过斜激波关系由 Ma_∞，θ_i 求出。

同样，对于三维轴对称物体(见图 3-22)，可以认为 i 点处的物面压强 p_i 与切锥的表面压强相同，而切锥的表面压强 p_i 可以根据 Ma_∞，θ_i 由锥形流中圆锥激波关系求出。

从第 2 章所述的高超声速细长物体绕流，横向扰动速度要比纵向扰动速度大得多，也可以说明切楔 / 切锥方法的基本思想。此时由 $dp=-\rho V/dV$ 可知，压强梯度主要取决于垂直流动方向的压强梯度。由图 3-23 可知，i 点的压强主要取决于激波后点 a 的压强。由于离心力的影响，$p_i<p_a$。若用切楔法来计算，$p_i=p_b$。由于 a 点和 b 点的激波角存在 $\beta_{body}>\beta_{wedge}$ 关系，则 $p_b<p_a$，故 p_b 是 p_i 的合理近似。

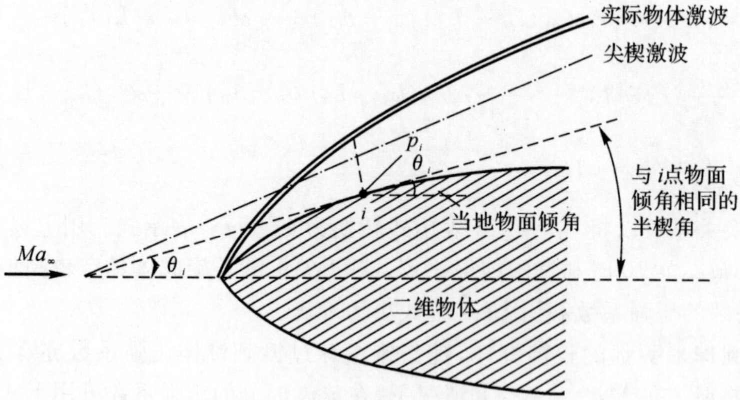

图 3-21　切楔法示意图

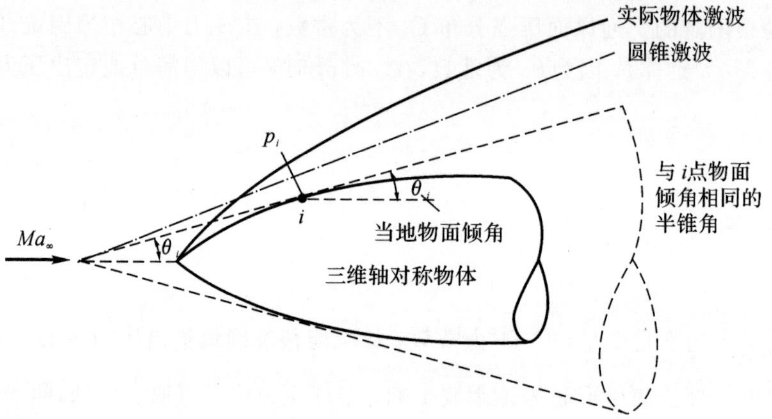

图 3-22　切锥法示意图

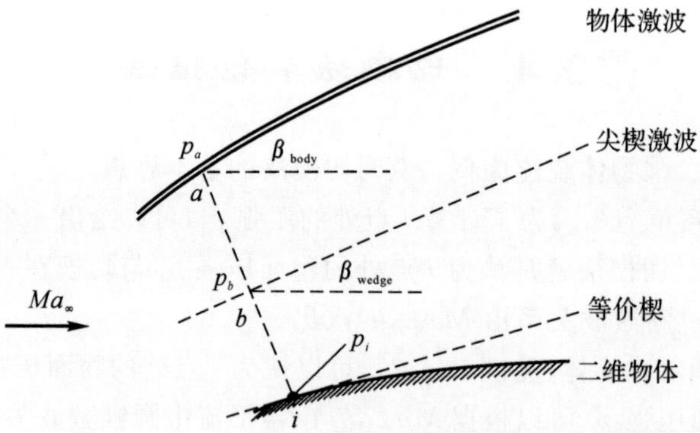

图 3-23　激波层简图

切楔法和切锥法都是近似方法，它们与牛顿公式一样，假设物面压强只取决于物面微元表面相对于来流的倾角。相应的尖楔和尖锥的压强，可以采用第 2 章由激波关系推出的公式和由高超声速小扰动理论推出的公式。

对于二维物体，i 点处的压强 p_i 可以利用第 2 章式(2-39)计算得到：

$$\frac{C_{pi}}{\theta_i^2}=\frac{\gamma+1}{2}\left\{1+\sqrt{1+\left[\frac{4}{(\gamma+1)Ma_\infty\theta_i}\right]^2}\right\} \tag{3-54}$$

对于三维轴对称物体，可以利用第 2 章式(2-59) 计算得到：

$$\frac{C_{pi}}{\theta_i^2}=\frac{4}{\gamma+1}\left[\frac{\beta_i^2}{\theta_i^2}-\frac{1}{Ma_\infty^2\theta_i^2}\right]+\frac{2(\gamma+1)^2Ma_\infty^2\theta_i^2}{2\dfrac{\theta_i^2}{\beta_i^2}+(\gamma-1)Ma_\infty^2\theta_i^2}\left(\frac{\beta_i}{\theta_i}-1\right)^2 \tag{3-55}$$

图 3-24 所示为一个尖拱表面压强分布随距尖拱顶点距离的变化曲线，分别显示了不同来流马赫数与长细比的比值 Ma_∞/λ 的结果，实线为特征线法得出的精确解，虚线为切锥法的结果。可以看出，两者符合得较好。

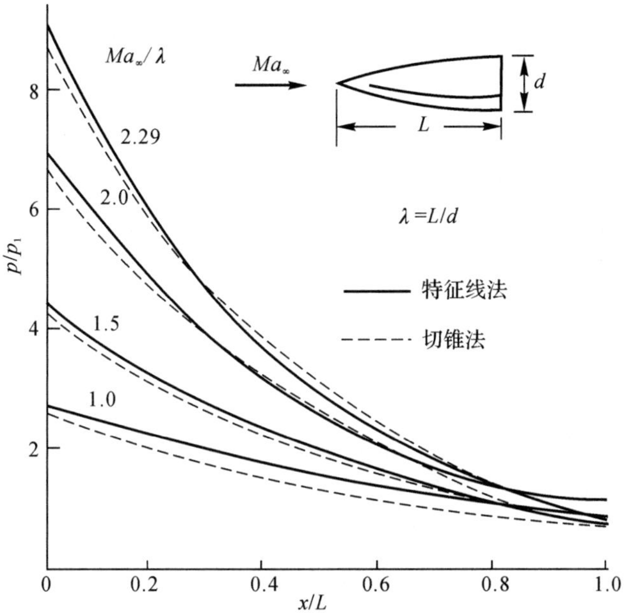

图 3-24　切锥法与特征线法计算结果比较

在工程计算中，为了使用方便，根据锥形流数值计算结果拟合出的公式为

$$C_p=2e^{\xi}\sin^2\theta \tag{3-56a}$$

式中

$$\xi=0.181\,45-0.209\,23\eta+0.090\,92\eta^2+0.006\,876\eta^3-0.006\,225\eta^4-0.000\,971\eta^5$$

$$\eta=\ln\sqrt{Ma_\infty^2-1}\sin\theta$$

或者也可以用如下拟合公式：

$$C_p=\frac{4\sin^2\theta(2.5+8\sqrt{Ma_\infty^2-1}\sin\theta)}{1+16\sqrt{Ma_\infty^2-1}\sin\theta} \tag{3-56b}$$

对于有攻角的情况，可以采用等价锥方法。此时可以用等价锥的锥角 θ_{TC} 代替公式中的 θ，有

$$\theta_{TC}=\sin^{-1}(\sin\theta\cos\alpha-\sin\alpha\cos\theta\cos\gamma) \tag{3-57}$$

在工程上，可以将牛顿公式和切锥法联合起来使用，在小攻角下用切锥法，大攻角下采用牛顿公式。这种方法习惯上称作达黑姆-巴克(Dahlem - Buck) 公式，即

$$C_p = C_{pD}\frac{C_{\text{pcone}}(Ma_\infty \leqslant 20)}{C_{\text{pcone}}(Ma_\infty = 20)} \tag{3-58}$$

式中：C_{pcone} 为给定括号里的马赫数下采用切锥法得到的压强系数。

$$C_{pD} = \begin{cases} \left[\dfrac{1.0}{\sin(4\theta)^{\frac{3}{4}}} + 1.0\right]\sin^2\theta & (\theta \leqslant 22.5°) \\ K\sin^2\theta & (\theta > 22.5°) \end{cases} \tag{3-59}$$

由实验数据，式(3-59)中 K 的取值拟合(ACM 方法)如下。

机身：

$$K = 2.38 + 0.037\,92\theta - 0.002\,521\theta^2 + 0.000\,045\,83\theta^3 + 2.917\times10^{-7}\theta^4 \tag{3-60}$$

机翼：

$$K = 3.24 - 0.088\,67\theta + 0.002\,775\theta^2 - 4.333\times10^{-5}\theta^3 + 2.5\times10^{-7}\theta^4 \tag{3-61}$$

升降副翼：

$$K = 1.15 + 0.004\,179\theta + 0.000\,995\,8\theta^2 - 4.166\times10^{-6}\theta^3 + 4.166\times10^{-8}\theta^4 \tag{3-62}$$

机身襟翼：

$$K = 1.33 + 0.082\,25\theta - 0.003\,412\theta^2 + 6.25\times10^{-5}\theta^3 - 3.75\times10^{-7}\theta^4 \tag{3-63}$$

3.5 激波-膨胀波法

由以上的方法可以看出，牛顿公式可以应用于任意倾角下的物面，而切楔法和切锥法则只适用于当地物面倾角小于激波脱体角的情况，即它们只能应用于具有附体激波尖头的情况，对于附体激波后产生的膨胀波后压强无能为力。这里考虑用激波-膨胀波法解决这一类问题。

考虑高超声速流动流过一个二维尖头体，在尖头处有附体激波，之后由于物面曲率，产生一系列膨胀波，如图 3-25 所示。

激波-膨胀波法主要流程如下：

(1) 假设头部是一个半顶角为 θ_{n} 的尖楔，可以用斜激波理论式(2-21)、式(2-23a)、式(2-27)等计算斜激波后的头部处的 Ma_{n} 和 p_{n}：

$$Ma_{\text{n}}^2 = \frac{(\gamma+1)^2 Ma_\infty^4\sin^2\beta - 4(Ma_\infty^2\sin^2\beta - 1)(\gamma Ma_\infty^2\sin^2\beta + 1)}{[2\gamma Ma_\infty^2\sin^2\beta - (\gamma-1)][(\gamma-1)Ma_\infty^2\sin^2\beta + 2]} \tag{3-64}$$

$$\frac{p_{\text{n}}}{p_\infty} = \frac{2\gamma}{\gamma+1}Ma_\infty^2\sin^2\beta - \frac{\gamma-1}{\gamma+1} \tag{3-65}$$

$$\tan\theta_{\text{n}} = \frac{2\cot\beta(Ma_\infty^2\sin^2\beta - 1)}{Ma_\infty^2(\gamma+1-2\sin^2\beta)+2} \tag{3-66}$$

当 $Ma_\infty \gg 1$ 且 $\theta_n \ll 1$ 时，式(3-64)和式(3-65)可以作如下近似：

$$\frac{Ma_{\text{n}}^2}{Ma_\infty^2} = \frac{[(\gamma+1)Ma_\infty\beta]^2}{[2\gamma Ma_\infty^2\beta^2 - (\gamma-1)][(\gamma-1)Ma_\infty^2\beta^2 + 2]} \tag{3-67}$$

$$\frac{p_{\text{n}}}{p_\infty} = \frac{2\gamma}{\gamma+1}Ma_\infty^2\beta^2 - \frac{\gamma-1}{\gamma+1} \tag{3-68}$$

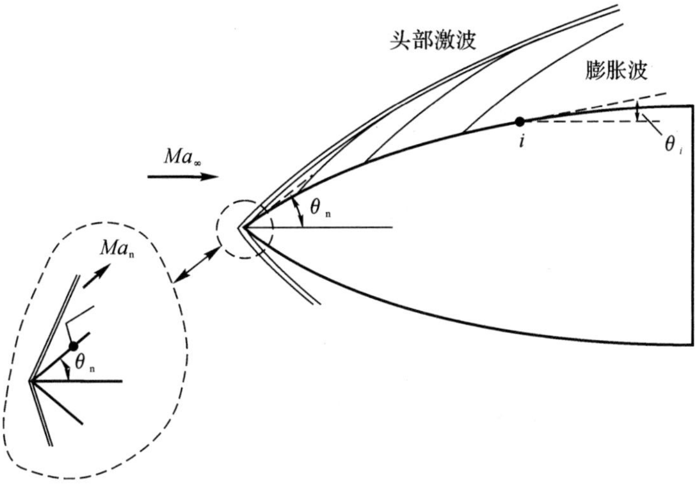

图 3-25　激波-膨胀波法示意图

(2) 假设沿着头部下游的表面为当地普朗特-迈耶尔膨胀波，即忽略了物面发出的膨胀波与头部激波相交后的波的影响。利用式(2-9)可以计算当地物面点 i 处的马赫数 Ma_i，再利用等熵关系式确定当地的压强 p_i，则

$$\theta_i-\theta_n=\sqrt{\frac{\gamma+1}{\gamma-1}}\left[\arctan\sqrt{\frac{\gamma-1}{\gamma+1}(Ma_i^2-1)}-\arctan\sqrt{\frac{\gamma-1}{\gamma+1}(Ma_n^2-1)}\right]-\left(\arctan\sqrt{Ma_i^2-1}-\arctan\sqrt{Ma_n^2-1}\right) \tag{3-69}$$

当 $Ma_\infty \gg 1$ 且 $\theta_n \ll 1$ 时，在普朗特-迈耶尔膨胀区，有 $\sqrt{Ma_i^2-1}\approx Ma_i$，$\sqrt{Ma_n^2-1}\approx Ma_n$，式(3-69)可近似为

$$\theta_i-\theta_n=\frac{2}{\gamma-1}\left(\frac{1}{Ma_n}-\frac{1}{Ma_i}\right) \tag{3-70}$$

或

$$\frac{Ma_n}{Ma_i}=1-\frac{\gamma-1}{2}Ma_n\Delta\theta_i \tag{3-71}$$

其中 $\Delta\theta_i=\theta_i-\theta_n$。利用等熵关系式，有

$$\frac{p_i}{p_n}=\left[\frac{1+\frac{\gamma-1}{2}Ma_n^2}{1+\frac{\gamma-1}{2}Ma_i^2}\right]^{\frac{\gamma}{\gamma-1}}\approx\left(\frac{Ma_n}{Ma_i}\right)^{\frac{2\gamma}{\gamma-1}}=\left(1-\frac{\gamma-1}{2}Ma_n\Delta\theta_i\right)^{\frac{2\gamma}{\gamma-1}} \tag{3-72}$$

则当地的压强系数为

$$C_p=\frac{2}{\gamma Ma_\infty^2}\left(\frac{p_i}{p_\infty}-1\right)=\frac{2}{\gamma Ma_\infty^2}\left(\frac{p_i}{p_n}\frac{p_n}{p_\infty}-1\right)=\frac{2}{\gamma Ma_\infty^2}\left[\left(1-\frac{\gamma-1}{2}Ma_n\Delta\theta_i\right)^{\frac{2\gamma}{\gamma-1}}\left(\frac{2\gamma}{\gamma+1}Ma_\infty^2\beta^2-\frac{\gamma-1}{\gamma+1}\right)-1\right] \tag{3-73}$$

激波-膨胀法同样也可以应用于旋成体外形，其方法与二维物体基本相同，不同点仅在于 θ_n 为尖锥半顶角。头部区的马赫数 Ma_n 和压强 p_n 可以利用圆锥激波的结果。图 3-26 所示为二维和三维的计算结果，可以看出激波-膨胀波方法的有效性。

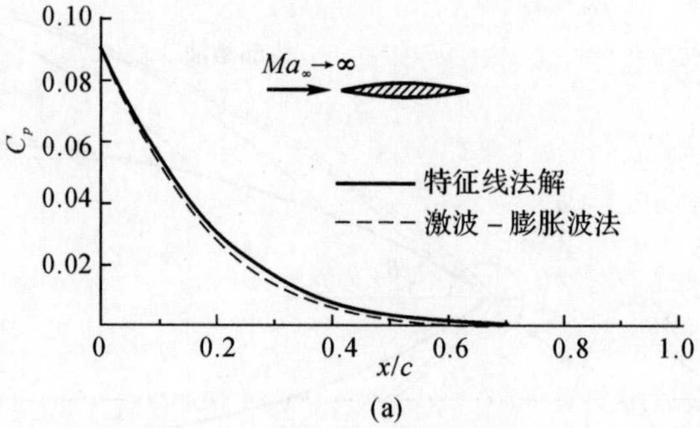

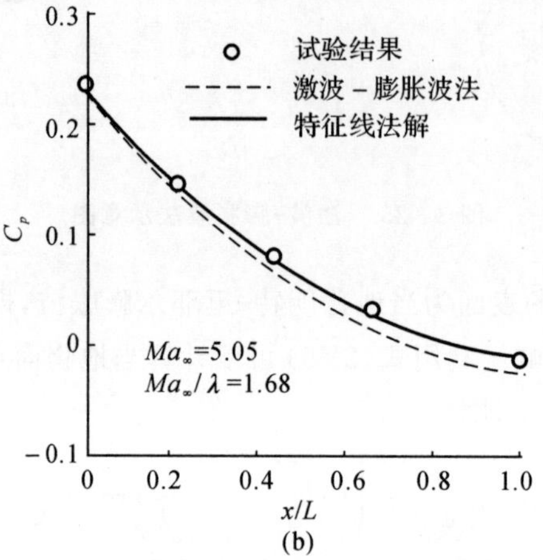

图 3-26　不同方法的计算结果比较

(a) 二维翼型的结果；(b) 三维尖头旋成体的结果

需要说明的是，在高超声速流动时使用激波-膨胀波法的效果要比中等超声速流动时要好，这是因为在中等超声速时，激波角较大，膨胀波与激波相交的角度以及有激波反射的反射角都较大。反射波影响物体相当大一部分区域，而激波-膨胀波法略去了这种反射波对物面压强的影响，如图 3-27(a) 所示。在高超声速流动中，激波角、入射角和反射角都较小，反射波与物体相交于下游较远处，影响较小，如图 3-27(b) 所示。激波-膨胀波法不能应用于钝头体，这时激波脱体，头部激波后为亚声速区，当 $\gamma \to 1$ 时，普朗特-迈耶尔关系式不再成立。

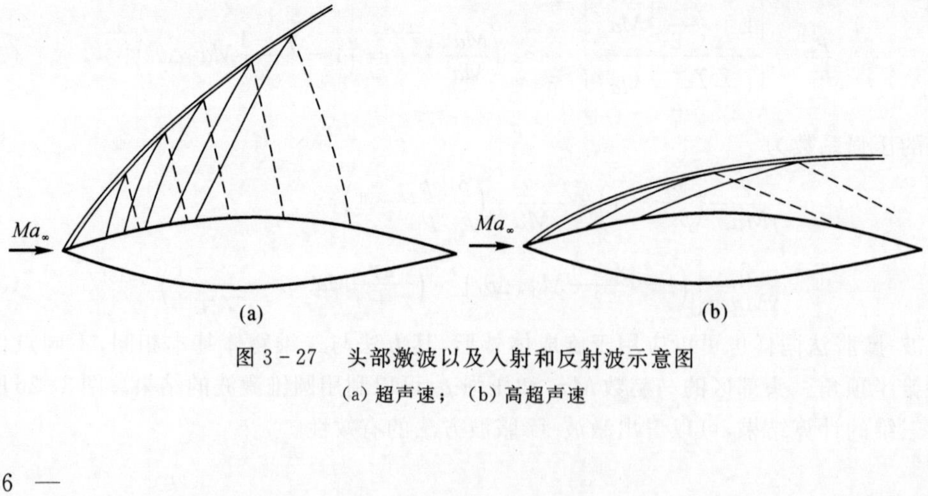

图 3-27　头部激波以及入射和反射波示意图

(a) 超声速；(b) 高超声速

3.6　高超声速飞行器气动力的快速计算方法

确定飞行器的高超声速气动特性是一项十分重要的任务。目前在飞行器的方案设计阶段中直接进行数值模拟还有一定的困难，因此建立一整套实用的高超声速工程计算方法对飞行器气动力设计是十分重要的。下面讨论一种高超声速气动力工程计算方法的基本原理。

由于飞行器外形较复杂，为了尽可能保持原几何形面，在计算中采用以许多四边形或三角形面元代替飞行器的表面，给出压强系数的方法，计算每一块面元上的压强系数，在此基础上进一步求得飞行器的气动力特性。

1. 飞行器表面面元的确定

在图 3-28 所示的飞行器参考坐标系中，飞行器轴线位于 $-x$ 轴上，原点在飞行器头部。取一个小曲面 i 来说明产生面元的过程。设小曲面 i 的 4 个角点的坐标为 (x_k^i, y_k^i, z_k^i)，$k=1,2,3,4$。在这 4 个角点中，两个相对的点可以形成一个矢量，分别记为 $\boldsymbol{T}_1$、$\boldsymbol{T}_2$，则有

$$\boldsymbol{T}_1 = T_{1x}\boldsymbol{i} + T_{1y}\boldsymbol{j} + T_{1z}\boldsymbol{k} \tag{3-74}$$

$$\boldsymbol{T}_2 = T_{2x}\boldsymbol{i} + T_{2y}\boldsymbol{j} + T_{2z}\boldsymbol{k} \tag{3-75}$$

式中

$$T_{1x} = x_3^i - x_1^i,\quad T_{1y} = y_3^i - y_1^i,\quad T_{1z} = z_3^i - z_1^i$$

$$T_{2x} = x_4^i - x_2^i,\quad T_{2y} = y_4^i - y_2^i,\quad T_{2z} = z_4^i - z_2^i$$

$\boldsymbol{T}_2 \times \boldsymbol{T}_1$ 得到的新矢量称为法矢量 $\boldsymbol{N}$：

$$\boldsymbol{N} = \boldsymbol{T}_2 \times \boldsymbol{T}_1 = N_x\boldsymbol{i} + N_y\boldsymbol{j} + N_z\boldsymbol{k} \tag{3-76}$$

$$N_x = T_{2y}T_{1z} - T_{1y}T_{2z}$$

$$N_y = T_{1x}T_{2z} - T_{2x}T_{1z}$$

$$N_z = T_{2x}T_{1y} - T_{1x}T_{2y}$$

$\boldsymbol{N}$ 的单位矢量为 $\boldsymbol{n}$：

$$\boldsymbol{n} = n_x\boldsymbol{i} + n_y\boldsymbol{j} + n_z\boldsymbol{k} \tag{3-77}$$

$$n_x = \frac{N_x}{|\boldsymbol{N}|},\quad n_y = \frac{N_y}{|\boldsymbol{N}|},\quad n_z = \frac{N_z}{|\boldsymbol{N}|}$$

$$|\boldsymbol{N}| = \sqrt{N_x^2 + N_y^2 + N_z^2}$$

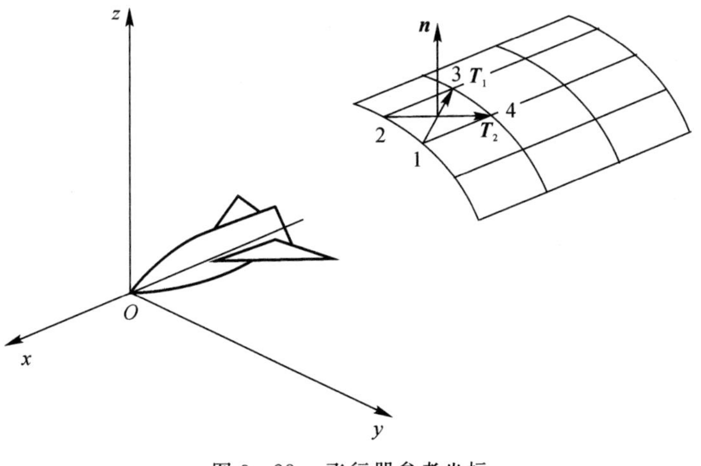

图 3-28　飞行器参考坐标

以曲面4个角点坐标的平均值作为一个空间点($\bar{x}$,$\bar{y}$,$\bar{z}$),其和单位法矢量$\boldsymbol{n}$所确定的平面就是面元所在的平面。$\bar{x}$,$\bar{y}$和$\bar{z}$由下式计算:

$$\bar{x}=\frac{1}{4}\sum_{k=1}^{4}x_k^i,\quad \bar{y}=\frac{1}{4}\sum_{k=1}^{4}y_k^i,\quad \bar{z}=\frac{1}{4}\sum_{k=1}^{4}z_k^i \tag{3-78}$$

将4个角点沿矢量$\boldsymbol{n}$的方向投影到面元平面上,可得4个投影点的坐标为

$$\left.\begin{aligned}x'_k&=x_k^i+n_x d_k\\ y'_k&=y_k^i+n_y d_k\\ z'_k&=z_k^i+n_z d_k\end{aligned}\right\} \tag{3-79}$$

式中,$k=1,2,3,4$,且

$$d_k=n_x(\bar{x}-x_k^i)+n_y(\bar{y}-y_k^i)+n_z(\bar{z}-z_k^i)$$

则4个角点在面元平面上形成的四边形就是所求的代替小曲面的面元。

2. 面元坐标系的建立

面元形成后,需建立一个面元坐标系。坐标系由三个相互正交的单位矢量(即坐标轴)和一个点(即原点)构成。选取面元法向单位矢量$\boldsymbol{n}$作为一个单位矢量,再把$\boldsymbol{T}_1$的单位矢量$\boldsymbol{t}_1$作为一个单位矢量(见图3-29):

$$\boldsymbol{t}_1=t_{1x}\boldsymbol{i}+t_{1y}\boldsymbol{j}+t_{1z}\boldsymbol{k} \tag{3-80}$$

$$t_{1x}=\frac{T_{1x}}{|\boldsymbol{T}_1|},\quad t_{1y}=\frac{T_{1y}}{|\boldsymbol{T}_1|},\quad t_{1z}=\frac{T_{1z}}{|\boldsymbol{T}_1|}$$

$$|\boldsymbol{T}_1|=\sqrt{T_{1x}^2+T_{1y}^2+T_{1z}^2}$$

由单位矢量$\boldsymbol{n}$和单位矢量$\boldsymbol{t}_1$决定的第三个单位矢量$\boldsymbol{m}$为

$$\boldsymbol{m}=\boldsymbol{n}\times\boldsymbol{t}_1=m_x\boldsymbol{i}+m_y\boldsymbol{j}+m_z\boldsymbol{k} \tag{3-81}$$

$$m_x=n_y t_{1z}-t_{1y}n_z$$

$$m_y=n_z t_{1x}-t_{1z}n_x$$

$$m_z=n_x t_{1y}-t_{1x}n_y$$

至此,已建立了一个面元坐标系:原点$O_p(\bar{x},\bar{y},\bar{z})$,$x_p$轴平行于$\boldsymbol{t}_1$,$y_p$轴平行于$\boldsymbol{m}$,$z_p$轴平行于$\boldsymbol{n}$。$x_p$和$y_p$轴在面元平面上。

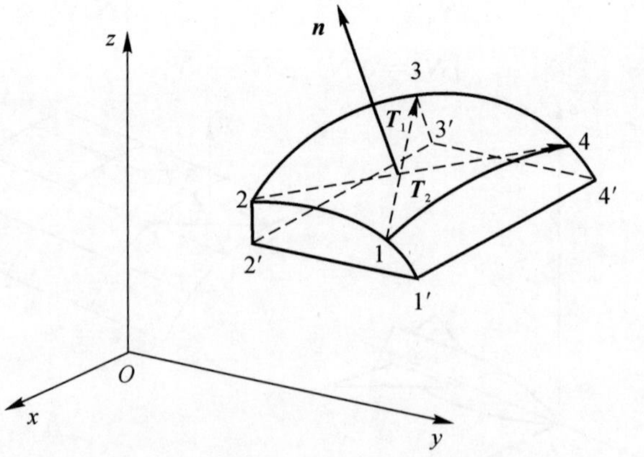

图3-29 小曲面与面元的关系示意图

具体计算中,需将飞行器坐标系中的坐标值转换到面元坐标系中去,也需将面元坐标系中

的值转换到飞行器坐标系中去，如图 3－30 所示。

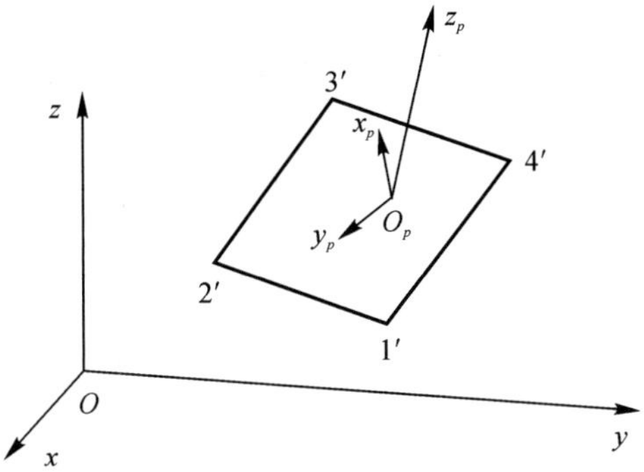

图 3－30　面元坐标系与飞行器坐标系

从飞行器坐标系到面元坐标系：

$$\begin{bmatrix} x_p \\ y_p \\ z_p \end{bmatrix} = \begin{bmatrix} t_{1x} & t_{1y} & t_{1z} \\ m_x & m_y & m_z \\ n_x & n_y & n_z \end{bmatrix} \begin{bmatrix} x-\bar{x} \\ y-\bar{y} \\ z-\bar{z} \end{bmatrix} \tag{3-82a}$$

从面元坐标系到飞行器坐标系：

$$\begin{bmatrix} x-\bar{x} \\ y-\bar{y} \\ z-\bar{z} \end{bmatrix} = \begin{bmatrix} t_{1x} & m_x & n_x \\ t_{1y} & m_y & n_y \\ t_{1z} & m_z & n_z \end{bmatrix} \begin{bmatrix} x_p \\ y_p \\ z_p \end{bmatrix} \tag{3-82b}$$

把投影点在飞行器坐标系中的值转换到面元坐标系中，有

$$\left.\begin{aligned} x_{pk} &= t_{1x}(x'_k-\bar{x})+t_{1y}(y'_k-\bar{y})+t_{1z}(z'_k-\bar{z}) \\ y_{pk} &= m_x(x'_k-\bar{x})+m_y(y'_k-\bar{y})+m_z(z'_k-\bar{z}) \\ z_{pk} &= 0 \end{aligned}\right\} \tag{3-83}$$

面元坐标系中的四边形面积公式为

$$\Delta S=\frac{1}{2}(x_{p3}-x_{p1})(y_{p2}-y_{p4}) \tag{3-84}$$

面元坐标系中，面元质心的坐标为

$$\left.\begin{aligned} x_{po} &= [x_{p4}(y_{p1}-y_{p2})+x_{p2}(y_{p4}-y_{p1})]/[3(y_{p2}-y_{p4})] \\ y_{po} &= -y_{p1}/3 \\ z_{po} &= 0 \end{aligned}\right\} \tag{3-85}$$

利用转换公式，可求得在飞行器坐标系中的质心坐标为

$$\left.\begin{aligned} x_o^i &= \bar{x}+t_{1x}x_{po}+m_x y_{po} \\ y_o^i &= \bar{y}+t_{1y}x_{po}+m_y y_{po} \\ z_o^i &= \bar{z}+t_{1z}x_{po}+m_z y_{po} \end{aligned}\right\} \tag{3-86}$$

3. 面元撞击角 θ^i

面元撞击角 θ^i 为气流相对于第 i 个面元的速度与该面元平面的夹角，它可表示为

$$\theta^i=\frac{\pi}{2}-\arccos\left(\frac{-\boldsymbol{n}_i\cdot\boldsymbol{V}}{|\boldsymbol{n}_i||\boldsymbol{V}|}\right) \tag{3-87}$$

式中，$\boldsymbol{n}_i$ 为第 i 个面元平面的单位法矢量。

速度矢量：

$$\boldsymbol{V}=\boldsymbol{V}_\infty+\boldsymbol{\Omega}\times\boldsymbol{r} \tag{3-88}$$

角速度：

$$\boldsymbol{\Omega}=P\boldsymbol{i}-Q\boldsymbol{j}-R\boldsymbol{k} \tag{3-89}$$

向径：

$$\boldsymbol{r}=(x_o^i-x_r)\boldsymbol{i}+(y_o^i-y_r)\boldsymbol{j}+(z_o^i-z_r)\boldsymbol{k} \tag{3-90}$$

式中：$\boldsymbol{V}_\infty$ 为来流速度；P,Q,R 为飞行器滚转、俯仰和偏航的角速度；x_r,y_r,z_r 为参考点的坐标。

$$\boldsymbol{\Omega}\times\boldsymbol{r}=\begin{bmatrix} i & j & k \\ P & -Q & -R \\ x_o^i-x_r & y_o^i-y_r & z_o^i-z_r \end{bmatrix}=$$
$$[-Q(z_o^i-z_r)+R(y_o^i-y_r)]\boldsymbol{i}+[-R(x_o^i-x_r)-P(z_o^i-z_r)]\boldsymbol{j}+$$
$$[P(y_o^i-y_r)+Q(x_o^i-x_r)]\boldsymbol{k} \tag{3-91}$$

则 $\boldsymbol{V}$ 在体轴系中的 3 个分量为

$$\left.\begin{aligned} \boldsymbol{V}'_x&=V_{x\infty}+Q(z_o^i-z_r)-R(y_o^i-y_r) \\ \boldsymbol{V}'_y&=V_{y\infty}+R(x_o^i-x_r)+P(z_o^i-z_r) \\ \boldsymbol{V}'_z&=V_{z\infty}-P(y_o^i-y_r)-Q(x_o^i-x_r) \end{aligned}\right\} \tag{3-92}$$

$$|\boldsymbol{V}|=\sqrt{V_x'^2+V_y'^2+V_z'^2} \tag{3-93}$$

$$\boldsymbol{V}\cdot\boldsymbol{n}_i=n_x\boldsymbol{V}'_x+n_y\boldsymbol{V}'_y+n_z\boldsymbol{V}'_z \tag{3-94}$$

$$\theta^i=\frac{\pi}{2}-\arccos\left(-\frac{n_xV'_x+n_yV'_y+n_zV'_z}{\sqrt{V_x'^2+V_y'^2+V_z'^2}}\right) \tag{3-95}$$

4. 压强系数

根据撞击角是否大于零，可以把面元所处的流场分为迎风面和背风面，即 $\theta\geqslant 0$ 为迎风面，$\theta<0$ 为背风面。如果面元分得很小，则可假设每块面元上压强系数均为常数。

为了求得每块面元上的压强系数，可采用前面给出的牛顿公式或修正牛顿公式，也可采用小撞击角应用的切锥法（或切楔法）以及其他辅以实验修正的方法等，不同条件下使用的方法总结见表 3-2。

表 3-2　飞行器物面压强的选择计算方法

区　域		低高超声速		高高超声速	
		迎风面	背风面	迎风面	背风面
头部	圆	Dahlem - Buck	Dahlem - Buck	修正牛顿	Prandtl - Meyer
	平	切楔	Dahlem - Buck	修正牛顿	Prandtl - Meyer
身部	圆	有攻角锥	ACM	修正牛顿	Prandtl - Meyer
	平	切锥	ACM	修正牛顿	Prandtl - Meyer
升力体	边条	切锥	Dahlem - Buck	修正牛顿	Prandtl - Meyer
	普通	切楔	Dahlem - Buck	修正牛顿	Prandtl - Meyer

5. 气动力特性计算表达式

由于每块面元上的压强计算相对于别的面元是独立的，利用上面讨论的压强系数、面元单位法矢量在参考坐标系(体轴系)内的投影和面元面积，对每一面元上的轴向力、法向力、横向力和力矩系数进行计算：

$$\left.\begin{aligned}
C_{xt} &= \sum_i C_{pi} n_{xi} \frac{\Delta S_i}{S_{\text{ref}}} \\
C_{yt} &= -\sum_i C_{pi} n_{zi} \frac{\Delta S_i}{S_{\text{ref}}} \\
C_{zt} &= \sum_i C_{pi} n_{yi} \frac{\Delta S_i}{S_{\text{ref}}} \\
m_x &= \sum_i (n_{yi} z_i - n_{zi} y_i) \frac{C_{pi} \Delta S_i}{L_{\text{ref}} S_{\text{ref}}} \\
m_z &= \sum_i (-n_{zi} x_i + n_{xi} z_i) \frac{C_{pi} \Delta S_i}{L_{\text{ref}} S_{\text{ref}}} \\
m_y &= \sum_i (n_{yi} x_i - n_{xi} y_i) \frac{C_{pi} \Delta S_i}{L_{\text{ref}} S_{\text{ref}}}
\end{aligned}\right\} \tag{3-96}$$

式中：C_{pi} 为第 i 个面元上的压强系数；ΔS_i 为第 i 个面元的面积；n_{xi}，n_{yi}，n_{zi} 为第 i 个面元单位法矢量在飞行器参考坐标系(体坐标系)内的投影；x_i，y_i，z_i 为面元面心至力矩参考点的距离，即 $x_i = x_o^i - x_r$，$y_i = y_o^i - y_r$，$z_i = z_o^i - z_r$；L_{ref} 为参考长度；S_{ref} 为参考面积。

根据法向力、轴向力与升力、阻力等的关系，可把以上各气动参数式(3-96)转换为升力和阻力系数，则有

$$\left.\begin{aligned}
C_y &= -C_{xt}\sin\alpha - C_{zt}\cos\alpha\sin\gamma + C_{yt}\cos\alpha\cos\gamma \\
C_x &= C_{xt}\cos\alpha\cos\beta - C_{zt}(\sin\alpha\cos\beta\sin\gamma + \sin\beta\cos\gamma) + C_{yt}(\sin\alpha\cos\beta\cos\gamma - \sin\beta\sin\gamma)
\end{aligned}\right\} \tag{3-97}$$

式中：α 为迎角；β 为侧滑角；γ 为滚转角。注意上面介绍的方法为高超声速飞行器无黏流工程计算方法。根据这种方法计算出的阻力系数只是无黏阻力系数，为了计算出总的阻力系数，还应加上摩擦阻力系数和底部阻力系数。

习　　题

(1) 高超声速流 $Ma_\infty = 12$，$\alpha = 2°$ 流经一菱形翼剖面(见图 3-31)，其中 $BD = 1$，$AC = 10$，试用牛顿公式求该翼剖面的升力系数和阻力系数。

(2) 试利用牛顿公式计算一等腰三角形薄翼型(见图 3-32，$\bar{c}$，α 很小)在 $\alpha > 0$，$Ma_\infty = 20$ 时的升力系数和阻力系数，并分析高超声速相仿关系。

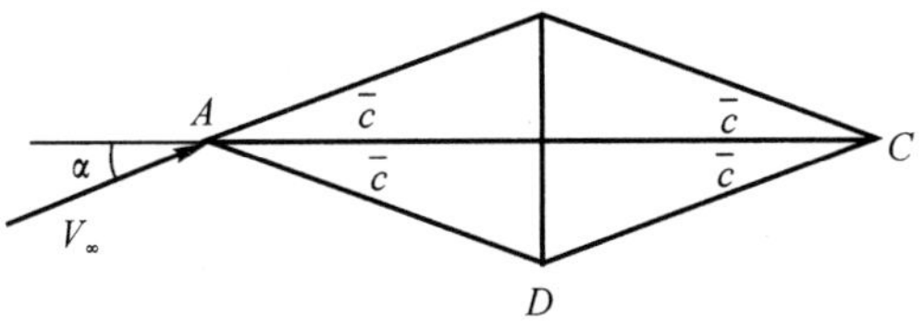

图 3-31　习题(1) 图

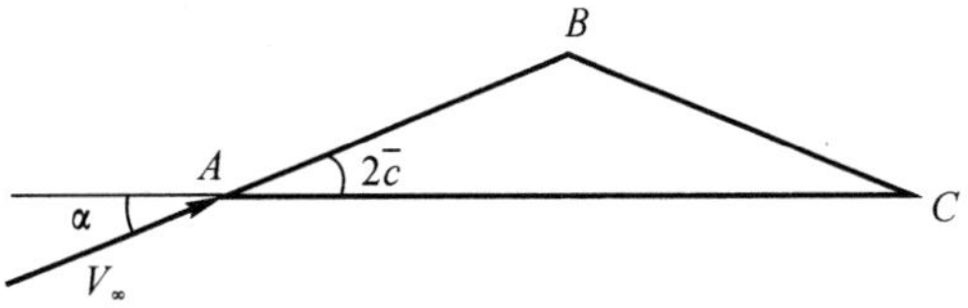

图 3-32　习题(2) 图

(3) 高超声速气流 $Ma_\infty=8$ 流经一楔形翼剖面，如图 3-33 所示，其中 $c=1$，$b=5$，试用牛顿公式求该楔形翼剖面的升力系数和阻力系数。飞行迎角如下：①$\alpha=5°$；②$\alpha=8°$。

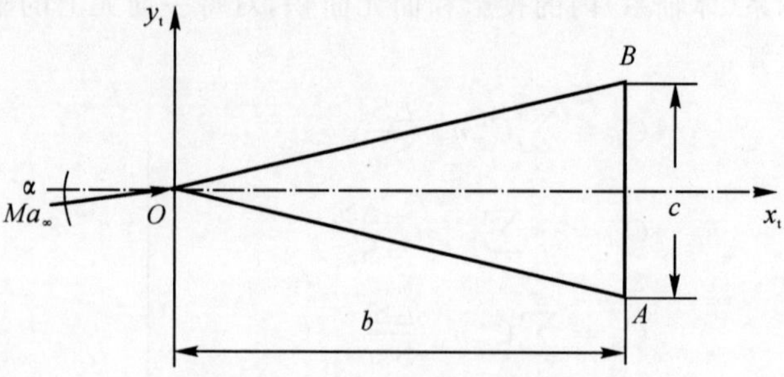

图 3-33　习题(3) 图

(4) 如图 3-34 所示，尖锥($\theta=9°$) 以 $Ma=8$ 在理想气体中高速飞行，$\alpha=5°$，试计算表面压强分布。($p_\infty=5$ atm)

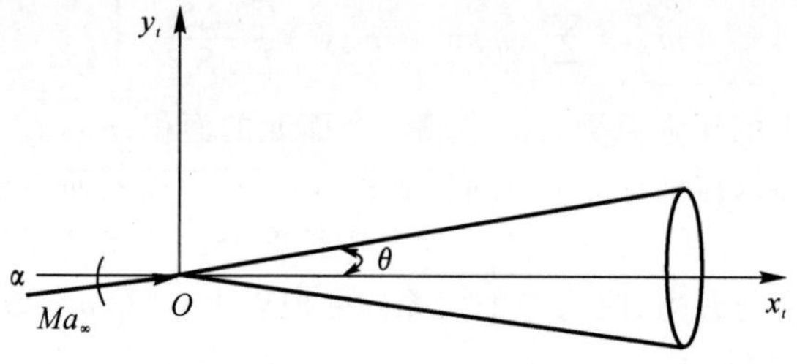

图 3-34　习题(4) 图

(5) 一平板机翼，飞行迎角 $\alpha=15°$，飞行 $Ma_\infty=6$。平板机翼舵的偏转角 $\delta=5°$(见图 3-35)。试应用牛顿公式、激波和膨胀波理论计算(2)(3) 区的压强系数。

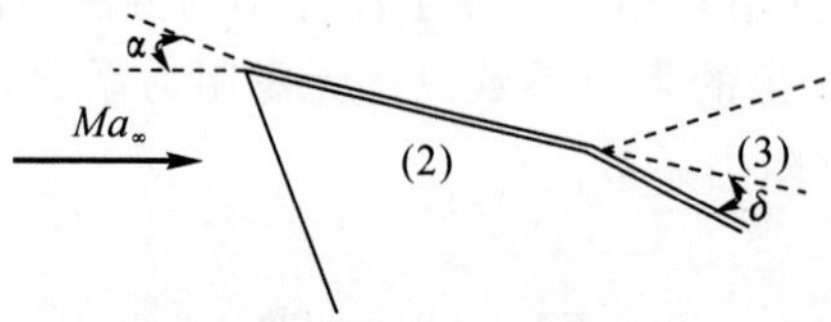

图 3-35　习题(5) 图

(6) 用激波-膨胀波法计算图 3-36 所示等腰三角形翼剖面的升力系数和阻力系数。来流 $Ma_\infty=10$，$\alpha=0°$，翼剖面相对厚度 $\bar{c}=0.1$。

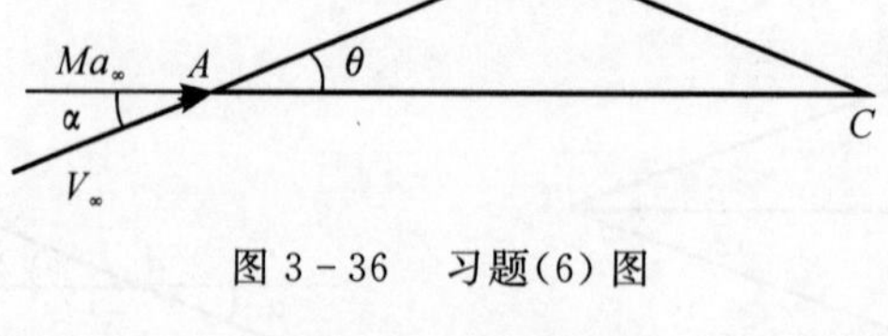

图 3-36　习题(6) 图

(7) 若飞行器为一顶角为60° 的锥头圆柱，取底面积为 1 m^2，见图 3-37。试用牛顿公式计算飞行器在 30 km 高度上以 $Ma_\infty = 10$ 作零迎角飞行时的阻力(不计摩阻)。

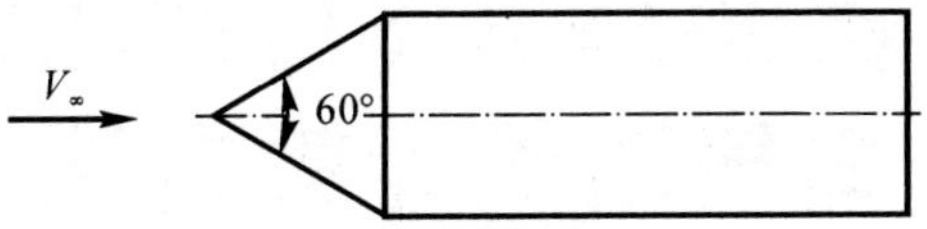

图 3-37　习题(7)图

第 4 章 高超声速飞行器的黏性流动与气动热计算方法

在高超声速飞行器的设计中，黏性流动的分析和计算有着十分重要的地位。飞行器以很高的速度在空气中运动，由于空气黏性的作用，附面层内具有很大的速度梯度的各气流层产生了强烈的摩擦，使气流的动能不可逆地转变为热能。飞行器的飞行速度越大，高温气流对飞行器表面的加热程度就越严重，有可能导致飞行器表面外形改变，并改变飞行器的结构强度及刚度，对飞行器的正常飞行造成了极为严重的影响。高超声速气动加热（即表面温度分布）和剪切应力（即表面摩擦阻力，简称摩阻）问题对高超声速飞行器设计具有极其重要的影响。

20 世纪五六十年代，高超声速飞行器空气动力学的主要研究对象是弹道式导弹和用运载火箭发射的返回式卫星。在上升段，以火箭发动机为动力的火箭飞行器的推力比气动阻力大得多，阻力对于将给定的有效载荷送入轨道的影响不太大。而且在上升段，由于它很快地穿过稠密大气层，在这时的气动加热要比它再入时低得多。与弹箭类飞行器相反，近年来正在研究的具有吸气式发动机的高超声速飞行器，在上升段阻力的影响很大。预测阻力的不确定度过大，就可能影响到是否能将给定的有效载荷送入轨道。而且由于它要在稠密的大气层中加速到很高的速度，热流很高，总加热量很大。气动加热的具体量级和摩阻在总阻力中的比例将取决于飞行器的外形和飞行轨道。由于具有吸气式发动机的高超声速飞行器在大多数情况下采用了浸润面积较大的机翼，摩阻在总阻力中的比例要比火箭飞行器的大。

以天地往返的高超声速飞行器为例，其飞行过程一般分为地面段、上升段、空间轨道段和返回段，气动加热主要出现在上升段和返回段。上升段是指离开地面进入运行轨道的飞行过程，此时飞行器的速度从零开始逐渐加大，穿过稠密的大气层，达到第一宇宙速度。它的表面受到强烈的气动加热，温度急剧上升，高达几百摄氏度，垂直发射和水平发射明显不同（见图 4-1）。此后，高温的飞行器进入运行轨道，轨道上的超高真空环境是天然的热绝缘体，它使飞行器的高温外壳不易冷却，而热传导的滞后现象导致舱内仪器设备的温度继续上升。返回段是指飞行器脱离运行轨道再入大气层返回地面的飞行过程。飞行器以极高的速度穿过大气层，巨大的动能在大气的阻尼下转变为大气的热能，气体温度迅速上升到数千摄氏度甚至一万摄氏度以上，给飞行器以强烈的气动加热。在再入段，弹头和返回式卫星都是高弹道系数的再入。为了减轻气动加热，它们一般均采用较钝的形状，摩阻在总阻力中的比例较小，从而减少了对流加热的总加热量。而具有吸气式发动机的高超声速飞行器为了降低上升段时的阻力，都采用细长的外形，摩阻在总阻力中的比例较大，从而对流加热的总加热量较大。

图 4-1 所示为对利用经验公式计算的具有吸气式发动机的空天飞机和航天飞机的驻点加热进行了比较。假定空天飞机在上升段等动压爬升，再入段为平衡滑翔。可以看出，空天飞机再入段的总加热量是航天飞机再入段的 3 倍；上升段驻点的最大热流和总加热量，几乎比航天飞机再入时高出一个数量级。机翼前缘的气动加热和驻点的情况类似，当离开驻点和机翼前缘到下游时，热流很快下降，逐渐接近航天飞机再入时的值。

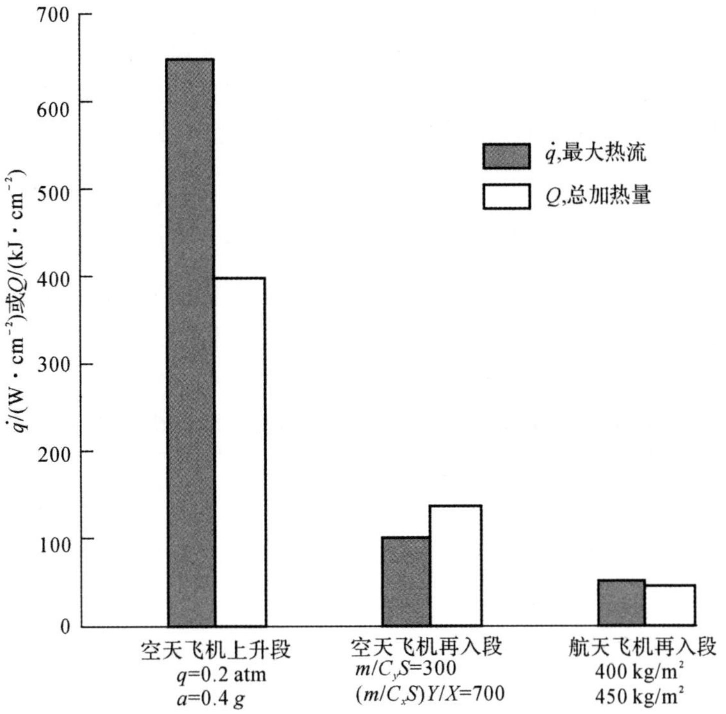

图 4-1　空天飞机与航天飞机驻点气动加热对比

因此，为保证飞行器能正常工作，必须较精确地确定摩阻和热环境，进行合理的热管理设计。研究飞行器气动加热的目的与任务是寻求计算飞行器表面温度分布的方法，设法找出减轻气动加热的措施（如采用有效的防护层或冷却措施），以及为结构强度计算提供必要的数据等，以保证飞行器能按技术要求进行正常飞行。对于弹头、返回式卫星、载人飞船等，主要解决与烧蚀防热相关的热环境问题。具有吸气式发动机的高超声速飞行器，不仅要解决上升段和再入段的热环境问题，而且要解决摩阻的精确预测问题。

飞行器摩阻和热环境的确定一般依赖风洞试验和理论计算，风洞试验数据是确定气动加热环境的基础，尤其当飞行器以大攻角再入时，背风面形成的流场中出现分离再附着等复杂的涡系，对此还不能提出合理的流动分析模型，只能直接采用风洞试验数据，并用经验公式外推后应用于飞行条件。但因风洞试验用的是缩比模型，难以真实模拟它的表面和防热系统与其他结构系统的接口部位和尺寸，妨碍了有效试验数据的获得。

应用数值模拟技术现已能求解三维边界层方程和纳维-斯托克斯方程（Navier - Stokes，N-S 方程），但很费机时。为了适应高超声速飞行器概念研究和初步设计的需要，必须研究和发展简捷而有效的工程预测方法。

4.1　基本概念

4.1.1　大气模式

计算飞行器气动加热时首先要估算大气参数。当前，对地球而言，计算其高空大气的温度和成分仍然有一定的误差。因此，在计算气动加热时，还必须考虑大气参数误差的影响。

一般来说，大气参数(如温度、压力和密度)不但随地理位置和季节而变化，而且一日之中也有差异。通常使用的标准大气或参考大气都是根据大量的测量数据编制而成的，它们代表年平均值。中国已颁布了 30 km 以下的地球标准大气模型[GB 1920—1980 标准大气(30 公里以下部分)]，而 30 km 以上的大气参数可用以下公式计算：

$$p_{\infty}(h_g)=p_{H0}\exp\left(\frac{M_{\gamma}}{R}10^4\int_0^H g\frac{dh_g}{T_{\infty}}\right) \tag{4-1}$$

式中：P_{H0} 为海拔 30 km(H_0)处大气压力；T_{∞} 为大气热力学温度(K)，其随高度的变化见表4-1；M_{γ} 为空气平均摩尔质量，$M_{\gamma}=28.966$ g/mol；R 为通用气体常数，$R=8.3144$ J/(mol·K)；h_g 为飞行高度(m)。

表 4-1　30 km 以上大气热力学温度随高度的变化

h_g/km	30	40	50	60	70	80
T/K	230.7	255.3	271.6	249.3	216.2	195.0

4.1.2　高温平衡气体热力学特性

在地球大气环境中，能在较大范围有较好的可信度的气体高温热力学特性的经验公式为

$$\rho=\frac{3.7849\times10^{-2}\left(\dfrac{p}{101\,325}\right)^{0.965}}{1-1.0477\left[1-\left(\dfrac{h}{1.969\times10^7}\right)^{0.6123}\right]} \tag{4-2}$$

$$\mu=\frac{0.4947\times10^{-5}\left(\dfrac{p}{101\,325}\right)^{0.992}}{\rho\left\{1-1.0213\left[1-\left(\dfrac{h}{1.969\times10^7}\right)^{0.3329}\right]\right\}} \tag{4-3}$$

当 $h>2\,147$ kJ/kg 时，有

$$T=1.527\times10^3\,\frac{1}{S}\left[h/\left(4.186\times10^7\right)^{0.725}\right] \tag{4-4}$$

当 $h\leqslant2\,147$ kJ/kg 时，有

$$T=h/1\,013 \tag{4-5}$$

当 $h>502.4$ kJ/kg 时，有

$$S=\left(1.627\times10^4-2.068\times10^3\ln\frac{p}{100\,028}\right)\times\exp\left[\left(\frac{h}{4.187\times10^7}\right)^{0.275}-1\right] \tag{4-6}$$

当 $h\leqslant502.4$ kJ/kg 时，有

$$S=3\,073-2\,871\ln\left(\frac{p}{100\,028}+1\,013\ln\frac{h}{4\,186}\right) \tag{4-7}$$

式中：μ 为黏性系数(Pa·s)；S 为气体比熵[J/(kg·K)]；h 为气体的比焓(J/kg)；ρ 为气体的密度(kg/m^3)。

上述公式适用范围为气流处于化学平衡状态。

4.1.3　温度附面层

飞行器高速飞行时，附面层内流体流动的阻滞引起了温度的显著增高。摩擦使气流温度升高，基本上只限于黏性对流动有明显影响的薄层内。靠近物面处气流受到的阻滞最严重，产生的热量最多，温度相当高。随着距物面法向距离的增加，气流受到的阻滞作用越来越小，温度逐渐降低。在物面附近薄层内形成很大的温度梯度，不能忽略热传导。这一必须计及温度变化的薄层与前述的速度附面层相似，称为温度附面层。通常把层内温度达到理想流物面上对应点温度 T_e 的 99% 的高度作为温度附面层的外边界，即

$$y\,|_{\frac{T}{T_e}=0.9}=\delta_T \tag{4-8}$$

式中：δ_T 为温度附面层的厚度，与速度附面层厚度 δ 并不完全相等，但差别不大。

温度附面层内的温度分布在很大程度上取决于壁面的传热情况，如图 4-2 所示。真实飞行器表面属于哪种壁面，主要由飞行状态和内部结构的导热情况决定。

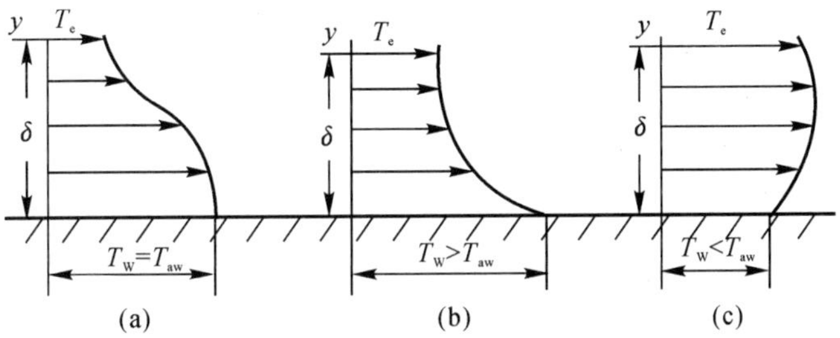

图 4-2　附面层内温度分布图

(a) 绝热壁；(b) 热壁；(c) 冷壁

如果有热量通过壁面传给空气，称为热壁(见图 4-2b)，则

$$q_w=-K\left(\frac{\partial T}{\partial y}\right)_{y=0} \tag{4-9}$$

即

$$\left(\frac{\partial T}{\partial y}\right)_{y=0}<0 \tag{4-10}$$

如果热量是由空气传给壁面，称为冷壁(见图 4-2c)，则有 $q_w<0$，或

$$\left(\frac{\partial T}{\partial y}\right)_{y=0}>0 \tag{4-11}$$

如果空气与壁面无热交换，则为绝热壁(见图 4-2a)，此时 $q_w=0$，即

$$\left(\frac{\partial T}{\partial y}\right)_{y=0}=0 \tag{4-12}$$

速度附面层和温度附面层是密切相关、互相影响的。现引入一个重要的无量纲参数 Pr，称为普朗特数，其定义为

$$Pr=\frac{\mu c_P}{K} \tag{4-13}$$

式中：μ 是气体黏性系数，K 为热传导系数，c_P 是气体的比定压热容。因为 μ 代表每单位速度

梯度、每单位面积的动量传递率，K/c_P 代表每单位焓梯度、每单位面积的热传递率，故普朗特数代表了这两种传递率的比值。Pr 是一个相似参数，它表征了气体微团在附面层内因黏性摩擦而产生的热与因热传导而散出去的热之比。

理论上可以证明，层流速度附面层厚度 δ 与温度附面层厚度 δ_T 之比与$\sqrt{Pr}$ 值相近。若 $Pr=1$，$\delta=\delta_T$；若 $Pr<1$，$\delta<\delta_T$；若 $Pr>1$，$\delta>\delta_T$。空气的 $Pr\approx 0.72$，所以 $\delta<\delta_T$，如图 4-3 所示。

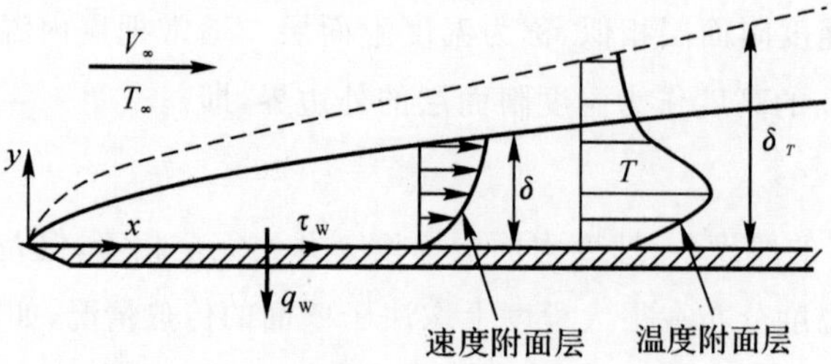

图 4-3　温度附面层和速度附面层的比较

为使附面层计算简化，理论上可将 Pr 近似取为 1.0，不致造成很大的误差。$Pr=1$ 意味着附面层内每个流体微团在运动过程中热量是平衡的，即每个微团因内部黏性作用产生的热量恰好传出去了，流动是绝热的。

4.1.4　绝热壁面的恢复温度

绝热壁与流体之间无传热，所以绝热壁的壁温 T_w 应该与附面层内紧靠壁面的气体的温度相等。如果气流的动能完全转化为热能，在绝热壁面上滞止气流的总温可用下式表示：

$$T_0=T_\infty\left(1+\frac{\gamma-1}{2}Ma_\infty^2\right) \tag{4-14}$$

在附面层内，虽然与壁面接触处的流体速度为零，但由于附面层内有温度梯度，这就导致由壁面向外发生热传导。所以绝热壁面处流体的温度要低于驻点的温度，称之为恢复温度，记作 T_{aw}。为了计算 T_{aw}，引入一个系数 r，称为温度恢复系数，其定义为

$$r=\frac{T_{aw}-T_e}{T_0-T_e} \tag{4-15}$$

式中：T_0 是主流总温，T_e 是附面层外缘的温度，对于平板可取 $T_e=T_\infty$；T_0-T_e 是气流绝热滞止时的温度增量，$T_{aw}-T_e$ 是在有摩擦及热传导时气流在物面上滞止的实际温度增量。

理论和实验表明，r 随 Ma 和 Re 的变化不大，只与气体的 Pr 有关：

层流时，$r=\sqrt{Pr}$，$Pr_{层流}\approx 0.71$，所以 $r_{层流}\approx 0.845$；

湍流时，$r=\sqrt[3]{Pr}$，$Pr_{紊流}\approx 0.68$，所以 $r_{紊流}\approx 0.88$。

已知温度恢复系数 r，即可求出恢复温度为

$$T_{aw}=T_e\left(1+\frac{\gamma-1}{2}rMa_\infty^2\right) \tag{4-16}$$

4.2　高超声速附面层方程及其相似解

4.2.1　N-S 方程及其无量纲化

完全气体条件下的 N-S 方程如下：

$$\frac{\partial \rho}{\partial t}+\nabla\cdot(\rho V)=0 \tag{4-17}$$

x 方向动量方程为

$$\rho\frac{\mathrm{D}u}{\mathrm{D}t}=-\frac{\partial p}{\partial x}+\frac{\partial \tau_{xx}}{\partial x}+\frac{\partial \tau_{yx}}{\partial y}+\frac{\partial \tau_{zx}}{\partial z} \tag{4-18}$$

y 方向动量方程为

$$\rho\frac{\mathrm{D}v}{\mathrm{D}t}=-\frac{\partial p}{\partial y}+\frac{\partial \tau_{xy}}{\partial x}+\frac{\partial \tau_{yy}}{\partial y}+\frac{\partial \tau_{zy}}{\partial z} \tag{4-19}$$

z 方向动量方程为

$$\rho\frac{\mathrm{D}w}{\mathrm{D}t}=-\frac{\partial p}{\partial z}+\frac{\partial \tau_{xz}}{\partial x}+\frac{\partial \tau_{yz}}{\partial y}+\frac{\partial \tau_{zz}}{\partial z} \tag{4-20}$$

能量方程为

$$\begin{aligned}\rho\frac{\mathrm{D}(e+V^2/2)}{\mathrm{D}t}=&\rho\dot{q}+\frac{\partial}{\partial x}\left(K\frac{\partial T}{\partial x}\right)+\frac{\partial}{\partial y}\left(K\frac{\partial T}{\partial y}\right)+\frac{\partial}{\partial z}\left(K\frac{\partial T}{\partial z}\right)-\\&\nabla\cdot(p\mathbf{V})+\frac{\partial(u\tau_{xx})}{\partial x}+\frac{\partial(u\tau_{yx})}{\partial y}+\frac{\partial(u\tau_{zx})}{\partial z}+\frac{\partial(v\tau_{xy})}{\partial x}+\\&\frac{\partial(v\tau_{yy})}{\partial y}+\frac{\partial(v\tau_{zy})}{\partial z}+\frac{\partial(w\tau_{xz})}{\partial x}+\frac{\partial(w\tau_{yz})}{\partial y}+\frac{\partial(w\tau_{zz})}{\partial z}\end{aligned} \tag{4-21}$$

式中物质导数如下

$$\frac{\mathrm{D}(\ )}{\mathrm{D}t}=\frac{\mathrm{d}(\ )}{\mathrm{d}t}+u\frac{\mathrm{d}(\ )}{\mathrm{d}x}+v\frac{\mathrm{d}(\ )}{\mathrm{d}y}+w\frac{\mathrm{d}(\ )}{\mathrm{d}z} \tag{4-22}$$

动量方程及能量方程中的切应力为

$$\tau_{xy}=\tau_{yx}=\mu\left(\frac{\partial v}{\partial x}+\frac{\partial u}{\partial y}\right)$$

$$\tau_{xz}=\tau_{zx}=\mu\left(\frac{\partial w}{\partial x}+\frac{\partial u}{\partial z}\right)$$

$$\tau_{yz}=\tau_{zy}=\mu\left(\frac{\partial w}{\partial y}+\frac{\partial v}{\partial z}\right)$$

$$\tau_{xx}=-\frac{2}{3}\mu\left(\frac{\partial u}{\partial x}+\frac{\partial v}{\partial y}+\frac{\partial w}{\partial z}\right)+2\mu\frac{\partial u}{\partial x}=\lambda\nabla\cdot\mathbf{V}+2\mu\frac{\partial u}{\partial x}$$

$$\tau_{yy}=-\frac{2}{3}\mu\left(\frac{\partial u}{\partial x}+\frac{\partial v}{\partial y}+\frac{\partial w}{\partial z}\right)+2\mu\frac{\partial v}{\partial y}=\lambda\nabla\cdot\mathbf{V}+2\mu\frac{\partial v}{\partial y}$$

$$\tau_{zz}=-\frac{2}{3}\mu\left(\frac{\partial u}{\partial x}+\frac{\partial v}{\partial y}+\frac{\partial w}{\partial z}\right)+2\mu\frac{\partial w}{\partial z}=\lambda\nabla\cdot\mathbf{V}+2\mu\frac{\partial w}{\partial z}$$

式中：τ_{xx}，τ_{yy}，τ_{zz} 为法向黏性应力；τ_{xy}，τ_{yz}，τ_{xz} 等为剪应力；u，v，w 分别是速度沿 3 个坐标方向的分量；K 为热传导系数；μ 为黏性系数，p，ρ，T 分别为流体压强、密度和温度；$\dot{q}$ 是单位质量的体积加热量。

对于完全气体来讲，还存在状态方程和内能关系式为

$$p=\rho RT \tag{4-23}$$

$$e=c_V T \tag{4-24}$$

为了分析方便，将 N-S 方程按照相似准则进行无量纲化处理，以二维定常流动为例，有

$$\left.\begin{aligned}&\bar{\rho}=\frac{\rho}{\rho_\infty},\quad \bar{u}=\frac{u}{V_\infty},\quad \bar{v}=\frac{v}{V_\infty},\quad \bar{p}=\frac{p}{p_\infty},\quad \bar{\mu}=\frac{\mu}{\mu_\infty}\\&\bar{T}=\frac{T}{T_\infty},\quad \bar{\lambda}=\frac{\lambda}{\lambda_\infty},\quad \bar{x}=\frac{x}{l},\quad \bar{y}=\frac{y}{l},\quad \bar{e}=\frac{e}{c_V T_\infty}\end{aligned}\right\} \tag{4-25}$$

式中：下标 ∞ 表示自由流中的值，l 是飞行器的参考长度。将上面的无量纲化准则代入 N-S 方程中，可得

$$\frac{\partial(\bar{\rho}\bar{u})}{\partial\bar{x}}+\frac{\partial(\bar{\rho}\bar{v})}{\partial\bar{y}}=0 \tag{4-26}$$

$$\begin{aligned}\bar{\rho}\bar{u}\frac{\partial\bar{u}}{\partial\bar{x}}+\bar{\rho}\bar{v}\frac{\partial\bar{u}}{\partial\bar{y}}=&-\frac{1}{\gamma Ma_\infty^2}\frac{\partial\bar{p}}{\partial\bar{x}}+\frac{1}{Re_\infty}\frac{\partial}{\partial\bar{y}}\left[\bar{\mu}\left(\frac{\partial\bar{v}}{\partial\bar{x}}+\frac{\partial\bar{u}}{\partial\bar{y}}\right)\right]+\\&\frac{1}{Re_\infty}\frac{\partial}{\partial\bar{x}}\left[2\bar{\mu}\frac{\partial\bar{u}}{\partial\bar{x}}-\frac{2}{3}\bar{\mu}\left(\frac{\partial\bar{u}}{\partial\bar{x}}+\frac{\partial\bar{v}}{\partial\bar{y}}\right)\right]\end{aligned} \tag{4-27}$$

$$\begin{aligned}\bar{\rho}\bar{u}\frac{\partial\bar{v}}{\partial\bar{x}}+\bar{\rho}\bar{v}\frac{\partial\bar{v}}{\partial\bar{y}}=&-\frac{1}{\gamma Ma_\infty^2}\frac{\partial\bar{p}}{\partial\bar{y}}+\frac{1}{Re_\infty}\frac{\partial}{\partial\bar{x}}\left[\bar{\mu}\left(\frac{\partial\bar{v}}{\partial\bar{x}}+\frac{\partial\bar{u}}{\partial\bar{y}}\right)\right]+\\&\frac{1}{Re_\infty}\frac{\partial}{\partial\bar{y}}\left[2\bar{\mu}\frac{\partial\bar{v}}{\partial\bar{y}}-\frac{2}{3}\bar{\mu}\left(\frac{\partial\bar{u}}{\partial\bar{x}}+\frac{\partial\bar{v}}{\partial\bar{y}}\right)\right]\end{aligned} \tag{4-28}$$

$$\begin{aligned}\bar{\rho}\bar{u}\frac{\partial\bar{e}}{\partial\bar{x}}+\bar{\rho}\bar{v}\frac{\partial\bar{e}}{\partial\bar{y}}=&-\frac{\gamma(\gamma-1)}{2}Ma_\infty^2\left[\bar{\rho}\bar{u}\frac{\partial}{\partial\bar{x}}(\bar{u}^2+\bar{v}^2)+\bar{\rho}\bar{v}\frac{\partial}{\partial\bar{y}}(\bar{u}^2+\bar{v}^2)\right]+\\&\frac{\gamma}{Pr_\infty Re_\infty}\left[\frac{\partial}{\partial\bar{x}}\left(K\frac{\partial\bar{T}}{\partial\bar{x}}\right)+\frac{\partial}{\partial\bar{y}}\left(K\frac{\partial\bar{T}}{\partial\bar{y}}\right)\right]-(\gamma-1)\left[\frac{\partial(\bar{u}\bar{p})}{\partial\bar{x}}+\frac{\partial(\bar{v}\bar{p})}{\partial\bar{y}}\right]+\\&\gamma(\gamma-1)\frac{Ma_\infty^2}{Re_\infty}\left\{\frac{\partial}{\partial\bar{x}}\left[2\bar{\mu}\bar{u}\frac{\partial\bar{u}}{\partial\bar{x}}-\frac{2}{3}\bar{\mu}\bar{u}\left(\frac{\partial\bar{u}}{\partial\bar{x}}+\frac{\partial\bar{v}}{\partial\bar{y}}\right)+\bar{\mu}\bar{v}\left(\frac{\partial\bar{v}}{\partial\bar{x}}+\frac{\partial\bar{u}}{\partial\bar{y}}\right)\right]+\right.\\&\left.\frac{\partial}{\partial\bar{y}}\left[2\bar{\mu}\bar{v}\frac{\partial\bar{v}}{\partial\bar{y}}-\frac{2}{3}\bar{\mu}\bar{v}\left(\frac{\partial\bar{u}}{\partial\bar{x}}+\frac{\partial\bar{v}}{\partial\bar{y}}\right)+\bar{\mu}\bar{u}\left(\frac{\partial\bar{v}}{\partial\bar{x}}+\frac{\partial\bar{u}}{\partial\bar{y}}\right)\right]\right\}\end{aligned} \tag{4-29}$$

由式(4-26)～式(4-29)可知，如果两个流动的无量纲控制方程组相同，即无量纲参数 γ，Ma_∞，Re_∞，Pr_∞ 相等，且两个物体几何相似，用无量纲量表示的物面边界条件也相同，则无量纲方程的解相同，即$\frac{u}{V_\infty}$，$\frac{v}{V_\infty}$，$\frac{p}{p_\infty}$，$\frac{\rho}{\rho_\infty}$关于无量纲坐标$\frac{x}{l}$，$\frac{y}{l}$的分布相等，两个流动是相似的。

为了求解 N-S 方程，还需要设置边界条件。对于黏性流动，由于存在表面摩擦，流体不能在壁面滑移(对于稀薄气体，该条件不一定会满足)，此时，在壁面的速度应该等于零，即

$$u=v=0 \tag{4-30}$$

如果壁面有质量传递，例如有烧蚀、发汗冷却等情况，上述边界条件变为

$$\left.\begin{aligned}u&=0\\v&=v_w\end{aligned}\right\} \tag{4-31}$$

此时，u 和 v 分别是壁面切线方向和法线方向的速度，v_w 是给定的垂直于壁面的速度。另外，对于传热引起的能量传递，还要给出壁面的内能，或给出壁面温度条件。若壁面温度是常值，则有

$$T=T_w \tag{4-32}$$

如果壁面温度不是常值，则有

$$T = T_w(s) \tag{4-33}$$

这里，$T_w(s)$ 是沿着壁面的距离变化的壁面温度。在高超声速流动中，壁面温度往往是未知量，因此，无法应用式(4-32)和式(4-33)，而要采用傅里叶(Fourier)定理：

$$q_w = -K\left(\frac{\partial T}{\partial n}\right)_w \tag{4-34}$$

式中：q_w 为单位时间通过壁面单位面积的热量；$\left(\frac{\partial T}{\partial n}\right)_w$ 为法向温度梯度，其值由式(4-10)～式(4-13)确定。一般情况下，该值仍是未知的，要通过壁面材料的热传导分析来确定。因此，流动问题是和壁面材料的热传导问题耦合在一起的。但有个特殊情况，即绝热壁条件，见式(4-13)。此时，壁面传热等于零，求出的壁面温度为绝热壁温度 T_{aw}。

4.2.2　高超声速附面层方程

流体流过物体表面时，与物体相邻的薄黏性层的概念是普朗特提出的。依照普朗特的说法，在所谓附面层的一薄层内，流体相对于物体表面的速度，在物体表面处为零，随离开表面距离而增大到它的最大值。此概念已成为流体动力学的基本假设。本节将给出高超声速附面层方程，讨论可压缩层流附面层和平板绕流的相似性解。

由附面层的假设：附面层厚度 δ 与物体的特征长度 l 相比很小，即

$$\delta \ll l \tag{4-35}$$

附面层理论的另一个假设是雷诺数很大，即

$$\frac{1}{Re_\infty} = O\left[\left(\frac{\delta}{l}\right)^2\right] \tag{4-36}$$

在这两个假设下，对 N-S 方程进行量级分析可得到一组简化的方程组，即附面层方程。无论是亚声速、超声速，还是高超声速，完全气体假设下的可压缩附面层方程都具有相同的形式。采用附面层坐标系，x 轴沿着物面，y 轴与物面垂直，则二维平面流动的附面层方程可表示为

$$\frac{\partial(\rho u)}{\partial x} + \frac{\partial(\rho v)}{\partial y} = 0 \tag{4-37}$$

$$\rho u\frac{\partial u}{\partial x} + \rho v\frac{\partial u}{\partial y} = -\frac{\mathrm{d}p_e}{\mathrm{d}x} + \frac{\partial}{\partial y}\left(\mu\frac{\partial u}{\partial y}\right) \tag{4-38}$$

$$\frac{\partial p}{\partial y} = 0 \tag{4-39}$$

$$\rho u\frac{\partial h}{\partial x} + \rho v\frac{\partial h}{\partial y} = \frac{\partial}{\partial y}\left(K\frac{\partial T}{\partial y}\right) + u\frac{\partial p_e}{\partial x} + \mu\left(\frac{\partial u}{\partial y}\right)^2 \tag{4-40}$$

式中：下标 e 表示附面层外缘处的值。需要注意的是，以上方程只有在 $\gamma Ma_\infty^2 = O(1)$ 的条件下成立。以 y 方向为例，其无量纲化的动量方程为式(4-28)，进行量纲分析：$\bar{u}$ 的值由壁面处的零变化至附面层外缘的 1，所以 $\bar{u}$ 的量级为 1，表示为 $O(1)$；$\bar{x}$ 由 0 至 1，取 $\bar{x} = O(1)$；$\bar{y}$ 由 0 至 δ/l，取 $\bar{y} = O(\delta/l)$；其他，$\bar{\rho} = O(1)$；由连续方程式(4-26)，$\bar{v} = O(\delta/l)$。采用这些量纲分析，方程式(4-28)的量级关系如下：

$$O(\delta/l) + O(\delta/l) = -\frac{1}{\gamma Ma_\infty^2}\frac{\partial \bar{p}}{\partial \bar{y}} + O[(\delta/l)^2][O(\delta/l) + O(l/\delta)] +$$

$$O[(\delta/l)^2]\frac{1}{O(l/\delta)}[O(1)+O(1)] \tag{4-41}$$

如果 $\gamma Ma_\infty^2=O(1)$ 成立，可知 $\frac{\partial p}{\partial y}=O(\delta/l)$ 或更小，由于 δ 为小量，附面层方向的动量方程可以表示为式(4－39) 的形式。这说明，在给定的 x 点，沿物面法向各点的压强为常数。相当于附面层外缘的压强分布不作改变地直接作用于物面上，所以存在 $p=p_e(x)$ 的关系。因此，未知数只有 u,v,h,ρ。对于完全气体，有

$$p=\rho RT \tag{4-42}$$

$$h=c_P T \tag{4-43}$$

则式(4－37)～式(4－42)有 5 个未知数 ρ,u,v,T,h。这个方程组可以求解。此时的边界条件是：在壁面 $y=0,u=0,v=0,T=T_w$ 或 $\left(\frac{\partial T}{\partial n}\right)_w=0$(绝热壁)；在附面层外缘 $y\rightarrow\infty,u\rightarrow u_e$，$T\rightarrow T_e$。

由于附面层厚度事前并不知道，所以用 $y\rightarrow\infty$ 来代替 $y=\delta$。

在高超声速流动中，当 Ma_∞ 很大时，附面层中的黏性耗散将产生很高的温度，从而引起边界层中的化学反应。因此，上述边界层方程对于这种情况不再适用，应将化学反应考虑进去。但是，在中等高超声速流动中，上述附面层方程是可用的。另外，对于许多高超声速风洞，当其总焓不是很高时，采用完全气体的附面层方程也可以取得较好的结果。

4.2.3 可压缩层流附面层的相似性解

一般来说，二维边界层的流动参数是(x,y) 的函数，如图 4－4 所示。

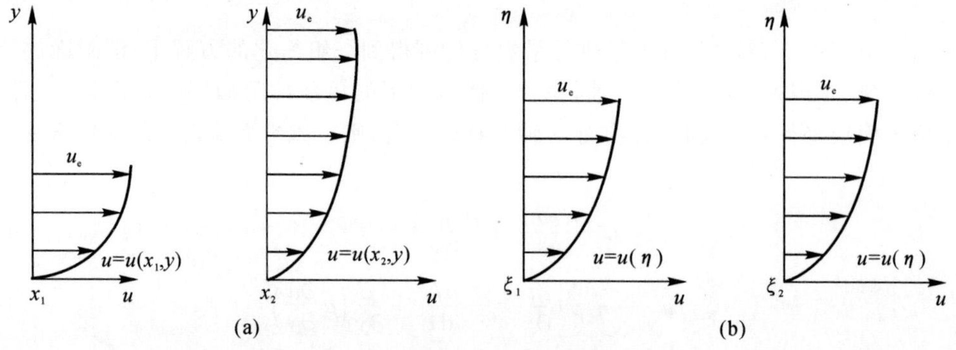

图 4－4 附面层相似性解的概念

(a) 物理平面；(b) 转换平面

如图可见，在不同 x 处的速度剖面是不同的，即

$$u(x_1,y)\neq u(x_2,y) \tag{4-44}$$

相似性解的概念为：找到一种变换，将这些流动参数从(x,y) 平面转移到新的平面(ξ,η)上。在这个新的平面上，速度剖面可以与位置无关，即 $u=u(\eta)$，u 与 ξ 无关。假若附面层能够保持这样的特性，就叫作附面层的相似性。1908 年，布拉休斯(Blasius) 求得的不可压缩附面层的平板解，就是一个相似性解。在可压缩附面层流动中，引入李斯－德罗尼津(Less－дородицын) 变换：

$$\left.\begin{aligned}\xi&=\int_0^x\rho_e u_e\mu_e\,\mathrm{d}x\\ \eta&=\frac{u_e}{\sqrt{2\xi}}\int_0^y\rho\,\mathrm{d}y\end{aligned}\right\}\tag{4-45}$$

微分算子的变换：

$$\left.\begin{aligned}\frac{\partial}{\partial x}&=\left(\frac{\partial\xi}{\partial x}\right)\frac{\partial}{\partial\xi}+\left(\frac{\partial\eta}{\partial x}\right)\frac{\partial}{\partial\eta}\\ \frac{\partial}{\partial y}&=\left(\frac{\partial\xi}{\partial y}\right)\frac{\partial}{\partial\xi}+\left(\frac{\partial\eta}{\partial y}\right)\frac{\partial}{\partial\eta}\end{aligned}\right\}\tag{4-46}$$

将 ξ 和 η 的定义代入，可得

$$\left.\begin{aligned}\frac{\partial}{\partial x}&=\left(\frac{\mathrm{d}\xi}{\mathrm{d}x}\right)\frac{\partial}{\partial\xi}+\left(\frac{\partial\eta}{\partial x}\right)\frac{\partial}{\partial\eta}=\rho_e u_e\mu_e\frac{\partial}{\partial\xi}+\left(\frac{\partial\eta}{\partial x}\right)\frac{\partial}{\partial\eta}\\ \frac{\partial}{\partial y}&=\frac{\rho u_e}{\sqrt{2\xi}}\frac{\partial}{\partial\eta}\end{aligned}\right\}\tag{4-47}$$

引入如下变换：

$$f=\int_0^\eta\frac{u}{u_e}\mathrm{d}\eta,\quad f'=\frac{\mathrm{d}f}{\mathrm{d}\eta}=\frac{u}{u_e}\tag{4-48}$$

和

$$g=\frac{h}{h_e}\tag{4-49}$$

由连续方程式(4-37)，可得

$$\rho v=-\int_0^y\frac{\partial(\rho u)}{\partial x}\mathrm{d}y=-\frac{\partial}{\partial x}\int_0^y\rho u\,\mathrm{d}y\tag{4-50}$$

将式(4-45) ～ 式(4-47) 代入，可得

$$\rho v=-\frac{\mathrm{d}\xi}{\mathrm{d}x}\frac{\partial(\sqrt{2\xi}f)}{\partial\xi}-\sqrt{2\xi}\frac{\partial\eta}{\partial x}\frac{\partial f}{\partial\eta}\tag{4-51}$$

$$\rho u\frac{\partial}{\partial x}+\rho v\frac{\partial}{\partial y}=\rho u_e\frac{\mathrm{d}\xi}{\mathrm{d}x}\left[\left(\frac{\partial f}{\partial\eta}\frac{\partial}{\partial\xi}-\frac{\partial f}{\partial\xi}\frac{\partial}{\partial\eta}\right)-\frac{1}{2\xi}f\frac{\partial}{\partial\eta}\right]\tag{4-52}$$

在附面层外缘，存在 $\mathrm{d}p=-\rho_e u_e\mathrm{d}u_e$，式(4-38) 变为

$$\left(\rho u\frac{\partial}{\partial x}+\rho v\frac{\partial}{\partial y}\right)u=\rho_e u_e\frac{\mathrm{d}u_e}{\mathrm{d}x}+\frac{\partial}{\partial y}\left(\mu\frac{\partial u}{\partial y}\right)\tag{4-53}$$

由于 $u=u_e f'$，则式(4-53) 可以写为

$$\left(\rho u\frac{\partial}{\partial x}+\rho v\frac{\partial}{\partial y}\right)(u_e f')=\rho_e u_e\frac{\mathrm{d}u_e}{\mathrm{d}x}+\frac{\partial}{\partial y}\left[\mu\frac{\partial(u_e f')}{\partial y}\right]\tag{4-54}$$

u_e 仅是 x 的函数，将式(4-54) 展开，可得

$$\rho u\frac{\mathrm{d}u_e}{\mathrm{d}x}f'+u_e\left(\rho u\frac{\partial}{\partial x}+\rho v\frac{\partial}{\partial y}\right)f'=\rho_e u_e\frac{\mathrm{d}u_e}{\mathrm{d}x}+u_e\frac{\partial}{\partial y}\left(\mu\frac{\partial f'}{\partial y}\right)\tag{4-55}$$

将式(4-52) 和式(4-46) 代入式(4-55)，各项同时除以 u_e，再利用式(4-48)，可得

$$\rho u_e\frac{\mathrm{d}\xi}{\mathrm{d}x}\left(\frac{\partial f}{\partial\eta}\frac{\partial}{\partial\xi}-\frac{\partial f}{\partial\xi}\frac{\partial}{\partial\eta}\right)f'-\rho u_e\frac{\mathrm{d}\xi}{\mathrm{d}x}\frac{1}{2\xi}ff''=-\rho(f')^2\frac{\mathrm{d}u_e}{\mathrm{d}x}+\rho_e\frac{\mathrm{d}u_e}{\mathrm{d}x}+\frac{\rho u_e}{\sqrt{2\xi}}\frac{\partial}{\partial\eta}\left(\mu\frac{\rho u_e}{\sqrt{2\xi}}f''\right)\tag{4-56}$$

式(4－56)乘以$\dfrac{2\xi}{\rho u_e \dfrac{d\xi}{dx}}$,可得

$$2\xi\left(f'\frac{\partial f'}{\partial\xi}-\frac{\partial f}{\partial\xi}f''\right)-ff''=-\left[(f')^2-\frac{\rho_e}{\rho}\right]\frac{2\xi}{u_e}\frac{du_e}{d\xi}+\frac{\partial}{\partial\eta}\left(\frac{\rho\mu}{\rho_e\mu_e}f''\right) \tag{4-57}$$

引入$C=\dfrac{\rho\mu}{\rho_e\mu_e}$,可得在$(\xi,\eta)$坐标下的$x$方向的动量方程为

$$(Cf'')'+ff''=\frac{2\xi}{u_e}\left[(f')^2-\frac{\rho_e}{\rho}\right]\frac{du_e}{d\xi}+2\xi\left(f'\frac{\partial f'}{\partial\xi}-\frac{\partial f}{\partial\xi}f''\right) \tag{4-58}$$

能量方程可以用相似的步骤推导得到,即

$$\left(\frac{C}{Pr}g'\right)'+fg'=2\xi\left(f'\frac{\partial g}{\partial\xi}-g'\frac{\partial f}{\partial\xi}+\frac{\rho_e u_e}{\rho h_e}f'\frac{du_e}{d\xi}\right)-C\frac{u_e^2}{h_e}(f'')^2 \tag{4-59}$$

y方向的动量方程为

$$\frac{\partial p}{\partial\eta}=0 \tag{4-60}$$

在推导过程中,由于利用了连续方程,所以变换后的方程里面不含连续方程。变换后的边界条件:

$$\eta=0,\quad f=f'=0,\quad g=g_w(\text{给定壁温})\text{或}g'=0(\text{绝热壁}) \tag{4-61}$$

$$\eta\to\infty,\quad f'=1,\quad g=1 \tag{4-62}$$

可以观察到,变换后的方程仍然为偏微分方程。由边界条件,可以求解出$u=u_e f'$,$h=h_e g$,由于$p_e=p_e(\xi)$,通过状态方程可以求出$T=T(h,p)$,$\rho=\rho(h,p)$。另外,在求解出壁面的速度梯度$f''(\xi,0)$和焓梯度$g'(\xi,0)$后,可求出表面摩擦系数和热流。

当地的摩擦系数定义为

$$C_f=\frac{\tau_w}{\frac{1}{2}\rho_e u_e^2} \tag{4-63}$$

在壁面上,当地剪应力为

$$\tau_w=\left(\mu\frac{\partial u}{\partial y}\right)_w \tag{4-64}$$

通过变换,可得

$$C_f=\left(\frac{2}{\rho_e u_e^2}\right)\mu_w\left(\frac{\partial u}{\partial y}\right)_w=\left(\frac{2}{\rho_e u_e^2}\right)\mu_w\frac{u_e\rho_w}{\sqrt{2\xi}}\left(\frac{\partial u}{\partial\eta}\right)_w=$$
$$\left(\frac{2}{\rho_e u_e^2}\right)\mu_w\frac{u_e^2\rho_w}{\sqrt{2\xi}}f''(\xi,0)=\frac{2\mu_w\rho_w}{\rho_e\sqrt{2\xi}}f''(\xi,0) \tag{4-65}$$

利用斯坦顿数(Stanton)St表示当地的传热系数,则有

$$St=\frac{q_w}{\rho_e u_e(h_{aw}-h_w)} \tag{4-66}$$

式中:h_{aw}是绝热壁的焓值,对完全气体$h_{aw}=c_P T_{aw}$;h_w为壁面焓值;q_w是壁面上的当地热流,且有

$$q_w=\left(K\frac{\partial T}{\partial y}\right)_w \tag{4-67}$$

则有

$$St=\frac{1}{\rho_e u_e(h_{aw}-h_w)}\left(K\frac{\partial T}{\partial y}\right)_w=\frac{1}{\rho_e u_e(h_{aw}-h_w)}\left(\frac{K}{c_P}\frac{\partial h}{\partial y}\right)_w=$$

$$\frac{1}{\sqrt{2\xi}}\frac{K_w}{c_{pw}}\frac{\rho_w}{\rho_e}\frac{h_e}{(h_{aw}-h_w)}g'(\xi,0) \tag{4-68}$$

由式(4-65)和式(4-68)可知，为了求出 C_f 和 St，需要先求解出 $f''(\xi,0)$ 和 $g'(\xi,0)$。一般情况下，需要采用数值方法求解附面层方程的两点边值问题。但对于高超声速飞行器空气动力学中常遇到的平板绕流和驻点绕流两类问题，存在相似解，使问题大大简化。

4.2.4　平板绕流的相似性解

以平板为例说明其方程的求解。对于平板，附面层外缘的速度、压强、温度均为常数，即

$$u_e=\text{const},\quad T_e=\text{const},\quad p_e=\text{const} \tag{4-69}$$

假定

$$T_w=\text{const}\quad 或者\quad \left(\frac{\partial T_w}{\partial y}\right)_w=0 \tag{4-70}$$

此时$\frac{du_e}{d\xi}=0$，则存在以下关系：

$$(Cf'')'+ff''=2\xi\left(f'\frac{\partial f'}{\partial \xi}-\frac{\partial f}{\partial \xi}f''\right) \tag{4-71}$$

$$\left(\frac{C}{Pr}g'\right)'+fg'=2\xi\left(f'\frac{\partial g}{\partial \xi}-g'\frac{\partial f}{\partial \xi}\right)-C\frac{u_e^2}{h_e}(f'')^2 \tag{4-72}$$

假设 f 和 g 仅是 η 的函数，即 $f=f(\eta)$，$g=g(\eta)$，代入式(4-71)和式(4-72)，如果所得结果与 ξ 有关的项都为 0，则上述假设是正确的。得到

$$(Cf'')'+ff''=0 \tag{4-73}$$

$$\left(\frac{C}{Pr}g'\right)'+fg'+C\frac{u_e^2}{h_e}(f'')^2=0 \tag{4-74}$$

此时，需要注意 $C=C(\eta)$，$Pr=Pr(\eta)$。在高超声速附面层中，C 的值变化较大，可达到一个数量级，而 Pr 的变化不大，不会超过 20%～30%。对于以上两个方程，式(4-73)是三阶常微分方程，式(4-74)是二阶常微分方程。这两个方程可以从壁面到附面层外缘采用标准的龙格-库塔方法求解。需要满足 5 个边界条件，现在有 $f(0)=0$，$f'(0)=0$，$g(0)=g_w/g'(0)=0$ 这 3 个边界条件，还需假设 $f''(0)$ 和 $g'(0)$ 的值，通常可以假定其值在 0.5～1.0 之间，然后利用龙格-库塔方法计算式(4-73)和式(4-74)，一直积分到 η 足够大，直至 $f'(\eta)$ 和 $g(\eta)$ 基本不再随 η 变化为止。检查此时的 $f'(\eta)$ 和 $g(\eta)$ 是否等于1。如果不满足，则重新假设 $f''(0)$ 和 $g'(0)$ 的值，直到满足这个条件为止。这样就可以求解得到可压缩层流附面层的所有参数，包括附面层外缘的流动参数。

对于平板，变换可以简化为

$$\xi=\rho_e u_e \mu_e x \tag{4-75}$$

当地摩擦系数为

$$C_f=\sqrt{2}\,\frac{\rho_w\mu_w}{\rho_e\mu_e}\frac{f''(0)}{\sqrt{Re_x}} \tag{4-76}$$

该式与不可压缩层流附面层的摩擦系数公式

$$C_f=\frac{0.664}{\sqrt{Re_x}} \tag{4-77}$$

十分相似，此时

$$C_f=\frac{F\left(Ma_e,Pr,\gamma,\dfrac{T_w}{T_e}\right)}{\sqrt{Re_x}} \tag{4-78}$$

C_f 仍然与$\sqrt{Re_x}$ 成反比。同样也可得

$$St=\frac{1}{\sqrt{2}}\frac{1}{Pr_w}\frac{\rho_w}{\rho_e}\frac{h_e}{(h_{aw}-h_w)}\frac{g'(0)}{\sqrt{Re_x}} \tag{4-79}$$

该式和不可压缩的结果

$$St=\frac{0.332}{\sqrt{Re_x}}Pr^{-2/3} \tag{4-80}$$

也十分相似。此时存在

$$St=\frac{G\left(Ma_e,Pr,\gamma,\dfrac{T_w}{T_e}\right)}{\sqrt{Re_x}} \tag{4-81}$$

St/C_f 叫做雷诺比拟因子，存在如下关系：

对于不可压缩流动，有

$$\frac{St}{C_f}=\frac{1}{2}Pr^{-2/3} \tag{4-82}$$

对于可压缩流动，有

$$\frac{St}{C_f}=f\left(Ma_e,Pr,\gamma,\frac{T_w}{T_e}\right) \tag{4-83}$$

图 4-5 和图 4-6 给出了平板的可压缩层流附面层的计算结果。假定 $Pr=0.75$，μ 利用苏士兰特(Sutherland) 公式计算：

$$\frac{\mu}{\mu_{ref}}=\left(\frac{T}{T_{ref}}\right)^{3/2}\frac{T_{ref}+110}{T+110} \tag{4-84}$$

对于空气，$\mu_{ref}=1.789\times10^{-5}$ kg/(m · s)，$T_{ref}=288$ K。由图 4-5 可知：

(1) 当 Ma_e(对于平板而言，附面层外缘的 Ma_e 可看作是来流 Ma_∞) 增加时，C_f 将变小。对于绝热壁情况，Ma_e 从 0 增加到 20，C_f 减少到原来的$\frac{1}{2}$。但此时应注意到 τ_w 并没有减少。由于 $\tau_w=\frac{1}{2}\rho_e u_e^2 C_f=\frac{1}{2}\gamma Ma_e^2 p_e C_f$，$\tau_w$ 随 Ma_e^2 而变化，因此当 Ma_e 增加时，τ_w 是增加的。

(2) 对于冷壁情况，C_f 增加。冷壁使附面层变薄，从而使壁面的速度梯度增加，τ_w 增加，C_f 增加。

(3) 对于绝热壁，当 $Ma_e\to0$ 时，$C_f\sqrt{Re_x}\to0.664$。

图 4-6 显示了斯坦顿数随马赫数的变化，可以看出，St 随 Ma_e 的增加而减小，冷壁使 St 增加。

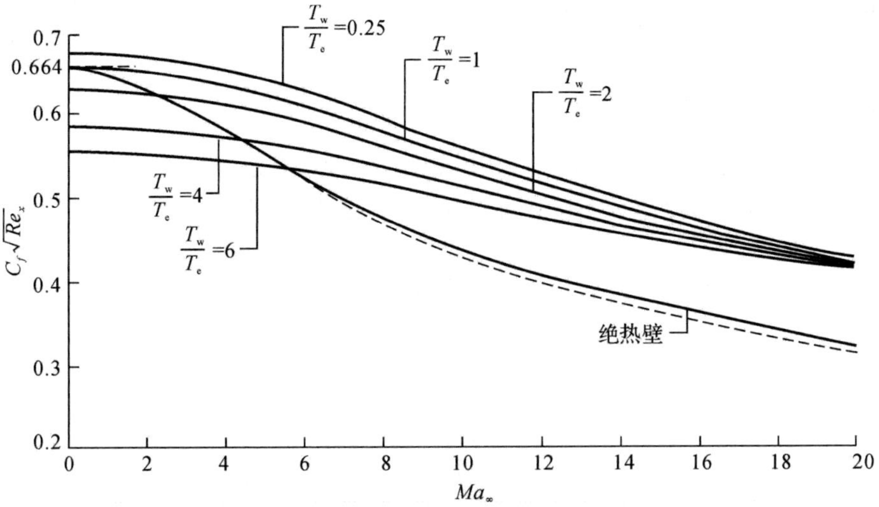

图 4-5　平板可压缩层流附面层的表面摩擦系数

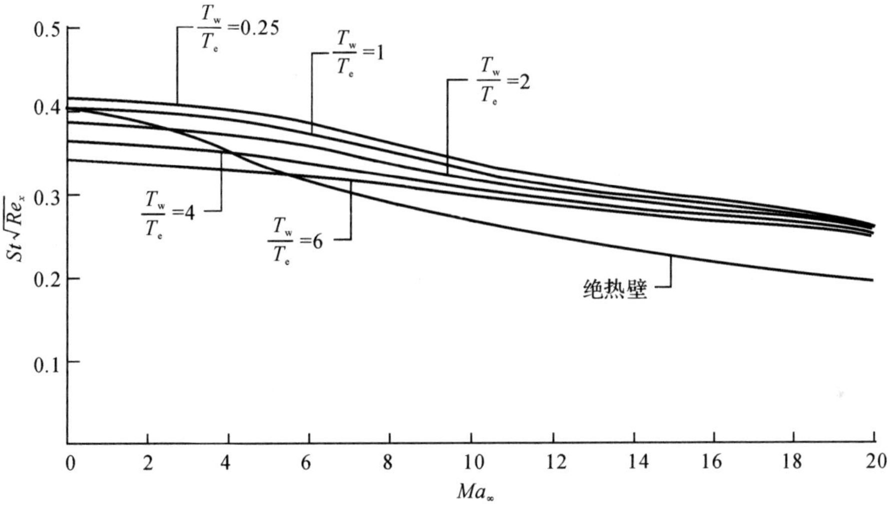

图 4-6　平板可压缩层流附面层的表面斯坦顿数

由式(4-66)可求出壁面热流量 q_w：

$$q_w = \rho_e u_e St(h_{aw} - h_w) \tag{4-85}$$

由式(4-85)可见，为了求得 q_w，必须先求出 h_{aw}。利用恢复温度系数，可得

$$h_{aw} = h_e + r\frac{u_e^2}{2} \tag{4-86}$$

在附面层外缘，有

$$h_0 = h_e + \frac{u_e^2}{2} \tag{4-87}$$

式中：h_0 是附面层外缘无黏流的总焓，将式(4-87)代入式(4-86)，可得

$$h_{aw} = h_e + r(h_0 - h_e) \tag{4-88}$$

在用式(4-85)求 q_w 时，还必须求出 St，工程上，可采用雷诺比拟由 C_f 求出 St。实际计算

表明，采用不可压缩的雷诺比拟公式(4-82)来代替可压缩雷诺比拟公式，在 Ma_∞ 从 0 增加到 16 时，误差小于 2%。

4.2.5　驻点绕流的相似性解

考虑一钝头前缘的柱体，如图 4-7 所示，在驻点的曲率半径是 R，附面层厚度为 δ，x 是沿物面测量的距离。同样假设 f 和 g 仅是 η 的函数。可推导得到方程如下：

$$(Cf'')'+ff''=\frac{2\xi}{u_e}\left[(f')^2-\frac{\rho_e}{\rho}\right]\frac{du_e}{d\xi} \tag{4-89}$$

$$\left(\frac{C}{Pr}g'\right)'+fg'=2\xi\left(\frac{\rho_e u_e}{\rho h_e}f'\frac{du_e}{d\xi}\right)-C\frac{u_e^2}{h_e}(f'')^2 \tag{4-90}$$

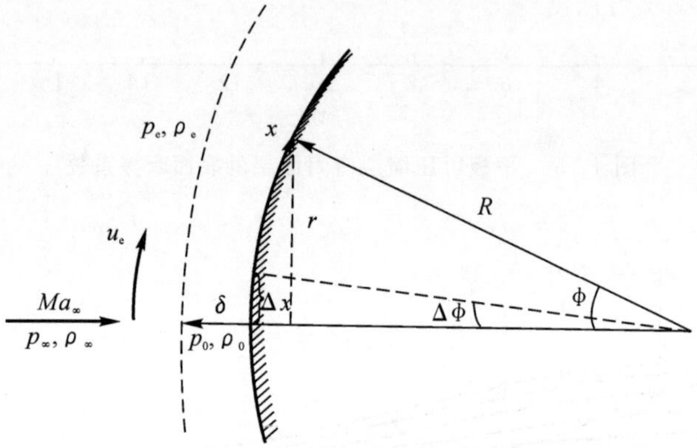

图 4-7　驻点区域的几何关系

对于驻点有下列条件：

(1) 驻点附近，u_e 很小，而 $h_e=h_0$ 是很大的，因此 $\frac{u_e^2}{h_e}\approx 0$。

(2) 由于驻点区速度很小，可假设在附面层外缘为不可压缩的无黏性流动，用下标 s 表示驻点值，则有

$$u_e=\left(\frac{du_e}{dx}\right)_s x \tag{4-91}$$

将式(4-91)代入式(4-45)中，可得

$$\xi=\rho_e\mu_e\left(\frac{du_e}{dx}\right)_s\frac{x^2}{2} \tag{4-92}$$

而

$$\frac{du_e}{d\xi}=\frac{du_e/dx}{d\xi/dx} \tag{4-93}$$

推导可得

$$\frac{d\xi}{dx}=\rho_e u_e\mu_e \tag{4-94}$$

将式(4-94)代入式(4-93)中，可得

$$\frac{du_e}{d\xi}=\frac{1}{\rho_e u_e\mu_e}\frac{du_e}{dx} \tag{4-95}$$

在驻点区，将式(4－91)代入式(4－95)，可得

$$\left(\frac{\mathrm{d}u_e}{\mathrm{d}\xi}\right)_s=\frac{1}{\rho_e\mu_e x} \tag{4-96}$$

由式(4－92)、式(4－94)和式(4－96)，求得

$$\frac{2\xi}{u_e}\frac{\mathrm{d}u_e}{\mathrm{d}\xi}=\frac{2\left[\rho_e\mu_e\left(\frac{\mathrm{d}u_e}{\mathrm{d}x}\right)_s\frac{x^2}{2}\right]}{\left(\frac{\mathrm{d}u_e}{\mathrm{d}x}\right)_s x}\frac{1}{\rho_e\mu_e x}=1 \tag{4-97}$$

$$2\xi\frac{\rho_e u_e}{\rho h_e}\frac{\mathrm{d}u_e}{\mathrm{d}\xi}=2\frac{\rho_e}{\rho h_e}\left[\rho_e\mu_e\left(\frac{\mathrm{d}u_e}{\mathrm{d}x}\right)_s\frac{x^2}{2}\right]\left[\left(\frac{\mathrm{d}u_e}{\mathrm{d}x}\right)_s x\right]\left(\frac{1}{\rho_e\mu_e x}\right)=\frac{\rho_e}{\rho h_e}\left(\frac{\mathrm{d}u_e}{\mathrm{d}x}\right)_s^2 x^2 \tag{4-98}$$

驻点处，$x=0$，式(4－98)可以简化为

$$2\xi\frac{\rho_e u_e}{\rho h_e}\frac{\mathrm{d}u_e}{\mathrm{d}\xi}=0 \tag{4-99}$$

对于完全气体，则有

$$\frac{\rho_e}{\rho}=\frac{p_e}{p}\frac{T}{T_e}=\frac{p_e}{p}\frac{h}{h_e}=g \tag{4-100}$$

式(4－89)和式(4－90)可以简化为

$$(Cf'')'+ff''=(f')^2-g \tag{4-101}$$

$$\left(\frac{C}{Pr}g'\right)'+fg'=0 \tag{4-102}$$

式(4－101)和式(4－102)就是驻点区的附面层方程，与 ξ 无关，具有相似性解。对于这两个方程的求解，可以利用 4.2.3 节中的方法得到，可求解出柱体的驻点热流的表达式为

$$q_w=0.57\,Pr^{-0.6}\,(\rho_e\mu_e)^{1/2}\sqrt{\frac{\mathrm{d}u_e}{\mathrm{d}x}}(h_{aw}-h_w) \tag{4-103}$$

对轴对称物体，连续方程为

$$\frac{\partial(\rho ur)}{\partial x}+\frac{\partial(\rho vr)}{\partial y}=0 \tag{4-104}$$

进行相应的变换：

$$\left.\begin{aligned}\xi&=\int_0^x\rho_e u_e\mu_e r^2\,\mathrm{d}x\\ \eta&=\frac{u_e r}{\sqrt{2\xi}}\int_0^y\rho\,\mathrm{d}y\end{aligned}\right\} \tag{4-105}$$

此处的 r 如图 4－7 所示，为中心线量起的垂直距离。此时，驻点附面层方程可以修改为

$$(Cf'')'+ff''=\frac{1}{2}[(f')^2-g] \tag{4-106}$$

$$\left(\frac{C}{Pr}g'\right)'+fg'=0 \tag{4-107}$$

可求解出球的驻点热流公式为

$$q_w=0.763\,Pr^{-0.6}\,(\rho_e\mu_e)^{\frac{1}{2}}\sqrt{\frac{\mathrm{d}u_e}{\mathrm{d}x}}(h_{aw}-h_w) \tag{4-108}$$

比较式(4-103)和式(4-108),可见,柱和球的驻点热流公式除了第一项的系数不同外,其余都是相同的,而球的系数较大,表示球的驻点热流要大于柱的驻点热流。这是由于三维流动可以有3个方向的运动,气流可以向3个方向排开,从而使球的附面层厚度小于柱的附面层厚度。

式(4-103)和式(4-108)中的速度梯度$\frac{du_e}{dx}$,在附面层外缘,利用欧拉方程$dp_e = -\rho_e u_e du_e$,可推导得到

$$\frac{du_e}{dx} = -\frac{1}{\rho_e u_e}\frac{dp_e}{dx} \tag{4-109}$$

对于表面压力分布,可以采用牛顿公式:

$$C_p = 2\sin^2\theta = 2\cos^2\phi \tag{4-110}$$

式中:ϕ是表面的法线与来流的夹角。由式(4-110)可导出:

$$\frac{dp_e}{dx} = -4q_\infty \cos\phi \sin\phi \frac{d\phi}{dx} \tag{4-111}$$

式中:q_∞是来流的动压。将式(4-111)代入式(4-109),可得

$$\frac{du_e}{dx} = \frac{4q_\infty}{\rho_e u_e}\cos\phi \sin\phi \frac{d\phi}{dx} \tag{4-112}$$

在驻点区,设Δx为沿表面离开驻点的一小段距离,相应的$\Delta\phi$也是个小量,有

$$u_e = \left(\frac{du_e}{dx}\right)_s \Delta x \tag{4-113}$$

此时有

$$\cos\phi \approx 1 \tag{4-114}$$

$$\sin\phi \approx \phi \approx \Delta\phi = \frac{\Delta x}{R} \tag{4-115}$$

$$\frac{d\phi}{dx} = \frac{1}{R} \tag{4-116}$$

在驻点处还有

$$C_p = 2 = \frac{p_e - p_\infty}{q_\infty} \tag{4-117}$$

$$q_\infty = \frac{1}{2}(p_e - p_\infty) \tag{4-118}$$

将式(4-113)～式(4-116)和式(4-118)代入式(4-112),可求得

$$\frac{du_e}{dx} = \frac{1}{R}\sqrt{\frac{2(p_e - p_\infty)}{\rho_e}} \tag{4-119}$$

将式(4-119)代入式(4-103)和式(4-108)可得

$$q_w \propto \frac{1}{\sqrt{R}} \tag{4-120}$$

由此可见,驻点热流与头部半径的二次方根成反比。为了减小热流,就必须增加头部半径。图4-8给出了驻点斯坦顿数随头部半径的变化,其中Re_{2r}是以$2r$为特征尺度的雷诺数。图4-9给出了球驻点热流的计算结果与实验值的比较。由图可见,式(4-108)可以求得满意的结果。实验值散布是由于高超声速的高温条件下的黏性系数较难精确确定。

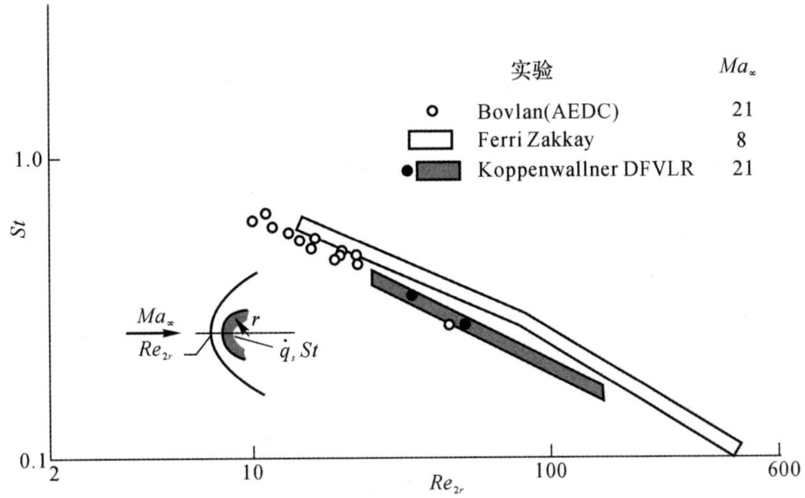

图 4－8　驻点斯坦顿数随基于头部半径的雷诺数的变化

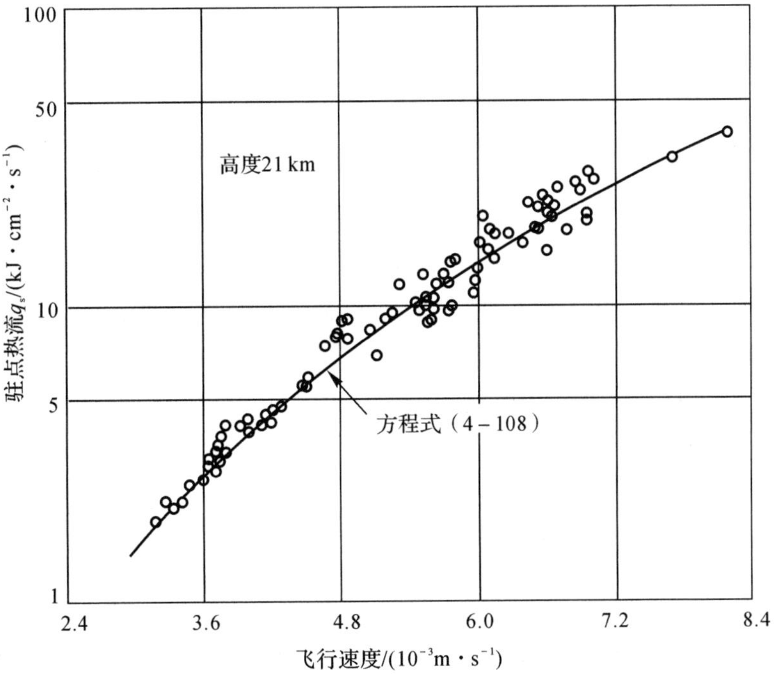

图 4－9　球驻点热流

4.3　基于参考温度法的热流计算

4.3.1　气流与飞行器表面上的热流量计算

单位时间内附面层传至飞行器单位表面积上的热量称为热流量，用 q_w 表示，它由下面的公式决定：

$$q_w = \alpha(T_{aw} - T_w) \tag{4-121}$$

式中：T_{aw} 为恢复温度；T_w 为壁面温度；α 为热交换系数(传热系数)，其单位为 J/(m² · s · ℃)。热交换系数 α 的计算是个复杂的问题，它由飞行速度 V、附面层内的气流参数等因素来决定。由于 α 是一个有量纲的量，根据相似理论，引入无量纲热交换系数，即斯坦顿数 St，其与热交换系数 α 之间的关系为

$$St = \frac{\alpha}{c_P \rho g V} \tag{4-122}$$

式中：c_P 为气流的比定压热容；g 为重力加速度；ρ 为气流的密度；V 为气流的速度。

显然，若能求出 St 的数值，即可求出 α，然后热流量 q_w 也可求出来。

1. 迎角为零时平板的热交换系数

由雷诺比拟因子式(4-82)，斯坦顿数与当地摩擦系数的关系可以写为

$$St = \frac{1}{2} Pr^{-\frac{2}{3}} C_f \tag{4-123}$$

$$\alpha = \frac{1}{2} Pr^{-\frac{2}{3}} C_f \rho g c_P V \tag{4-124}$$

$$C_{f1} = \frac{0.664}{\sqrt{Re}} \tag{4-125}$$

$$\left.\begin{aligned} C_{ft} &= \frac{0.059\,2}{Re^{0.2}} \quad (Re \leqslant 10^7) \\ C_{ft} &= \frac{0.37}{(\tan Re)^{2.584}} \quad (10^7 \leqslant Re \leqslant 10^9) \end{aligned}\right\} \tag{4-126}$$

式中：下标 l 表示层流，t 表示湍流。前已指出，附面层内的温度是变化的，因此在求解 α 时，所用到的 ρ、c_P 等参数也都是变化的。为了简化问题，便于工程上的应用，一般采用参考温度法，即引入一个确定的参考温度，把附面层内变化的空气特性参数用参考温度下不变的参数来代替。参考温度由经验公式确定：

$$T^* = T_e + 0.5(T_w - T_e) + 0.22(T_{aw} - T_e) \tag{4-127}$$

也可以按照马赫数选取：

$Ma_e < 5$ 时

$$T^* = T_e + 0.58(T_w - T_e) + 0.19(T_{aw} - T_e) \tag{4-128}$$

$5 < Ma_e < 10$ 时

$$T^* = 0.7T_e + 0.58(T_w - T_e) + 0.23 T_e Ma_e^2 \tag{4-129}$$

知道了 T^*，附面层内气流的参数可以查有关图线或计算得到。从空气动力学中已经知道，流体的黏性系数 μ 可按照式(4-84)确定，即

$$\mu^* = 1.789 \times 10^{-5} \left(\frac{T^*}{T_{ref}}\right)^{3/2} \frac{T_{ref} + 110}{T^* + 110} \tag{4-130}$$

式中：$T_{ref} = 288$ K。因为压强沿附面层厚度方向是不变的，所以密度 ρ 应满足：

$$\rho^* / \rho_e = T_e / T^* \tag{4-131}$$

这样，参考温度下的雷诺数为

$$Re^* = \frac{\rho^* V_e x}{\mu^*} \tag{4-132}$$

普朗特数 Pr^*、比定压热容 c_P^* 都与温度有关，计算时可分别按图 4-10 和图 4-11 提供的曲线查找。

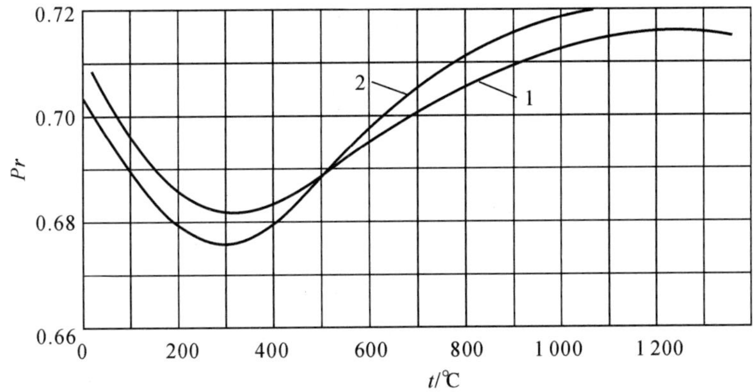

1— 根据 еван - драйст 所得曲线；2— 根据 Нваргафтцк 所得曲线

图 4-10 普朗特数与温度关系

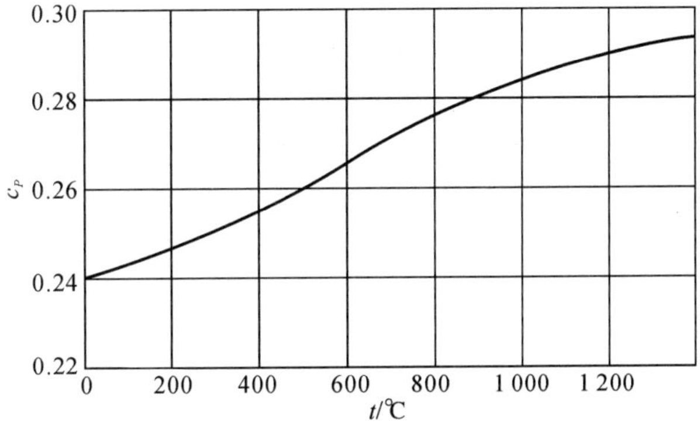

图 4-11 空气的比定压热容与温度的关系

由此可按式(4-123) 计算斯坦顿数 St，再根据式(4-124) 求出热交换系数 α 来。

$$\alpha_1 = 3.26\ (Re^*)^{-1/2}\ (Pr^*)^{-2/3}\rho^* c_P^* V_e \tag{4-133}$$

$Re \leqslant 10^7$ 时

$$\alpha_t = 0.29\ (Re^*)^{-0.2}\ (Pr^*)^{-2/3}\rho^* c_P^* V_e \tag{4-134}$$

$10^7 \leqslant Re \leqslant 10^9$ 时

$$\alpha_t = 1.81\ (\tan Re^*)^{-2.584}\ (Pr^*)^{-2/3}\rho^* c_P^* V_e \tag{4-135}$$

2. 迎角不等于零时机翼的热交换系数

当迎角大于零时，下表面产生激波，波后温度增加，所以气动加热的严重情况出现在下表面。计算下表面上任意一点 A 的温度，如图 4-12 所示。首先要计算 A 点的 p、ρ、V 等参数。设 A 点处的切线与气流方向的夹角为 φ。如以前所说的线化理论，A 点的 C_{pe} 既可以利用牛顿公式计算得到，也可以利用下式：

$$C_{pe} = \frac{p_e - p_\infty}{\frac{1}{2}\rho V_\infty^2} = C_1\varphi + C_2\varphi^2 + C_3\varphi^3 + \cdots \tag{4-136}$$

式中

$$C_1=\frac{2}{\sqrt{Ma_\infty^2-1}}$$

$$C_2=\frac{(Ma_\infty^2-2)^2+1.4Ma_\infty^4}{2(Ma_\infty^2-1)^2}$$

$$C_3=\frac{0.36Ma_\infty^8-1.493Ma_\infty^6+3.6Ma_\infty^4-2Ma_\infty^2+1.33}{(Ma_\infty^2-1)^{3.5}}$$

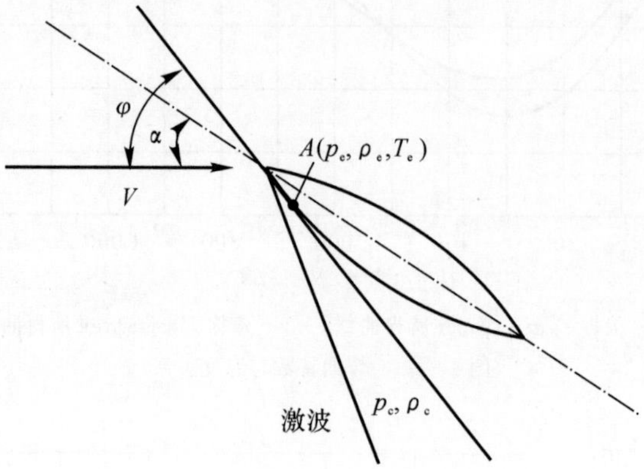

图 4-12 弹翼前缘压强的示意图

一般地，$Ma_\infty\leqslant 3$ 时取一项，$3\leqslant Ma_\infty\leqslant 10$ 时取两项，$Ma_\infty>10$ 时取三项。从式(4-136)可得

$$\frac{p_e}{p_\infty}=1+0.7Ma_\infty^2C_{pe} \tag{4-137}$$

激波前后的压强比亦可用公式(4-136)计算，即

$$\frac{p_c}{p_\infty}=1+0.7Ma_\infty^2C_{pc} \tag{4-138}$$

式中：C_{pc} 的运算也与 C_{pe} 相同，唯式(4-136)中的 φ 角用弹翼前缘半顶角 θ_0 与迎角 α 之和来代替。利用等熵关系，有

$$\frac{\rho_e}{\rho_c}=\left(\frac{p_e}{p_c}\right)^{1/\gamma}=\left(\frac{1+0.7Ma_\infty^2C_{pe}}{1+0.7Ma_\infty^2C_{pc}}\right)^{1/\gamma} \tag{4-139}$$

根据斜激波理论，有关系式：

$$\frac{\rho_c}{\rho_\infty}=1+5\,\frac{p_c/p_\infty-1}{p_c/p_\infty+6} \tag{4-140}$$

由式(4-139)与式(4-140)可得

$$\frac{\rho_e}{\rho_\infty}=\frac{\rho_e}{\rho_c}\,\frac{\rho_c}{\rho_\infty}=\left[\frac{1+0.7Ma_\infty^2C_{pe}}{1+0.7Ma_\infty^2C_{pc}}\right]^{1/\gamma}\left[1+\frac{Ma_\infty^2C_{pc}}{2(1+0.1Ma_\infty^2C_{pc})}\right] \tag{4-141}$$

这样，A 点处附面层外缘的温度可按下式计算，即

$$\frac{T_e}{T_\infty}=\left(\frac{p_e}{p_\infty}\right)\left(\frac{\rho_\infty}{\rho_e}\right) \tag{4-142}$$

由总温、静温关系可得附面层外缘的马赫数为

$$\frac{T_0}{T_e}=1+\frac{\gamma-1}{2}Ma_e^2 \tag{4-143}$$

$$Ma_e^2 = 5\left[\frac{T_\infty}{T_e}(1+0.2Ma_\infty^2)-1\right] \tag{4-144}$$

由声速定义，可以得到附面层外缘的速度：

$$V_e = 20Ma_e\sqrt{T_e} \tag{4-145}$$

得到了 T_e，根据壁面温度 T_w，可用式(4-127)、式(4-128) 或式(4-129) 计算参考温度 T^*，式中 T_{aw} 按式(4-17) 计算。

倘若 A 点离前缘较近，附面层性质可视为层流，这时热交换系数可用式(4-133) 计算。若附面层为湍流，热交换系数仍按式(4-134) 或式(4-135) 计算。

在计算弹翼前缘的热交换系数时，还要考虑后掠角 χ 的影响。当弹翼存在后掠角时，热交换系数会减小，其减小量可近似地用图 4-13 来决定。

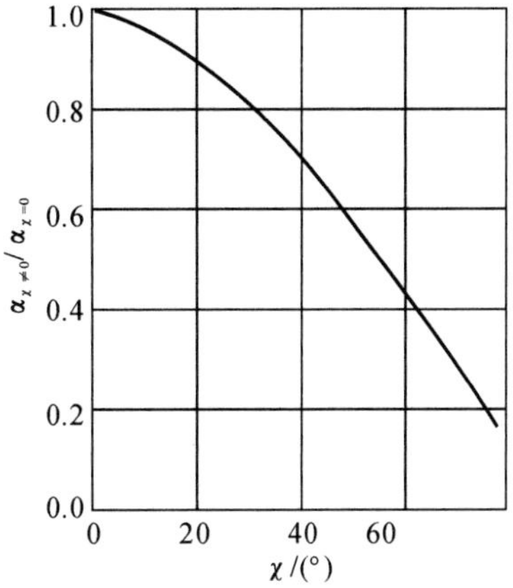

图 4-13　后掠角对热交换系数的影响

在选择弹翼后掠角时还须注意这一事实：过大的后掠角(大于70°) 会导致临界雷诺数降低，即转捩点位置前移。

3. 机身的热交换系数

对于旋成体来说(见图 4-14)，斯坦顿数 St 仍然可用公式表示为

$$St = \frac{1}{2}Pr^{-\frac{2}{3}}C_f \tag{4-146}$$

在弹身的圆柱段部分或接近于圆柱段部分仍然可用平板局部摩擦系数的方法来求当地摩擦系数 C_f，但对于弹身头部(圆锥形或接近圆锥形头部) 的局部摩擦系数，根据理论计算，在层流附面层时为

$$C_{f圆锥} = \sqrt{3}C_{f平板} \tag{4-147}$$

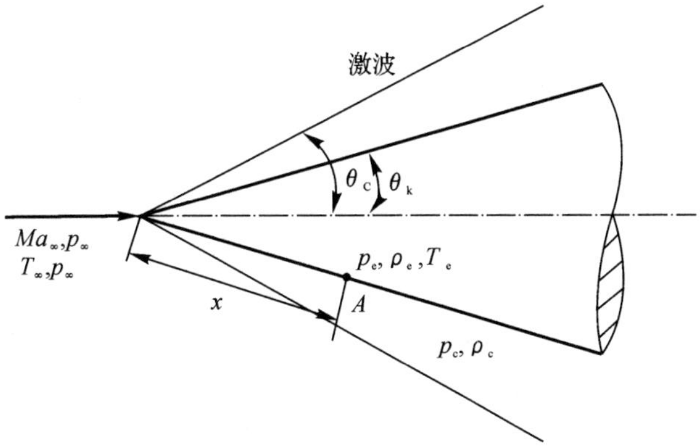

图 4-14　绕圆锥的压强参数

这相当于在计算圆锥面上一点 A 处的雷诺数时，其特征长度 $\bar{x}$ 不是取 A 点离头部的距离 x，而是取

$$\bar{x}=\frac{1}{3}x \tag{4-148}$$

在湍流附面层时，计算 A 点的雷诺数取的特征长度：

$$\bar{x}=\frac{1}{2}x \tag{4-149}$$

所以，锥形头部 A 的雷诺数应取

$$Re=\frac{\rho V\bar{x}}{\mu} \tag{4-150}$$

根据锥形流理论，圆锥面上的气流参数应满足下列方程：

$$C_{pe}=\frac{p_e-p_\infty}{\frac{1}{2}\rho V_\infty^2}=2.091\left[1+\frac{0.143}{(\theta_k Ma_\infty)^{3/2}}\right]\theta_k^2 \tag{4-151}$$

$$\frac{p_e}{p_\infty}=1+0.7Ma_\infty^2 C_{pe} \tag{4-152}$$

$$\frac{\theta_c}{\theta_k}=1.093+\frac{0.06(7-Ma_\infty\theta_k)}{(\theta_k Ma_\infty)^{3/2}} \tag{4-153}$$

$$\frac{p_c}{p_\infty}=\frac{1}{6}(7Ma_\infty^2\sin^2\theta_c-1) \tag{4-154}$$

$$\frac{\rho_c}{\rho_\infty}=1+5\,\frac{p_c/p_\infty-1}{p_c/p_\infty+6} \tag{4-155}$$

$$\frac{\rho_e}{\rho_c}=\left(\frac{p_e}{p_\infty}\,\frac{p_\infty}{p_c}\right)^{1/\gamma} \tag{4-156}$$

$$\frac{T_e}{T_\infty}=\frac{p_e}{p_\infty}\,\frac{\rho_\infty}{\rho_e} \tag{4-157}$$

$$Ma_e^2=5\left[\frac{T_\infty}{T_e}(1+0.2Ma_\infty^2)-1\right] \tag{4-158}$$

$$V_e=20Ma_e\sqrt{T_e} \tag{4-159}$$

只要知道了 T_e，就可根据壁面温度 T_w、T_{aw} 计算参考温度 T^*，然后根据式(4-130)～式(4-132)计算 u^*，ρ^* 和 Re^*。不同的是，在计算 Re^* 时，采用的特征长度应取 $\bar{x}$ 而不是直接用 x。普朗特数 Pr^* 和比定压热容 c_P^* 也根据 T^* 查相应的图线(见图 4-10 和图 4-11)。而后用与弹翼同样的方法可以求得热交换系数 α。

对于母线为曲线的尖头旋成体(见图 4-15)，计算公式与母线为直线的圆锥体完全相同，唯各点的 θ_k 是变化的，计算时应取当地 θ_k 代入。

对于钝头旋成体，如图 4-16 所示，头部表面上某点沿子午面气流的速度为

$$V_e=K\,\frac{V_\infty x}{R} \tag{4-160}$$

式中：K 为所在点至顶部驻点的弧长系数，K 的数值取决于物体的形状及飞行 Ma_∞。当 $Ma_\infty>1$ 时，球形头部的 K 值可按下面公式确定：

$$K=0.8Ma_\infty^{-0.232} \tag{4-161}$$

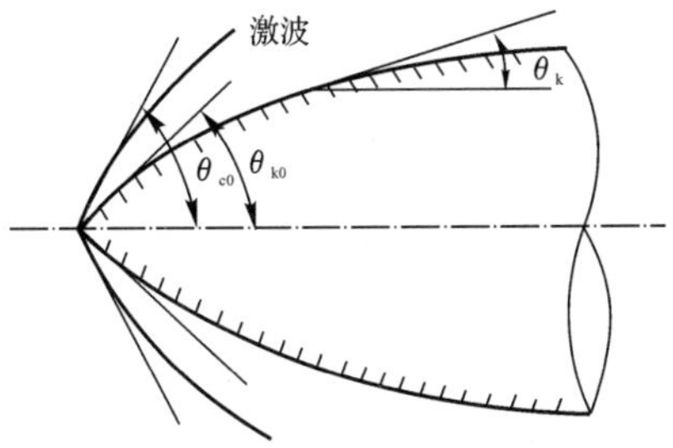

图 4 - 15 母线为曲线的尖头旋成体

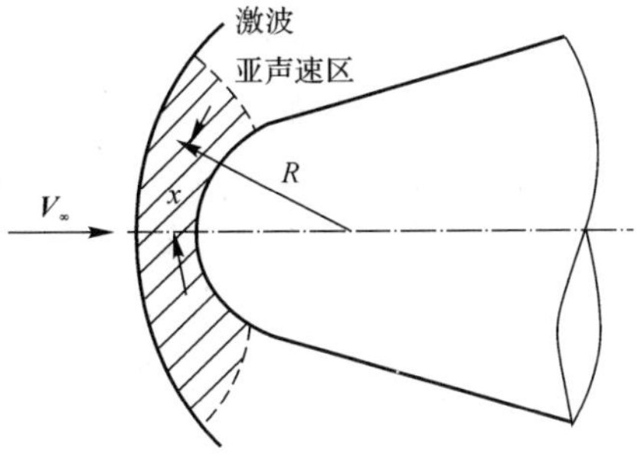

图 4 - 16 钝头旋成体

当头部压力梯度为负值时,亚声速区域一般为层流,所以热交换系数公式应取层流计算公式(4 - 133),式中 V_e 应按式(4 - 160) 计算。一般情况下钝头体头部的热交换系数具有如下形式:

$$\alpha = AK^{1/2}V_{\infty}^{1/2}\ (\mu^* \rho^*)^{1/2}\ (Pr^*)^{-2/3} c_P^* R^{1/2} \tag{4-162}$$

式中:系数 A 取决于头部的形状,球形 $A=7.5$,圆柱形 $A=5.6$。

由此可见,R 愈大,α 愈小。也就是说,头部愈钝,气动加热愈小。

在应用式(4-162)时,还须知道钝头头部的参考温度 T^*,在钝头头部的 T_e 值与驻点的温度 T_0 非常接近,可近似地取

$$T_e = T_0 = T_{\infty}\left(1 + \frac{\gamma - 1}{2} Ma_{\infty}^2\right) \tag{4-163}$$

把式(4-163)代入式(4-127) ~ 式(4-129)可以计算参考温度 T^*,而后就可以计算出 μ^* 并找到Pr_r^*,c_P^* 的值,但为了求出 ρ^*,还必须知道激波前后的参数变化。在球形头部和直线圆柱形前缘的情况下,波后的压强可应用式(4-154)求得,只要用 $\theta_c = 90°$ 代入即可,即

$$\frac{p_c}{p_{\infty}} = \frac{1}{6}(7Ma_{\infty}^2 - 1) \tag{4-164}$$

波前波后的密度之比仍按式(4-155)计算。已知 ρ_c 后还必须转换到物体附面层之外的气体密度 ρ_e,因此仍要应用式(4-156)。最后由下式确定在参考温度下的 ρ^*:

$$\frac{\rho^*}{\rho_c} = \left(\frac{\rho_e}{\rho_c}\right)\left(\frac{\rho^*}{\rho_e}\right) = \left(\frac{\rho_e}{\rho_c}\right)\left(\frac{T_e}{T^*}\right) \tag{4-165}$$

4.3.2 行星对飞行器的热辐射

1. 太阳直接辐射被飞行器表面所吸收的热流量

除了高温气体对飞行器表面的加热以外,飞行器还受到太阳、地球以及其他行星的辐射作用。当飞行器靠近地球飞行时,其他行星对飞行器的辐射作用可以略去不计,因此只考虑太阳和地球对飞行器的辐射作用。太阳辐射被飞行器表面吸收的热流量为

$$q_c = \beta S \cos\psi \tag{4-166}$$

式中:S 为阳光垂直照射时的辐射热流量,一般有 S=1 389 J/(m^2 · s);β 为蒙皮对太阳热的吸收系数,它与表面的材料、构造及温度有关,部分材料的 β 值见表 4 - 2;ψ 为太阳光线与蒙皮表面法线间的夹角。

2. 大气反射太阳光线被飞行器表面吸收的热流量

地球反照一般以地球-大气对太阳辐射的反射率表示。其反射率随地理的经纬度和季节

不同、昼夜时间不同而明显地变化，总的趋势如下：

(1) 反射率随太阳仰角的减小而增大；

(2) 大陆地区一般比海洋地区有较高的反射率；

(3) 反射率随地理纬度的增加而增大；

(4) 浓云密布区的反射率较高。

地球-大气反射的光谱特性和空间分布同样也是十分复杂的。不同的反射体对太阳光的吸收或反射具有明显的选择性，因此反射的光谱分布也将随时间和地点而变化。作为近似计算，航天器的热设计中常假定为漫反射分布，其地球-大气系统反射太阳光线被飞行器表面吸收的热流量为

$$q_a = 66.944(1 + 2\cos\psi)\beta \tag{4-167}$$

表 4-2　某些材料的吸收和辐射系数

材料名称		β	ε
金属		$T=200\sim600K$	$T=800\sim200K$
	抛光的	0.1～0.4	0.08～0.05
	铝氧化的	0.2	0.18～0.12
	镀铬的	0.49	0.26
	钢(抛光的)	0.26	0.18
	镍(抛光的)	0.4	0.1
合金钢	18-8 不锈抛光的	0.4	0.27
	17-8 氧化的	0.2	0.85

表面涂色	β	ε
黑色漆	—	0.95
蓝色漆 CO_2O_3	0.97	0.86
红色漆 Fe_2O_3	0.74	0.70
绿色漆 Cu_2O_3	0.73	0.67
黄色漆 PbO	0.78	0.79
白色漆 Al_2O_3	0.16	0.91
白色漆 TbO_2	0.14	0.53
乙炔的炭黑	0.99	0.99

3. 地球表面的辐射被飞行器表面吸收的热流量

地球热辐射主要受地球表面温度及所覆盖的云量的影响。地球表面较温暖地区比寒冷地区的红外辐射要大。云量增多时，由于云顶温度较低，所以红外辐射减少。太阳对地球表面的照射情况，直接影响地表及其大气的温度水平，从而使得不同的地区和时间红外辐射密度产生差异。这种差异大致有以下特征：

(1) 地球热辐射的最大值出现在晴朗的热带地区，红外辐射密度随纬度的增大而减小；

(2) 在一天的给定时间内，陆地与海洋之间的红外辐射有明显的不同；

(3) 云量的增多会降低红外辐射；

(4) 季节的改变会明显地影响红外辐射的大小，亦即最温暖的地区红外辐射最大；

(5) 海洋的红外辐射昼夜变化较小，只相当于沙漠地带的 20% 左右。

为了简化对航天器的热计算，一般在热设计中假定地球热辐射的空间分布为漫反射。计算公式为

$$q_a = 29.288(1 + 2\cos\psi)\beta \tag{4-168}$$

4.3.3　飞行器表面向外辐射的热流量

飞行器表面向外辐射的热流量为

$$q_r = \varepsilon\sigma T_w^4 \tag{4-169}$$

式中：斯特藩-玻耳兹曼常数 $\sigma=56.7\times10^{-9}\ \mathrm{W/(m^2\cdot K^4)}$；$\varepsilon$ 为蒙皮向外辐射系数，与表面材料涂层性质及温度有关，见表 4-2。对于大多数涂层来说，ε 在 0.7～0.9 之间变动，取 0.8 是比较合理的。基底材料（诸如抛光的铝等）辐射系数很低，其值在 0.04～0.08 的范围内。为了达到较低的平衡温度，就要求加较高辐射系数 ε 的涂层。

在有冷却的情况下，蒙皮内外表面温度不同，因而形成对外的热传导：

$$q_{\mathrm{nei}} = \left(K\frac{\partial T}{\partial y}\right)_w \tag{4-170}$$

式中：K 是蒙皮热传导系数；y 是与表面垂直且向外的坐标。

4.3.4　热流量平衡方程

平衡时，飞行器表面所吸收的热流量应等于向外辐射的热流量，即

$$\alpha(T_{aw}-T_w)+\beta S\cos\psi+q_a+q_c=\varepsilon\sigma T_w^4+K\left(\frac{\partial T}{\partial y}\right)_w \tag{4-171}$$

在定常及无内壁冷却情况下，蒙皮温度沿厚度不变，即 $q_{\mathrm{nei}}=0$。如果不考虑次要因素，根据热平衡方程，可得

$$\alpha(T_{aw}-T_w)-\varepsilon\sigma T_w^4=0 \tag{4-172}$$

求解此方程可得到壁温 T_w，但热交换系数 α 亦与 T_w 有关，因此求解时宜采用迭代法。

4.4　高超声速飞行器热环境的其他因素

4.4.1　激波-边界层干扰

在高超声速流动中，激波-边界层干扰使得在干扰区产生局部的峰值热流。假若对这些局部区域的流动没有搞清楚，就可能造成局部结构的烧坏。激波-边界层干扰问题可以大致划分为如图 4-17 所示的入射激波干扰、二维压缩拐角、双锥、带后掠压缩拐角、单楔、双楔和内流道等几类。

为了分析激波-边界层干扰的流动图画，先观察图 4-18 所示的入射激波引起平板上边界层分离的例子。由图可见，激波后出现很大的压力增加而使得边界层产生局部的分离。激波后的高压通过边界层内的亚声速区传到上游，从而使得分离发生在入射激波与边界层撞击点的上游。反过来，分离的边界层诱导出一个分离激波，而当边界层在平板下游的某处再附时，又形成一个再附激波。在分离激波和再附激波之间，产生一系列的膨胀波。在再附点附近，边界层变得比较薄，压力较高，因此，这里是一个局部高热流区域。而干扰加热的严重程度和这个局部区域的范围将取决于边界层是层流还是湍流。层流边界层比湍流边界层更易分离，因此层流边界层更易产生干扰，并形成较严重的局部加热。

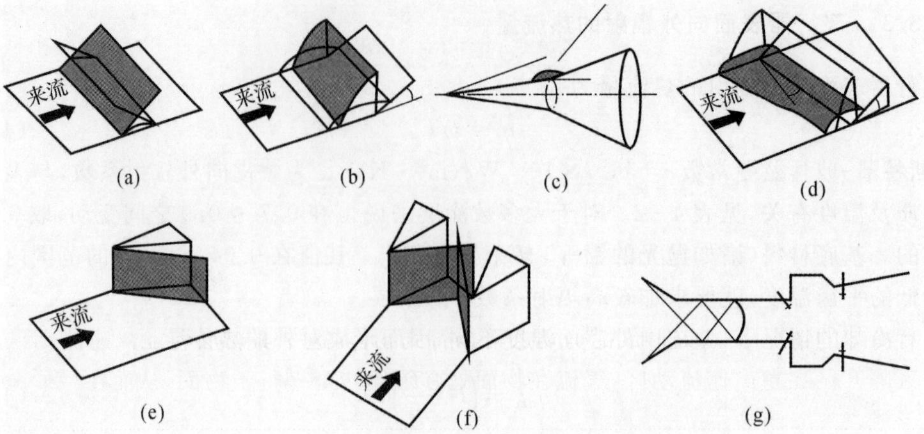

图 4-17　激波-边界层干扰问题的分类

(a) 入射激波干扰；(b) 二维压缩拐角；(c) 双锥；(d) 带后掠压缩拐角；
(e) 单楔；(f) 双楔；(g) 内流道

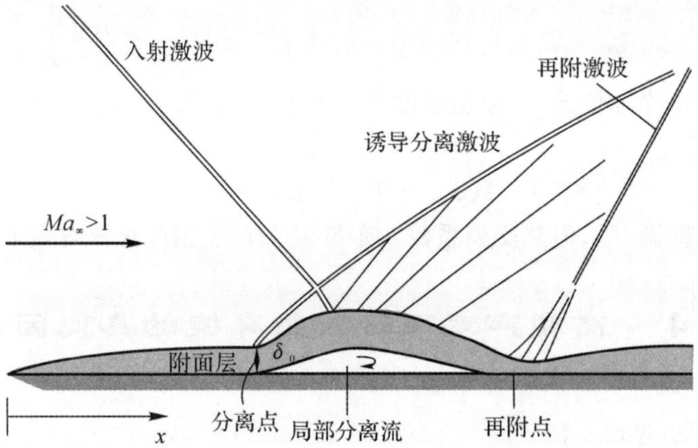

图 4-18　激波-边界层干扰的流动图画

高超声速绕压缩拐角的流动，如高超声速飞行器襟翼附近的流动，也属于这类干扰。其热流量的工程估算公式，可采用下式：

$$\frac{q_{\max}}{q_{\mathrm{fp}}}=\left(\frac{p_{\max}}{p_{\mathrm{fp}}}\right)^{n} \tag{4-173}$$

式中：$q_{\max}$ 和 $p_{\max}$ 为干扰区的最大热流和最大压力；q_{fp} 和 p_{fp} 是平板的热流和压力。对于层流 $n=0.7\sim1.3$，对于湍流 $n=0.8\sim0.85$。

上述激波-边界层干扰的处理方法，也可推广到处理绕前向台阶（相当于压缩拐角绕流中 $\theta_{\mathrm{F}}=90°$）的流动、绕三维凸起物的流动等。

4.4.2　激波-激波干扰

在高超声速流中，必须考虑激波-激波干扰引起的气动加热。如航天飞机机翼前缘由于机身的头部激波和机翼前缘的激波相互干扰而影响前缘承受的热流。空天飞机发动机外罩的前缘也因机身的头部激波和外罩唇部的激波发生相互干扰而使外罩唇部的热流大大增加。图 4－19 所示为平面斜激波撞击物体的弓形激波时产生的六类不同的激波干扰形式：

（1）当入射激波和弓形激波在声速点后形成异族激波相交时，产生 Ⅰ 类干扰。这时透射激波打到物体上，可以引起物面边界层分离或转捩。由于激波-边界层干扰可以大大增加压力和热流，此时，热流可增大到 10 倍。

（2）当入射激波和弓形激波恰巧在声速点后面形成异族激波相交时，产生Ⅱ类干扰，在两个激波之间形成马赫杆，而透射激波和两个剪切层都可能打到物体。此时热流可增大到 5 倍。

（3）当入射激波和弓形激波在声速点上形成的异族激波相交时，产生 Ⅲ 类干扰，此时形成"三激波"结构。在相交点处形成的剪切层可以打到物体，这个剪切层将亚声速流动区和超声速流动区隔开。在超声速流动区，气流在物面处必须偏转至平行于物面，从而在弓形激波和物体之间形成一个斜激波，此时热流也可增大 10 倍。

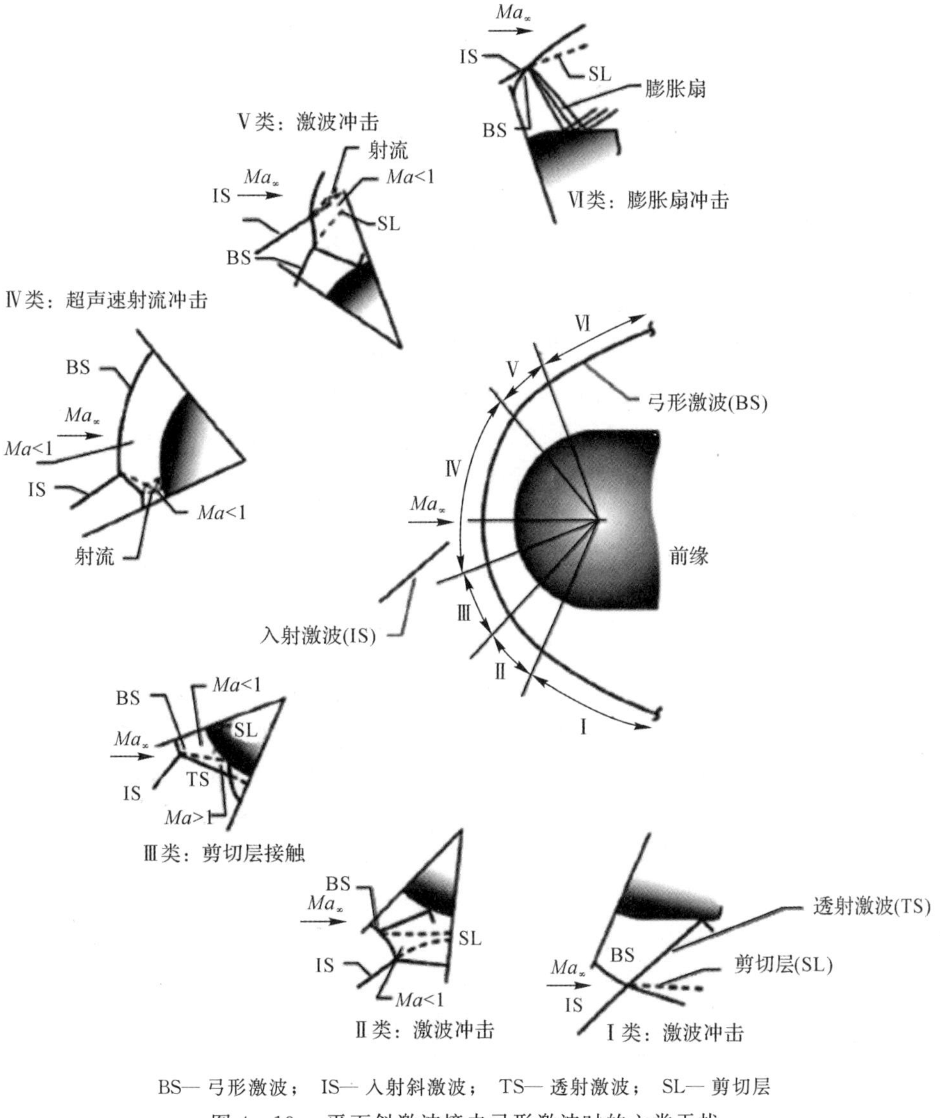

BS— 弓形激波；IS— 入射斜激波；TS— 透射激波；SL— 剪切层

图 4－19　平面斜激波撞击弓形激波时的六类干扰

(4) 上述第 Ⅲ 类干扰中,通过斜激波不可能使气流偏转至平行于物面时,就产生 Ⅳ 类干扰。此时入射激波和弓形激波相交于接近正激波的部分。这类干扰的特点是在亚声速区内形成一个超声速喷流,并在物体前出现一个小的弓形激波。喷流撞击物体,从而产生最高的压力峰值和热流增量。热流峰值可增大到未干扰前驻点热流的 17 倍,而压力峰值可高达未干扰前驻点的压力的 8 倍。

(5) 当入射激波和弓形激波恰巧在声速点后面形成的同族激波相交时,产生 Ⅴ 类干扰。它和 Ⅱ 类干扰的流动图案十分类似,但在相交点不是形成剪切层,而是形成超声速喷流。此时另一个"三波点"处产生的激波可以打到物体。热流量可增大 5 倍。

(6) 当入射激波和弓形激波在声速点后面形成的同族激波相交时,产生 Ⅵ 类干扰。它和 Ⅰ 类干扰流动图案十分类似。但在相交点处不是形成透射激波,而是形成膨胀波,它和物面边界层相互干扰导致物面压力和热流稍微下降。

关于所讨论的激波-激波干扰的工程计算方法,对 Ⅰ、Ⅲ、Ⅵ 类干扰,可以不依赖经验数据,由斜激波关系迭代求得外流参数,对于 Ⅱ、Ⅳ、Ⅴ 类干扰,必须输入马赫杆的位置和喷流宽度等经验数据后,才能求得外流参数。

4.4.3 稀薄气体过渡区传热计算

稀薄气体过渡流的传热在整个再入气动加热的热量中可能占有相当重的比例,如航天飞机或其他升力式返回器的整个再入过程。此期间的气动加热可采用半经验公式在整个过渡区给出较满意的结果,其公式为

$$q_R = q_c\left[1 - \exp\left(-\frac{q_\infty}{q_c}\right)\right] \tag{4-174}$$

式中:q_∞ 为自由分子流的热流密度;q_c 为连续流的热流密度(W/m^2)。

某些航天器在此阶段的飞行时间比较短,如返回式卫星,其加热量与总加热量相比几乎可忽略不计,因此只需对个别敏感部件进行稀薄气体过渡区传热分析估算。

习　　题

(1) 热壁、冷壁、绝热壁是如何定义的? 请画图表示。

(2) 简述参考温度法的一般流程。

(3) 描述平面斜激波撞击弓形激波的物理过程。

(4) 一尖劈置于高超声速激波风洞中,试验段的自由流条件为:$Ma_\infty=10$,$\rho_\infty=1.0\times10^{-3}$ kg/m^3,$T_\infty=100$ K,介质为空气:$\gamma=1.4$,$Pr=0.72$,气体常数 $R=287$J/(kg·K)。尖劈半劈角为 $\theta=5.73°$(可取为 0.1 rad),壁面温度 $T_w=300$ K,尖劈长 1 m(沿壁面的长度),宽度足够,流动可视为二维层流流动,且不考虑黏性相互作用。尖劈角度 θ、对应的激波角 β 及 $\beta-\theta$ 均视为小角度。

1) 求出单位宽度尖劈表面受到的摩擦阻力;

2) 求出单位宽度尖劈表面的热流(单位时间的加热量)。

第 5 章　真实气体效应与稀薄气体空气动力学概论

5.1　真实气体效应

5.1.1　真实气体效应的物理机制

高超声速飞行器再入大气层时，由于激波压缩和黏性阻滞，流场中出现高温区域。从图 5-1可以看出，航天飞机飞行轨迹的大部分区域都伴随着内部振动能量的激发和化学反应的高温流动。

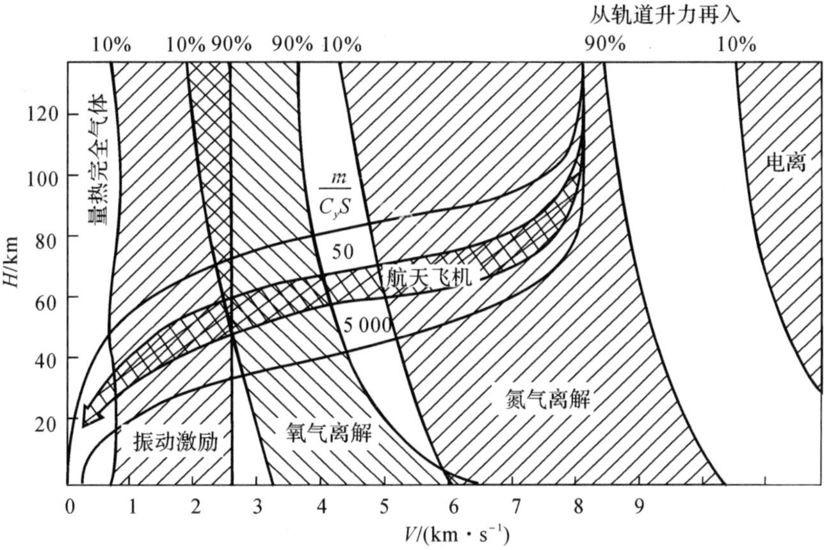

图 5-1　典型的有升力再入轨道

早在 20 世纪 50 年代，空气动力学家就指出：为了正确地预测高超声速飞行器的气动特性，必须考虑真实气体效应。所谓真实气体效应，是指气体在高温时要产生的振动激发、离解电离和化学反应等现象对高超声速飞行器的气动特性的影响。该现象不仅使气体的物理特性与完全气体有明显的差别，而且影响到高超声速飞行器的流场和气动特性。

试验表明：空气在 1 个标准大气压下，当温度超过 800 K 时，振动自由度开始激发；超过 2 000 K时，空气中的氧气开始离解；到 4 000 K 时，氧气已完全离解，而氮气也开始离解；到 9 000 K时，氮气几乎全部离解，而氧原子和氮原子开始电离。此时空气成为包含 O、O^+、N、N^+ 和 e^- 等的等离子体。在 4 000～6 000 K 时，还形成少量的 NO，并电离形成一些 NO^+ 和自由电子。其量虽小，但足以引起通信中断。上述这些现象除激发振动自由度的温度不受压力的影响外，其余现象在压力降低时，开始发生这些现象的温度就下降，反之亦然。图 5－1 给出了不同 m/C_yS 的有升力再入轨道和相应的振动激发、离解和电离的区域。图中的 10% 和 90% 分别表示这些现象实际上的开始发生和结束的边界。由图 5－1 可见：在速度为 1 *km/s* 时，开始激发振动；在 2.5 *km/s* 时，振动已完全激发；在 5 *km/s* 时，氧气已完全离解，而氮气也开始离解；在 10 *km/s* 时，氮已完全离解并开始电离。这些区域基本上是分开的，只有很小的搭接部分，这十分便于分析。

若定义 τ_f 为气体微团经过流场的特征时间，则

$$\tau_f = \frac{l}{V_\infty} \tag{5-1}$$

式中：l 为流场的特征长度；V_∞ 为气体微团的速度。定义 τ_c 为化学反应或振动能量达到平衡的特征时间，则有：① 当 $\tau_f \gg \tau_c$ 时为平衡流动；② 当 $\tau_f \ll \tau_c$ 时为冻结流动；③ 不是上述两种情况，就是非平衡流动。

5.1.2 真实气体效应对气动特性的影响机制

根据高温真实气体效应对飞行器气动特性的影响量，可将飞行器典型布局形式分为小升阻比的轴对称气动外形、中等升阻比的复杂气动外形和尖前缘高升阻比复杂气动外形 3 类。相对来说，航天飞机类中等升阻比的复杂气动外形，高温真实气体效应对飞行器力矩特性影响显著；在高升阻比复杂气动外形中，高温真实气体效应对轴向力系数的影响较大，源于产生高升阻比的大升力面的摩擦阻力系数在总的轴向力中所占比例较大，而高温真实气体效应对摩擦阻力影响较大。

高温真实气体对力矩特性的影响机理为气体强压缩区的变化，引起激波位置和气体离解电离数量的变化，从而导致比热比的变化，进而影响物面的压强系数；气体膨胀区的变化，使得气体复合程度（复合距离）不同，最终比热比的变化引起物面压强系数的变化。这两者综合作用导致力矩系数的变化。

1. 真实气体热力学和输运特性

气体的动量、能量和化学组元的输运主要是通过分子间的撞击过程发生的。确定高温气体的输运特性主要是依靠气体动力学理论，同时辅助以基于经验的关联公式。

对于完全气体，空气的比热容和比焓可表示为

$$c_P = \frac{\gamma R}{\gamma - 1} \tag{5-2}$$

$$h = c_P T \tag{5-3}$$

式中：$\gamma = 1.4$。黏度 μ 可根据苏士兰特（Sutherland）公式（4－84）确定，对于空气 $\mu_{ref} = 1.789 \times 10^{-5}$ kg/(m·s)，$T_{ref} = 288$ K。

热传导系数：

$$K = \frac{\mu c_P}{Pr} \tag{5-4}$$

式中：Pr 为普朗特数。

对于化学反应气体，经典计算方法的基础是玻耳兹曼（Boltzmann）方程。它在状态空间

描绘感兴趣的变量，如能量、速度、组元浓度等。已经证实玻耳兹曼方程对于平衡和非平衡状况都是成立的。许多采用玻耳兹曼方程来研究输运特性的方法中，第 i 个组元的麦克斯韦(Maxwell)概率密度函数 f_i 由下式给出：

$$f_i = n_i \left[m_i/(2\pi kT)\right]^{\frac{3}{2}} \exp\left[-m_i V^2/(2kT)\right] \tag{5-5}$$

式中：n 为组元摩尔密度；m 为相对分子质量；k 为玻耳兹曼常数，$k=1.38\times10^{-23}$ J/K；V 是速度的模。查普曼(Chapman)和恩斯科(Enskog)提出的将玻耳兹曼方程围绕麦克斯韦分布展开的方法，其一阶项可以用来导出非平衡的通量(例如应力张量、热流向量、扩散速度等)作为梯度的函数。在查普曼和恩斯科方法中，必须考虑发生的撞击过程。其撞击积分的一般形式为

$$\Omega_{ij}^{kl} = (2\pi kT/m)^{\frac{1}{2}} \int_0^{\infty}\int_0^{\infty} \exp(-g^2)\, g^{2l+3}\left[1-(\cos\chi)^k\right] b\,\mathrm{d}b\,\mathrm{d}g \tag{5-6}$$

式中：m 是约化质量，有

$$m = m_i m_j/(m_i + m_j) \tag{5-7}$$

b 是撞击参数，也就是没有撞击时分子轨迹之间的起始距离。g 是无量纲相对速度，且有

$$g = V_r \left[m/(2kT)\right]^{\frac{1}{2}} \tag{5-8}$$

χ 是偏转角，且有

$$\chi = \pi - 2b\int_{r_m}^{\infty}\left(\frac{1}{r}\right)^2 \left\{1-\left[\phi(r)/(mg^2/2)\right]-(b/r)^2\right\}^{\frac{1}{2}} \mathrm{d}r \tag{5-9}$$

式中：r_{m} 是分子中心之间的距离，且有

$$\phi(r_{\mathrm{m}}) = (mg^2/2)\left[1-(b/r_{\mathrm{m}})^2\right] \tag{5-10}$$

因此，r_{m} 取决于计算中使用的势函数 $\phi(r)$。采用上述这些公式就意味着假设存在一个中心守恒的力场，故上述积分考虑的碰撞就是弹性碰撞。实际上，不同自由度的分子之间的相互作用也可以导致非弹性碰撞。在激波内部或沿着通过激波的流线，当旋转 / 振动的松驰时间和驻留时间相接近时，肯定会出现非弹性碰撞。除在了靠近激波区域外，其余地方均可采用弹性碰撞的假设。此时，经验在于选择势函数。

采用上述方法来确定黏性系数，对于单原子气体，麦克斯韦应用硬球碰撞模型计算出第一黏性系数为

$$\mu_i = \frac{2}{3}\pi^{\frac{3}{2}}(m_i K_i T)^{\frac{1}{2}}/r_{0i}^2 \tag{5-11}$$

式中：r_0 为分子的直径；K_i 为气体的热传导系数，对于单原子气体热传导系数，在完全气体的假设下，有

$$K_i = 5/2\mu_i c_V \tag{5-12}$$

式中：$c_V=3R/2$。对于多原子气体，必须考虑内部储藏的能量的输运。此时计算十分复杂。在 20 世纪 50 年代和 60 年代，美国科学家发表了黏性系数和热传导系数随温度变化的一些规律，如图 5-2 所示。

由于当时的计算精度较低，除去接近 10 000 K 时，这些数据还是比较一致的。现代的计算表明，在 3 000 K 以下，这些数据还是可用的，但在 3 000 K 以上，应该进一步把碰撞积分算准。上述计算方法只适用于平衡气体。

2. 平衡流和非平衡流中的激波

不论是对于无化学反应气体，还是对于有化学反应气体，正激波的关系式均可写成如下形式：

连续方程为

$$\rho_1 u_1 = \rho_2 u_2 \tag{5-13}$$

动量方程为

$$p_1 + \rho_1 u_1^2 = p_2 + \rho_2 u_2^2 \tag{5-14}$$

能量方程为

$$h_1 + u_1^2/2 = h_2 + u_2^2/2 \tag{5-15}$$

式中：下标 1 表示激波前的参数，下标 2 表示激波后的参数。对于完全气体，激波前后的物理量的变化可以通过式(2-13) ～ 式(2-15) 获得。对于平衡流动，气体的热力学特性为

$$\rho_2 = \rho_2(p_2, h_2) \tag{5-16}$$

$$T_2 = T_2(p_2, h_2) \tag{5-17}$$

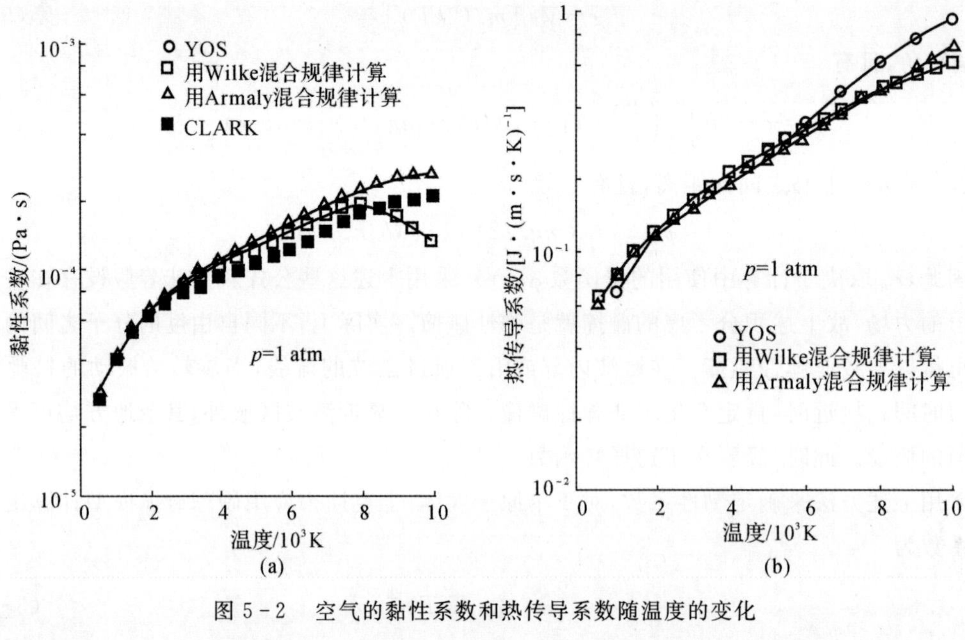

图 5-2　空气的黏性系数和热传导系数随温度的变化

方程式(5-13) ～ 式(5-17) 只能迭代求解。步骤为：首先将三个方程改写成

$$u_2 = u_1(\rho_1/\rho_2) \tag{5-18}$$

$$p_2 = p_1 + \rho_1 u_1^2 (1 - \rho_1/\rho_2) \tag{5-19}$$

$$h_2 = h_1 + u_1^2/2[1 - (1 - \rho_1/\rho_2)^2] \tag{5-20}$$

假设一个 ρ_1/ρ_2 值，由方程式(5-19) 和方程式(5-20) 求出 p_2、h_2，再由方程(5-16) 求出 ρ_2；然后，由新的 ρ_1/ρ_2 值，重复上述步骤，直到两次求出的 ρ_1/ρ_2 值的变化小于某一设定的值为止。

某再入飞行器在飞行高度为 51 816 m、飞行速度为 10 972 m/s 时完全气体和平衡气体下正激波前后气体特性的比较见表 5-1。

表 5-1　正激波前后参数变化比较

参　数	完全气体 $\gamma=1.4$	平衡气体 $\gamma=f(p,T)$
p_2/p_1	1233	1387
ρ_2/ρ_1	5.972	15.19
h_2/h_1	206.35	212.8
T_2/T_1	206.35	41.64

可以看出，对于平衡气体，求出的激波前后的参数之比值，不再只是 Ma_∞ 数的函数，而取决于 u_1、p_1、T_1。计算结果表明：平衡气体的激波前后温度的比值明显地低于完全气体的结果。这是由于在平衡流动中，经过激波后，流动的能量将转换成所有分子模态的化学反应生成物的能量，而作为移动能量量度的温度就会明显降低。平衡气体激波前后压力的比值和完全气体差别不大，这是因为压力主要取决于流体动力学过程，受热力学过程的影响较小。计算结果还表明：平衡气体激波前后密度的比值要比完全气体的值高。因此，在平衡流中，激波脱体距离要比完全气体小，激波更贴近物面。另外，对于斜激波，由于经过斜激波时切向速度不变的结论是由动量方程求得的，不因有无化学反应而变化。因此，其结果和正激波时的结果是类似的。与完全气体相比，在相同的转折角下，平衡气体的斜激波更靠近物面。

图 5-3 所示为某航天飞机在两种模型下迎风面的压强分布，在航天飞机前部，化学平衡气体的计算压强比完全气体的值稍高，而后部趋势相反。这说明考虑高温效应后，航天飞机正迎角飞行时有一个抬头力矩增量，如图 5-4 所示，在设计该航天飞机时，由于没有认识到这一点，导致预估的机身襟翼配平角只是实际试飞值的一半，幸亏在结构设计时留有充分的裕量才没有酿成事故。

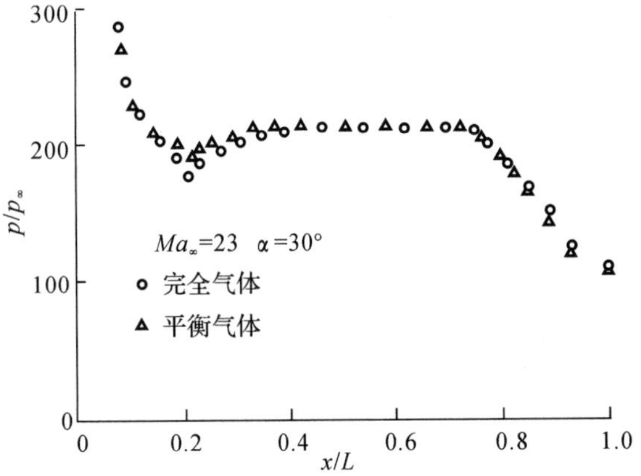

图 5-3　航天飞机迎风面中心线压强分布比较

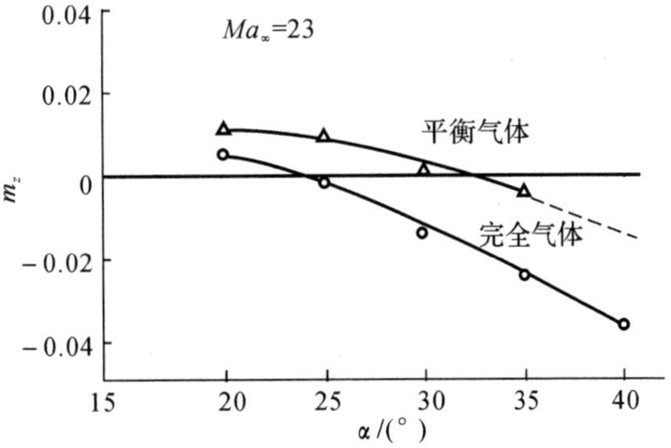

图 5-4　航天飞机力矩系数比较

对于完全气体和平衡气体，激波阵面前后的流动都是均匀的，只在大约为几个平均自由程厚的区域内，温度、压强、密度和速度等流动参数特性具有很大的梯度。然而在非平衡流动中，由于所有的化学反应和振动激发都是在有限速率下产生的，气体微团经过激波阵面时，分子只有几次撞击。因此，在激波阵面后的流动，基本上是冻结流动。但当气体微团流向下游时，将发生有限速率的反应，其流动特性逐渐趋于平衡流的值。对于在激波后非平衡区的流动特性，可用一维流动的关系式来计算：

连续方程为

$$\rho \mathrm{d}u + u\mathrm{d}\rho = 0 \tag{5-21}$$

动量方程为

$$\mathrm{d}p = -\rho u \mathrm{d}u \tag{5-22}$$

能量方程为

$$\mathrm{d}h_0 = 0 \tag{5-23}$$

组元连续方程为

$$u\mathrm{d}C_i = (W_i/\rho)\,\mathrm{d}s \tag{5-24}$$

式中：s 为从激波阵面向后量起的距离；W_i 是 i 组元的反应速率，它是整个化学反应过程进行得如何快慢的度量，且有

$$W_i = \left[K_\mathrm{f}\prod_{i=1}^{N}(M_i)\nu_i' - K_\mathrm{b}\prod_{i=1}^{N}(M_i)\nu_i''\right](\nu_i'' - \nu_i') \tag{5-25}$$

式中：ν_i 为化学计量理想配比系数，取决于反应的种类；M_i 为第 i 个组元的质量；K_f，K_b 分别为正向和逆向反应速度因子，则有

$$K_\mathrm{f} = T^{C_{2r}}\exp\left(C_{0r} - \frac{C_{1r}}{T}\right) \quad r = 1,2,\cdots,n_r \tag{5-26}$$

$$K_\mathrm{b} = T^{D_{2r}}\exp\left(D_{0r} - \frac{D_{1r}}{T}\right) \quad r = 1,2,\cdots,n_r \tag{5-27}$$

式中：r 为化学反应方程式序号；C_{0r}，C_{1r}，C_{2r}，D_{0r}，D_{1r}，D_{2r} 是对应不同化学反应方程式的常数，通常通过物理化学试验测量得到；C_i 为 i 组元的质量分数，定义为 ρ_i/ρ。

求解这个常微分方程组，可以采用龙格-库塔方法。具体计算时，可根据自由流的流动参数，采用完全气体的激波关系式，求出激波阵面后面的流动参数作为初值。由式(5-25)可以看出，流场特性应该是波后距离的函数，这种正激波后流场的尺度效应只有非平衡流才具有。通常规定波后非平衡流的流动特性达到平衡值的95%所需的由激波量起的流动方向的距离为非平衡尺度，也称松弛距离。不同的气体、不同的变量的松弛距离是不同的。对于跨大气层飞行器的再入条件，当飞行马赫数为15～25时，正激波后的松弛距离范围在0.1～1 cm。

方程组计算结果表明：一般非平衡流动的流动参数和组元浓度随力的变化，介于冻结流和平衡流的两个极值之间。随着距离的增加，温度下降，密度增加，达到平衡流的值时，密度几乎增加一倍。这是由于激波后的反应主要是离解，它是吸热反应。

对于斜激波，由于经过激波阵面的切向速度不变，在波阵后的任一地方切向速度也不变，而且由于非平衡效应，密度增加，因此为了保持质量连续，法向速度就必须减小，从而流线就要变弯曲。假若流过直的压缩拐角，激波将要弯曲，激波角逐渐减小，到下游时，减小到平衡流的值。这是非平衡流的一个重要特性。

5.1.3 高温烧蚀的物理机制

再入大气层的弹头、卫星、飞船和航天飞机，在通过稠密大气层时，因气动加热，表面温度急剧上升，表面材料也会产生一系列复杂的物理化学变化，如材料的熔化、蒸发、升华。材料与周围空气之间的化学反应、材料各成分之间的化学反应、材料的流失和剥蚀等，统称为烧蚀。烧蚀以损耗一定质量的材料来耗散外界的气动热，从而减少外界对物体体内的传热，使物体内

部保持所要求的温度。因此，烧蚀可作为热防护的一种手段。

飞行器在高速飞行时，会产生较大的气动热。高温气体在飞行器飞行过程中持续向机体内部传热，从而使机体尤其是头锥、翼梢前缘等部位温度升高，进而影响结构强度，造成设备失效等不良后果。对于气动加热强烈的部位，常采用烧蚀材料进行热防护。烧蚀材料是利用材料与周围空气之间的化学反应通过材料的流失和剥蚀达到热防护目的的。热防护材料通常由多层材料组成，其防热、隔热性能直接关系到能否完成既定任务，因此，在设计阶段，预估气动热环境和热防护材料性能是必不可少的环节。

要实现对飞行器热防护材料温度场及烧蚀情况的快速预估，需要实现在一定效率和精度下的气动热、烧蚀、多层材料温度场的耦合计算。以飞行弹道为输入参数的气动热烧蚀计算主要包括气动热计算、材料烧蚀计算、多层材料瞬态温度场计算 3 部分。其中气动热计算部分参考第 4 章的内容。这里主要介绍高温烧蚀的物理机制。

目前飞行器常用烧蚀防热材料有硅基材料和碳基材料两种。不同类型的烧蚀材料烧蚀模型略有不同，但本质仍然是依据质量守恒定律和能量守恒定律。硅基材料的烧蚀模型如图 5-5 所示。

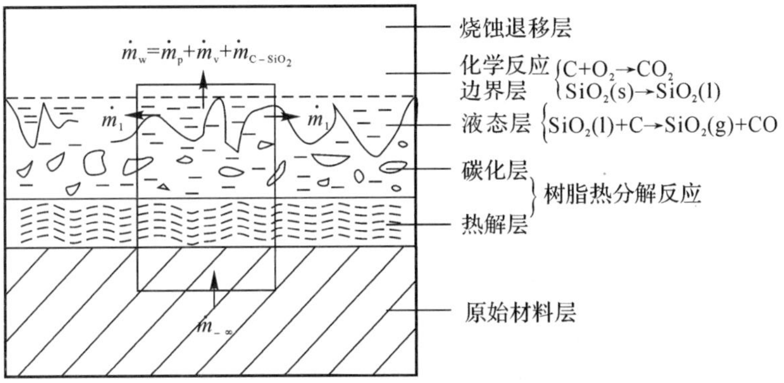

图 5-5　硅基材料烧蚀示意图

高硅氧/酚醛材料是典型的硅基材料。其烧蚀过程为：当硅基材料开始烧蚀后，表面不断向后退移，见图 5-5。在气动加热下，原始材料温度逐渐升高，当温度达到热解温度后，材料中的树脂成分开始热解、蒸发并进入气体边界层；随着树脂材料的热解和蒸发，剩余材料的温度在热流的作用下持续升高，到达某一温度后开始碳化，形成碳化层；最靠近外部的壁面温度最高，材料中的 SiO_2 等成分处于液态，并形成液态层；在发生烧蚀的情况下，高速气流会对材料表面产生很高的剪切力，从而导致材料烧蚀表面被不断吹除，使烧蚀材料表面不断向内退移，通过材料的热熔、熔化、蒸发、吸热反应、引射、热阻塞效应等吸热或隔热。

硅基材料烧蚀机理主要由质量损失机理和吸热机理两部分构成。质量损失机理是指：随着温度升高，材料中的树脂成分首先发生热解反应，生成碳和气体，表面的碳与氧气反应燃烧，生成二氧化碳等气体，带走质量；随着温度继续升高，材料中的高硅氧纤维开始软化、熔融，在材料表面形成一层薄 SiO_2 液态层，一部分蒸发、气化被带走，另一部分在气动剪切力的作用下被吹除。吸热机理是指：材料热容吸热；树脂成分热解吸热；高硅氧纤维熔化吸热；SiO_2 液态层蒸发吸热、热解气体和蒸发气体引射引起的热阻塞效应；碳燃烧放热；材料表面热辐射；材料被气动力吹除带走热量。

5.1.4 典型高超声速飞行器的真实气体效应分析

在本节中，给出了美国火星返回舱 70°球锥模型的热化学反应引起的电离效应与不考虑真实气体效应的流动对比。计算条件为来流速度为 5 411.2 m/s，对应的马赫数为 24.2，来流雷诺数为 5.85×10^5。采用二维轴对称结构化网格，网格为 600×200。网格近壁第一层网格厚度为 2×10^{-6} m。采用 CFD 方法对该流动问题进行模拟。

图 5-6 给出了考虑真实气体效应与不考虑该效应下流场的压强云图和过驻点流向切面的对应物理量分布比较。从图中可以看到，考虑真实气体效应下流场的压强均较不考虑真实气体效应时增大，激波位置后移。

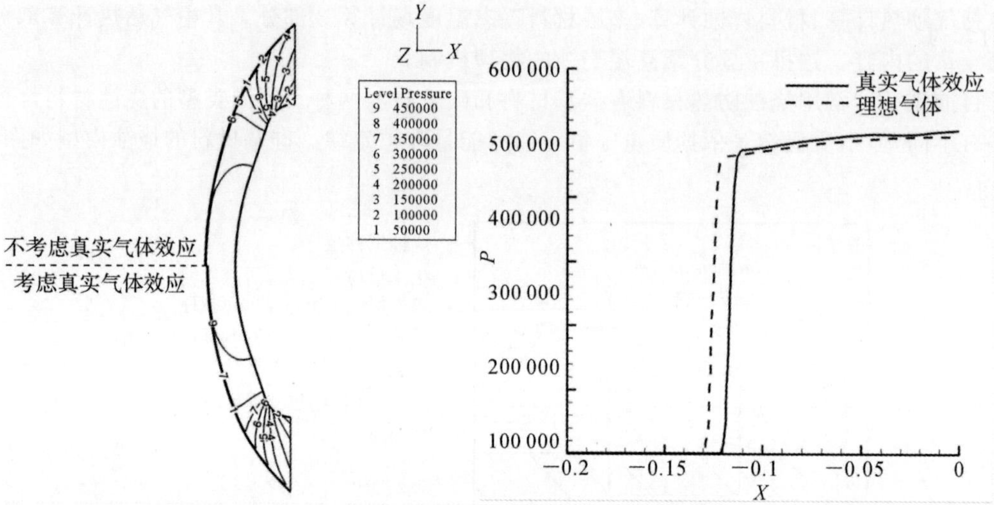

图 5-6 考虑真实气体效应(下半部)与不考虑真实气体效应(上半部)的计算结果

(a)流场压强云图；(b)过驻点流向切面的压强分布

5.2 稀薄气体效应

5.2.1 稀薄气体的定义

当飞行器飞离稠密大气层后，绕流的气体分子平均自由程与流体的特征尺度相比，不再是小量，绕流的特征将由单个气体分子动力学特征所确定。稀薄气体动力学就是研究不同稀薄程度的气流中气体分子之间和气体分子与飞行器物面之间的相互作用。对于一般的再入飞行器，在其轨道飞行段的气动力可以不考虑，但在再入大气层高度 120 km 左右时的气动阻力对落点精度有明显的影响。对于有升力再入的飞船和航天飞机，高空的稀薄气体效应将使升阻比降低，影响到横向机动性能。对于卫星、飞船、航天飞机等，姿态控制发动机的喷流将对其他部件有影响。长时间运行的低轨道卫星、空间站还必须较精确地确定轨道运行段的阻力，并据此选择适当外形，以减小维持轨道所需的燃料。因此，稀薄气体动力学是高超声速飞行器空气动力学的重要组成部分之一。

区分不同流动区域的相似参数是克努森(Knudsen)数，其定义为

$$Kn=\frac{\lambda}{l} \tag{5-28}$$

式中:l 为飞行器特征长度;λ 为绕流气体分子的平均自由程。

理论分析与飞行试验结果表明:

(1) 当 $Kn < 0.03$,为连续流区;

(2) 当 $Kn > 1.0$ 时,为自由分子流区;

(3) 当 $0.03 < Kn < 1.0$ 时,为过渡区。

飞行器处于连续流区的气动动力学理论,已经在空气动力学基础和前几章所论述的高超声速流的理论中有所介绍。在过渡区,流体流动的 Re 很低,而此时飞行器的 Ma_{∞} 很高,因此流动往往是层流,而且黏性层很厚。物面对流动的影响可以传播到远离物面的流动中,使得无黏流和黏流之间难以划分界限,又因为 Ma_{∞} 很高,脱体激波后的极大熵梯度明显地影响黏性流的结构。这种稀薄气体效应、强烈的黏性效应和压缩性效应三者耦合,是过渡区流动的主要特征之一,也使它比连续流和自由分子流更为复杂。过渡区流动的另一特征在于速度滑移和温度跳跃的物面条件,它不同于连续条件下黏性物面条件是速度滑移和温度跳跃的情况。此时,气体分子与物面碰撞后经过一个分子平均自由程才与其他气体分子碰撞,因此紧靠物面的气体分子不会相对物面静止,表征分子热运动程度的温度也不会保持与物面相同,它们将由气体分子间及气体分子与物面之间相互作用的物理-化学性质而定。这不仅包含气体和固体的物理性质,还包含化学反应和相变,使得问题更加复杂。

在过渡区,由于分子平均自由程和流动的特征尺度相当,分子输运效应的弛豫过程将控制流动的物理过程,所以流动处于非平衡状态。在航天工程中,过渡区解决的问题主要是预示飞行器的气动特性与气动加热及热防护,使沿低轨道运行的轨道飞行器正常飞行或使航天飞行器再入时增加机动飞行的范围。提高再入的高度还可降低再入时的气动加热峰值,降低热防护代价。

在自由分子流区,气体分子的平均自由程比物体的特征尺度大得多,这时气体分子与物面碰撞后,运动到远离物面处才可能与其他气体分子碰撞,因此可以认为来流完全不受物体存在的影响,其附近不存在气体的整体运动,也不形成激波,飞行器的气动特性和气动热完全由单个气体分子与物面碰撞作用确定。此外,当飞行器在自由分子流环境中飞行时,火箭发动机产生的羽流及飞行器机舱内废弃物质和气体的排泄,往往在飞行器周围形成随飞行器飞行的气体层。这种自身形成的"大气"与背景大气的相互作用,使自由分子流区的流动问题复杂化。自由分子流区,由于分子平均自由程更大,非平衡流动的特征更为明显。自由分子流区解决的问题主要是预示在高轨道飞行的轨道飞行器的动量损失和热辐射影响及热防护,还有飞行器自身"大气"环境的影响。飞行试验结果表明这类干扰中包含着能级为 5 ～ 10 eV 的分子碰撞。此能级的分子碰撞会导致电子激发而产生热辐射,使航天飞行器产生辉光。因此,在自由分子流区,热辐射是研究的重点。

5.2.2　稀薄气体的滑移模型

在滑移流领域中,气体在主流场里的流动还可以应用连续介质模型假设,即 N－S 方程仍然适用,但在物体表面附近,由于气体稀薄,气体之间的碰撞不再充分,由分子运动论可知,物体表面附近聚集层的厚度 L 与分子的热运动平均自由程 λ 具有同一量级,气体分子的平均自由程与流动特征尺度相比不能忽略不计。在分子运动学研究中认为分子的切向应力等于入射分子转换给壁面的切向动量,则可得

$$\Gamma_w = \frac{\sigma}{4}\rho_w \bar{c}_w u_\lambda = \mu \left.\frac{\partial u}{\partial n}\right|_0 \tag{5-29}$$

式中：σ 为切向动量调节系数，表征了转化至物面的切向动量所占的比例；$\frac{1}{4}\rho_w \bar{c}_w$ 为入射至壁面处的分子总量；u_λ 为分子在碰撞前的特征切向速度。由分子动力学理论可知，分子的平均自由程 $\lambda=\frac{2u}{\rho c}$，代入切向应力公式中可得 $\sigma u_\lambda = 2\lambda \left.\frac{\partial u}{\partial n}\right|_0$，这里 u 采用插值方法求出，即为Gokcen滑移模型。

将 u_λ 在物面进行一阶Taylor展开，即 $u_\lambda = u_s + \lambda \left.\frac{\partial u}{\partial n}\right|_0$，将此式代入Gokcen滑移模型中整理可得Maxwell滑移模型。Lockerby等滑移模型在Maxwel滑移模型基础之上进行了壁面函数修正。

1. Maxwell滑移模型

该模型假设Knudsen层内速度梯度为线性分布，其求解形式为

$$\left.\begin{aligned} u_s &= \frac{2-\sigma}{\sigma}\lambda \left.\frac{\partial u}{\partial n}\right|_0 \\ T_s - T_w &= \frac{2-\alpha}{\alpha}\frac{2\gamma}{(\gamma+1)Pr}\lambda \left.\frac{\partial T}{\partial n}\right|_0 \\ \lambda &= \frac{\mu}{\rho}\sqrt{\frac{\pi}{2RT}} \end{aligned}\right\} \tag{5-30}$$

式中：μ 为黏性系数；T_s 为跳跃温度；T_w 为壁面温度；u_s 为滑移速度；α 为能量适应系数。

2. Gokcen滑移模型

该模型在Knudsen较小时可简化至Maxwell模型，对于较大的 Kn、u、T 可采用插值方法进行求解，记求解形式为

$$\left.\begin{aligned} \sigma u_\lambda &= 2\lambda \left.\frac{\partial u}{\partial n}\right|_0 \\ \alpha(T_s - T_w) &= 2\frac{2\gamma}{(\gamma+1)Pr}\lambda \left.\frac{\partial T}{\partial n}\right|_0 \\ \lambda &= \frac{\mu}{\rho}\sqrt{\frac{\pi}{2RT}} \end{aligned}\right\} \tag{5-31}$$

3. Lockerby滑移模型

该模型参考湍流流动中的壁面函数法，在壁面Knudsen层内定义壁面函数，使得Knudsen层内本构方程改变，以达到矫正速度型的目的，该模型由基于低马赫数、低雷诺数的完全漫反射平板流动推导而来，仅在某些超出该范围的情况下可以给出合理结果。求解形式为

$$\left.\begin{aligned} u_s &= A\frac{2-\sigma}{\sigma}\lambda \left.\frac{\partial u}{\partial n}\right|_0 \\ T_s - T_w &= \frac{2-\alpha}{\alpha}\frac{2\gamma}{(\gamma+1)Pr}\lambda \left.\frac{\partial T}{\partial n}\right|_0 \\ \lambda &= \frac{\mu}{\rho}\sqrt{\frac{\pi}{2RT}} \end{aligned}\right\} \tag{5-32}$$

其中 $A=\sqrt{\frac{2}{\pi}}$。

4. 非平衡滑移模型

非平衡滑移模型采用了 Davis 给出的滑移模型，其形式为

$$\left.\begin{aligned}
u_{\mathrm{s}} &= \frac{2-\sigma}{\sigma}\lambda \left.\frac{\partial u}{\partial n}\right|_0 \\
T_{\mathrm{s}}-T_{\mathrm{w}} &= \frac{2-\alpha}{\alpha}\frac{2-\gamma}{(\gamma+1)Pr}\lambda \left.\frac{\partial T}{\partial n}\right|_0 \\
C_{i,\mathrm{s}}-C_{i,\mathrm{w}} &= \frac{2-\alpha}{\alpha}\sqrt{\frac{\pi}{2RT}}\left.\left(D_i\frac{\partial C_i}{\partial n}\right)\right|_0 \\
\lambda &= \frac{\mu}{\rho}\sqrt{\frac{\pi}{2RT}}
\end{aligned}\right\} \tag{5-33}$$

式中：C_i 表示 i 组分分子浓度；D_i 表示 i 组分的扩散系数。

试验表明：Gokcen 滑移模型适用范围较其他模型更广，它能够在较大 Kn 下取得较为满意的热流结果；在较大 Kn 下，滑移模型所得热流、压力结果都一致高于直接蒙特卡洛模拟(Direct Simulation Monte Carlo，DSMC)结果，使得防热设计趋于保守；相对于热流，压力对稀薄效应的敏感性更弱。经过数值模拟还可以发现，Gokcen 虽然适应性强，但相对于其他模型，其计算较为耗时，收敛性较差，如果飞行器防热设计条件允许下，可以考虑采用其他几种滑移模型。

5.2.3 DSMC 方法概述

求解过渡流领域的问题，主要分为分析方法和数值方法两大类。分析方法往往采用小扰动线性化假设或对分布函数形式进行假设(如矩方程方法)或对碰撞积分本身进行简化(如模型方程方法)。在数值方法方面，主要为玻耳兹曼方程的直接数值求解和对于流动现象进行直接模拟两大类，前者如用 Monte Carlo 方法求解碰撞积分的方法、分子动力学方法及间断纵坐标方法，后者如 DSMC 方法，该方法在求解过渡流领域流动问题尤其是非平衡流动问题中的成功得到了众多研究者的关注。与玻耳兹曼方程的其他数值方法不同，该方法在包括复杂的化学反应和辐射的气体流动模拟中更容易实现。

DSMC 方法的基本思想为：在计算域中用大量仿真分子模拟真实气体分子，并在计算机中存储仿真分子的位置坐标、运动速度和内能，在时间步长 Δt 内将分子的运动与碰撞解耦，在独立的运动与碰撞计算中更新仿真分子的位置坐标、运动速度和内能，最后通过统计网格内分子的运动状态获得流场各点的宏观参数，从而实现对真实气体流动问题的模拟。模拟时间与真实流动中的物理时间等同，所有的计算都是非定常的。定常流是长时间模拟后稳定状态的统计平均结果。

在真实气体流动中，气体分子的运动和碰撞是相互耦合、相互影响的，在计算机中真实再现这一物理现象极为困难。DSMC 方法的成功之处在于：它认为分子的碰撞是瞬间完成的，而在每个分子的相邻两次碰撞间气体分子作匀速直线运动，由此将仿真分子的运动和碰撞计算解耦，实现对流动的仿真。在 Δt 时间内，所有分子运动一定的距离，并考虑分子与边界的作用，然后计算在特征时间内有代表性的分子间的碰撞。分子间的碰撞以及分子与边界的作用均为随机过程，依赖于均匀随机数而产生。

DSMC 方法基于下述三方面的假设：

(1)二元碰撞假设；

(2)分子的维数小于分子的平均间距，分子间的作用力仅在碰撞瞬间起作用，分子碰撞前后作匀速直线运动；

(3)在气体分子的碰撞计算中，需要通过随机抽样散射角等随机量才能最后确定碰撞后分子的运动状态，等价于假设分子分布处于混沌状态。

DSMC 方法并不求解玻耳兹曼方程，而是直接模拟玻耳兹曼方程描述的物理过程，在 DSMC 方法中能很容易地引入更真实的模型，并实现对复杂的物理化学过程的描述。因此，DSMC 方法不仅能够较为容易地仿真复杂物体外形的三维稀薄气体绕流流场，而且能够真实地仿真包括热辐射以及热化学非平衡反应等物理化学过程在内的复杂稀薄气体流动问题。此外，DSMC 方法是统计方法，不存在收敛性问题，只要有足够的样本仿真分子数，就能使计算结果充分逼近真实值。经过近 60 年的研究，DSMC 方法日趋成熟，成为数值求解稀薄气体动力学问题唯一获得巨大成功的方法。

DSMC 方法需要从一个初始流场开始，按照时间步长进行分子间的碰撞计算；在对流场进行统计后，进入下一个时间步长的计算；反复迭代，直到获得统计意义上的定常结果。具体步骤如下：

(1)给定常数和初值。给定网格数并对其进行编号，给定每网格中的分子数、总分子数、分子的质量、直径、自由度、开始取样循环数、总循环数等必要的常量。

(2)给出所有模拟分子的初始速度与位置。初始速度为初始宏观速度加上平衡气体分子热运动速度；布置模拟分子在网格中的位置，先将分子按照每网格的分子数分配到各网格中，然后在每一网格中随机布置分子的位置，随机布置分子位置时可按照减少方差的原则进行。

(3)计算模拟分子的运动和在表面的反射。按照匀速直线运动求出各模拟分子以各自速度在特征时间内运动的距离，确定模拟分子新的位置坐标；模拟分子经历迁移后有可能与边界发生相互作用，此时必须进行相应处理。在对称边界上对模拟分子作镜面反射；固壁表面常用基于镜面反射和漫反射及这两种反射模式的组合模拟反射的处理方法；边界外区域是真空，模拟分子做逸出处理；入口边界需确定特征时间内进入计算区域的模拟分子数目及运动状态。根据模拟分子新的空间位置坐标调整模拟分子所在的网格编号，并对模拟分子进行排序。

(4)计算碰撞。从网格内的模拟分子中随机抽样，选取可能的碰撞；运用单元内仿真分子对的碰撞概率函数，采用取余法判断其是否发生碰撞，中选后运用碰撞模型计算碰撞后的分子速度和内能，直到网格中的撞数达到 NTC 方法所确定的碰撞数，再进行下一个网格碰撞的计算。

(5)流动性质取样与流场参量的输出。重复以上循环计算，直到模拟时间间隔达到抽样时间，如果时间达到抽样时间，则对各网格单元内的模拟分子实施统计计算，求得流场各宏观物理量的值。如果所模拟的流动在宏观上是定常的，则需要判明流动处于定常状态后再进行流场各物理量的统计计算。

5.2.4 稀薄气体效应分析

在本节中，给出了马赫数为 5.37 的氩气绕过台阶流动问题。台阶高度为 0.1 m。该算例入口的温度为 100 K，台阶表面温度为 300 K。自由来流密度为 1×10^{21} 原子/ m^3。采用 1 200

万 DSMC 粒子进行模拟，时间步长为 8×10^{-8} s。计算域入口和出口均为自由来流。图 5－7 给出了 Ma＝5.37 时流场马赫数与温度云图。

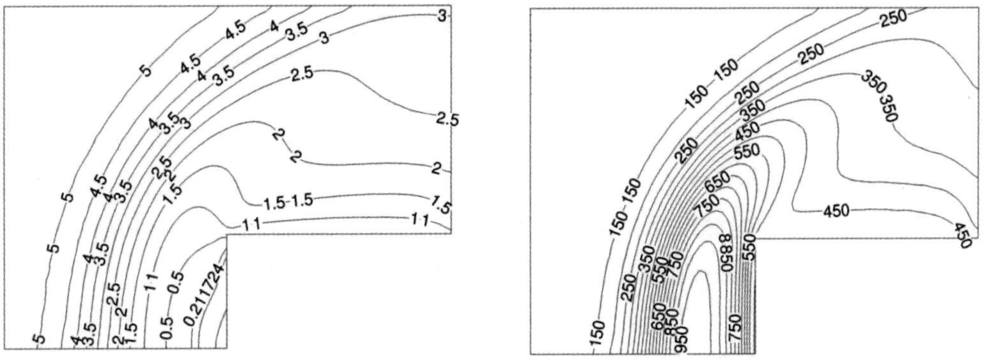

(a)　　　　(b)

图 5－7　Ma＝5.37 时稀薄气体流过台阶的计算结果

(a)马赫数云图；(b)温度云图

习　　题

(1)平衡流和非平衡流的定义是什么？

(2)稀薄气体的主要特征是什么？

(3)分析航天飞机再入过程中不同速度下的力学环境。

(4)试解释真实气体效应对飞行器气动特性可能的影响。

(5)高温烧蚀对飞行器气动特性有哪些影响？

第6章 高超声速流动的数值模拟与应用

高超声速飞行器流场中包含边界层、旋涡、激波、膨胀波等基本流动结构，还存在复杂的黏性干扰、激波-激波、激波-边界层、激波-旋涡等相互作用。开展高超声速复杂流动数值模拟时必须充分考虑复杂流动物理现象和非线性流场特征，要求计算方法具有强间断捕捉能力，能够对边界层等黏性效应严重的流场区域和流场结构具有良好的分辨率。

以计算流体力学(CFD)为代表的数值模拟技术经过数十年的发展，已经从理论研究走向实际工程应用，如从简单的高超声速球头到 X－43A 的一体化全流场数值模拟。在高超声速 CFD 发展过程中虽然遇到了各种挑战，其中包括高精度、强鲁棒的数值计算方法、真实气体效应、黏性干扰效应、稀薄气体效应等，但经过相关从业人员的不断努力，数值方法已经得到了巨大的改进，物理化学模型也得到不断完善，CFD 在高超声速飞行器设计和流场分析中所占比重越来越高，已经在以下方面发挥了重要作用：①飞行器气动特性计算，包括升力、阻力、力矩等；②飞行器表面热流预测和热环境预测；③内/外流一体化模拟；④燃烧、推进模拟；⑤喷流控制效果预测以及喷流干扰模拟；⑥非定常动态气动特性模拟；⑦真实气体效应模拟；⑧稀薄气体效应模拟；⑨黏性干扰效应模拟；⑩支撑天地相关性研究；⑪飞行器气动布局和优化设计；⑫空气动力学与相关学科交叉耦合问题研究，如气动弹性、气动声学、气动光学、气动电磁学等。

6.1 高超声速空气动力学的基本控制方程

高超声速飞行器空气动力学的数值计算和理论分析，都是从气体动力学的基本方程开始的，这些基本方程满足基本物理原理，包括质量守恒定律、牛顿运动定律和能量守恒定律。流体运动方程都是典型的非线性偏微分方程。

6.1.1 守恒形式的控制方程

空气动力学的基本方程是纳维-斯托克斯方程组(N－S方程)，其形式见式(4－18)～式(4－22)，但这些方程是非守恒形式的，为了求解方便，将其转换为守恒形式，其表达式如下：

$$\frac{\partial \rho}{\partial t}+\nabla \cdot (\rho \boldsymbol{V})=0 \tag{6-1}$$

$$\frac{\partial (\rho u)}{\partial t}+\nabla \cdot (\rho u \boldsymbol{V})=-\frac{\partial p}{\partial x}+\frac{\partial \tau_{xx}}{\partial x}+\frac{\partial \tau_{yx}}{\partial y}+\frac{\partial \tau_{zx}}{\partial z} \tag{6-2}$$

$$\frac{\partial (\rho v)}{\partial t}+\nabla \cdot (\rho v \boldsymbol{V})=-\frac{\partial p}{\partial y}+\frac{\partial \tau_{xy}}{\partial x}+\frac{\partial \tau_{yy}}{\partial y}+\frac{\partial \tau_{zy}}{\partial z} \tag{6-3}$$

$$\frac{\partial (\rho w)}{\partial t}+\nabla \cdot (\rho w \boldsymbol{V})=-\frac{\partial p}{\partial z}+\frac{\partial \tau_{xz}}{\partial x}+\frac{\partial \tau_{yz}}{\partial y}+\frac{\partial \tau_{zz}}{\partial z} \tag{6-4}$$

$$\frac{\partial\left[\rho\left(e+\frac{V^2}{2}\right)\right]}{\partial t}+\nabla\cdot\left[\rho\left(e+\frac{V^2}{2}\right)\mathbf{V}\right]=\rho\dot{q}+\frac{\partial}{\partial x}\left(K\frac{\partial T}{\partial x}\right)+\frac{\partial}{\partial y}\left(K\frac{\partial T}{\partial y}\right)+\frac{\partial}{\partial z}\left(K\frac{\partial T}{\partial z}\right)-$$
$$\nabla\cdot(p\mathbf{V})+\frac{\partial(u\tau_{xx})}{\partial x}+\frac{\partial(u\tau_{yx})}{\partial y}+\frac{\partial(u\tau_{zx})}{\partial z}+\frac{\partial(v\tau_{xy})}{\partial x}+$$
$$\frac{\partial(v\tau_{yy})}{\partial y}+\frac{\partial(v\tau_{zy})}{\partial z}+\frac{\partial(w\tau_{xz})}{\partial x}+\frac{\partial(w\tau_{yz})}{\partial y}+\frac{\partial(w\tau_{zz})}{\partial z}\tag{6-5}$$

方程式(6－1)～式(6－5)的左边具有散度的形式,这种形式的基本方程叫做守恒形式基本方程。这些散度项分别代表质量通量 $\rho\mathbf{V}$,x 方向的动量通量 $\rho u\mathbf{V}$,y 方向的动量通量 $\rho v\mathbf{V}$,z 方向的动量通量 $\rho w\mathbf{V}$,内能通量 $\rho\left(e+\frac{V^2}{2}\right)\mathbf{V}$。进一步,可以把连续方程、动量方程和能量方程写成统一的守恒形式,即

$$\frac{\partial \boldsymbol{Q}}{\partial t}+\frac{\partial \boldsymbol{F}}{\partial x}+\frac{\partial \boldsymbol{G}}{\partial y}+\frac{\partial \boldsymbol{H}}{\partial z}=\boldsymbol{J}_{\text{source}}\tag{6-6}$$

$$\boldsymbol{Q}=\begin{bmatrix}\rho\\ \rho u\\ \rho v\\ \rho w\\ \rho\left(e+\frac{V^2}{2}\right)\end{bmatrix},\quad \boldsymbol{J}_{\text{source}}=\begin{bmatrix}0\\0\\0\\0\\ \rho\dot{q}\end{bmatrix}$$

$$\boldsymbol{F}=\begin{bmatrix}\rho u\\ \rho u^2+p-\tau_{xx}\\ \rho vu-\tau_{xy}\\ \rho wu-\tau_{xz}\\ \rho\left(e+\frac{V^2}{2}\right)u+pu-K\frac{\partial T}{\partial x}-u\tau_{xx}-v\tau_{xy}-w\tau_{xz}\end{bmatrix}$$

$$\boldsymbol{G}=\begin{bmatrix}\rho u\\ \rho uv-\tau_{yx}\\ \rho v^2+p-\tau_{yy}\\ \rho wv-\tau_{yz}\\ \rho\left(e+\frac{V^2}{2}\right)v+pv-K\frac{\partial T}{\partial y}-u\tau_{yx}-v\tau_{yy}-w\tau_{yz}\end{bmatrix}$$

$$\boldsymbol{H}=\begin{bmatrix}\rho w\\ \rho uw-\tau_{zx}\\ \rho vw-\tau_{zy}\\ \rho w^2+p-\tau_{zz}\\ \rho\left(e+\frac{V^2}{2}\right)w+pw-K\frac{\partial T}{\partial z}-u\tau_{zx}-v\tau_{zy}-w\tau_{zz}\end{bmatrix}$$

式中:$\boldsymbol{Q}$、$\boldsymbol{F}$、$\boldsymbol{G}$、$\boldsymbol{H}$、$\boldsymbol{J}$ 均为列向量;$\boldsymbol{F}$、$\boldsymbol{G}$、$\boldsymbol{H}$ 为通量项;$\boldsymbol{J}_{\text{source}}$ 为源项;$\boldsymbol{Q}$ 是解向量,在数值计算中,用

时间推进进行数值求解。此时解出的变量是 ρ、ρu、ρv、ρw、$\rho\left(e+\dfrac{V^2}{2}\right)$。由此可以求出对应的流场物理变量 ρ、u、v、w、e。对无黏流动，通量项可表示为

$$\boldsymbol{F}=\begin{bmatrix}\rho u\\ \rho u^2+p\\ \rho uv\\ \rho uw\\ \rho u\left(e+\dfrac{V^2}{2}\right)+pu\end{bmatrix}$$

$$\boldsymbol{G}=\begin{bmatrix}\rho v\\ \rho uv\\ \rho v^2+p\\ \rho wv\\ \rho v\left(e+\dfrac{V^2}{2}\right)+pv\end{bmatrix}$$

$$\boldsymbol{H}=\begin{bmatrix}\rho w\\ \rho uw\\ \rho vw\\ \rho w^2+p\\ \rho w\left(e+\dfrac{V^2}{2}\right)+pw\end{bmatrix}$$

对于定常无黏流动，$\dfrac{\partial \boldsymbol{Q}}{\partial t}=\boldsymbol{0}$，方程式(6-6)可以写成

$$\frac{\partial \boldsymbol{F}}{\partial x}=\boldsymbol{J}_{\text{source}}-\frac{\partial \boldsymbol{G}}{\partial y}-\frac{\partial \boldsymbol{H}}{\partial z}$$

此时，$\boldsymbol{F}$ 变成解向量，可以解出 ρu、ρu^2+p、ρuv、ρuw、$\rho u\left(e+\dfrac{V^2}{2}\right)+pu$，然后再解出 ρ、u、v、w、p。通常把方程式(6-1)～式(6-5)称为弱守恒形式，把方程式(6-6)称为强守恒形式。

若流场中存在激波，在数值计算中通常用两种方法来处理：① 激波捕捉方法，此法不对激波作特别的处理，激波是整个流场计算的直接结果；② 激波装配方法，此法激波被直接引入流场解中，激波前后的流动参数满足激波关系式。对于流场的其余部分，则用基本方程求解。实践表明，当采用激波捕捉方法时，应当采用守恒形式。经过激波时，ρ 是有间断的，而 ρu 却没有间断。因此，采用守恒形式可以得到较精确的结果。采用激波装配方法时，则采用守恒形式或非守恒形式均可。

6.1.2 几种近似方程

由于N-S方程的形式和求解十分复杂，对于复杂外形飞行器，求解N-S方程要耗费大量计算机时。因此，在高超声速飞行器的气动计算中，经常采用各种近似方程。欧拉方程是N-S方程在雷诺数 Re_∞ 趋于无穷大时，不考虑黏性的极限形式。在欧拉方程和N-S方程之间，根据考虑黏性的近似程度的不同，可以有几种不同的近似方程。

1. 抛物化 N－S(PN－S) 方程

在高超声速和高雷诺数条件下，主流方向的耗散项与法向和周向的耗散项相比是小量，略去沿流向导数中的黏性项，就得到抛物化 N－S 方程。下述以定常情况为例，给出推导抛物化 N－S 方程的过程。从方程式(6－1) ～ 式(6－5) 可求得 x 方向的动量方程为

$$\rho u \frac{\partial u}{\partial x}+\rho v \frac{\partial u}{\partial y}+\rho w \frac{\partial u}{\partial z}=-\frac{\partial p}{\partial x}+\frac{\partial}{\partial x}\left(\lambda \nabla \cdot \mathbf{V}+2\mu \frac{\partial u}{\partial x}\right)+\frac{\partial}{\partial y}\left[\mu\left(\frac{\partial v}{\partial x}+\frac{\partial u}{\partial y}\right)\right]+\frac{\partial}{\partial z}\left[\mu\left(\frac{\partial u}{\partial z}+\frac{\partial w}{\partial x}\right)\right] \tag{6-7}$$

略去流向导数的黏性项后，可求得

$$\rho u \frac{\partial u}{\partial x}+\rho v \frac{\partial u}{\partial y}+\rho w \frac{\partial u}{\partial z}=-\frac{\partial p}{\partial x}+\frac{\partial}{\partial y}\left(\mu \frac{\partial u}{\partial y}\right)+\frac{\partial}{\partial z}\left(\mu \frac{\partial u}{\partial z}\right) \tag{6-8}$$

y 方向动量方程为

$$\rho u \frac{\partial v}{\partial x}+\rho v \frac{\partial v}{\partial y}+\rho w \frac{\partial v}{\partial z}=-\frac{\partial p}{\partial y}+\frac{\partial}{\partial y}\left(\lambda \nabla \cdot \mathbf{V}+2\mu \frac{\partial v}{\partial y}\right)+\frac{\partial}{\partial x}\left[\mu\left(\frac{\partial v}{\partial x}+\frac{\partial u}{\partial y}\right)\right]+\frac{\partial}{\partial z}\left[\mu\left(\frac{\partial w}{\partial y}+\frac{\partial v}{\partial z}\right)\right] \tag{6-9}$$

略去流向导数的黏性项后，可求得

$$\rho u \frac{\partial v}{\partial x}+\rho v \frac{\partial v}{\partial y}+\rho w \frac{\partial v}{\partial z}=-\frac{\partial p}{\partial y}+\frac{\partial}{\partial y}\left[(\lambda+2\mu) \frac{\partial v}{\partial y}+\lambda \frac{\partial w}{\partial z}\right]+\frac{\partial}{\partial z}\left[\mu\left(\frac{\partial w}{\partial y}+\frac{\partial v}{\partial z}\right)\right] \tag{6-10}$$

相似地，z 方向的动量方程简化后为

$$\rho u \frac{\partial w}{\partial x}+\rho v \frac{\partial w}{\partial y}+\rho w \frac{\partial w}{\partial z}=-\frac{\partial p}{\partial z}+\frac{\partial}{\partial y}\left[\mu\left(\frac{\partial w}{\partial y}+\frac{\partial v}{\partial z}\right)\right]+\frac{\partial}{\partial z}\left[(\lambda+2\mu) \frac{\partial w}{\partial z}+\lambda \frac{\partial v}{\partial y}\right] \tag{6-11}$$

能量方程简化后为

$$\begin{aligned}
&\rho u \frac{\partial}{\partial x}\left(e+\frac{V^2}{2}\right)+\rho v \frac{\partial}{\partial y}\left(e+\frac{V^2}{2}\right)+\rho w \frac{\partial}{\partial z}\left(e+\frac{V^2}{2}\right)= \\
&\quad \rho\dot{q}+\frac{\partial}{\partial y}\left(K \frac{\partial T}{\partial y}\right)+\frac{\partial}{\partial z}\left(K \frac{\partial T}{\partial z}\right)-\left[\frac{\partial(pu)}{\partial x}+\frac{\partial(pv)}{\partial y}+\frac{\partial(pw)}{\partial z}\right]+ \\
&\quad \frac{\partial}{\partial y}\left[u\mu\left(\frac{\partial u}{\partial y}\right)\right]+\frac{\partial}{\partial z}\left[u\mu\left(\frac{\partial u}{\partial z}\right)\right]+\frac{\partial}{\partial y}\left[v\lambda\left(\frac{\partial v}{\partial y}+\frac{\partial w}{\partial z}\right)+2v\mu \frac{\partial v}{\partial y}\right]+ \\
&\quad \frac{\partial}{\partial z}\left[v\mu\left(\frac{\partial w}{\partial y}+\frac{\partial v}{\partial z}\right)\right]+\frac{\partial}{\partial y}\left[w\mu\left(\frac{\partial w}{\partial y}+\frac{\partial v}{\partial z}\right)\right]+\frac{\partial}{\partial z}\left[w\lambda\left(\frac{\partial v}{\partial y}+\frac{\partial w}{\partial z}\right)+2w\mu \frac{\partial w}{\partial z}\right]
\end{aligned} \tag{6-12}$$

连续方程的形式保持不变，即

$$\frac{\partial(\rho u)}{\partial x}+\frac{\partial(\rho v)}{\partial y}+\frac{\partial(\rho w)}{\partial z}=0 \tag{6-13}$$

方程式(6－8) 及式(6－10) ～ 式(6－13) 即抛物化 N－S 方程。它是一种抛物型和双曲型的混合型方程，可以从流场的初值数据向流动方向推进求解。

2. 薄层近似 N－S(TLN－S) 方程

若在 N－S 方程中仅保留沿物面法向的黏性项，可以得到薄层近似假设的 N－S 方程，即

$$\frac{\partial \rho}{\partial t}+\frac{\partial(\rho u)}{\partial x}+\frac{\partial(\rho v)}{\partial y}+\frac{\partial(\rho w)}{\partial z}=0 \tag{6-14}$$

$$\frac{\partial(\rho u)}{\partial t}+\rho u\frac{\partial u}{\partial x}+\rho v\frac{\partial u}{\partial y}+\rho w\frac{\partial u}{\partial z}=-\frac{\partial p}{\partial x}+\frac{\partial}{\partial y}\left(\mu\frac{\partial u}{\partial y}\right) \tag{6-15}$$

$$\frac{\partial(\rho v)}{\partial t}+\rho u\frac{\partial v}{\partial x}+\rho v\frac{\partial v}{\partial y}+\rho w\frac{\partial v}{\partial z}=-\frac{\partial p}{\partial y}+\frac{\partial}{\partial y}\left[(\lambda+2\mu)\frac{\partial v}{\partial y}\right] \tag{6-16}$$

$$\frac{\partial(\rho w)}{\partial t}+\rho u\frac{\partial w}{\partial x}+\rho v\frac{\partial v}{\partial y}+\rho w\frac{\partial w}{\partial z}=-\frac{\partial p}{\partial z}+\frac{\partial}{\partial y}\left(\mu\frac{\partial w}{\partial y}\right) \tag{6-17}$$

$$\begin{aligned}\frac{\partial(\rho e)}{\partial t}+\rho u\frac{\partial}{\partial x}\left(e+\frac{V^2}{2}\right)+\rho v\frac{\partial}{\partial x}\left(e+\frac{V^2}{2}\right)+\rho w\frac{\partial}{\partial z}\left(e+\frac{V^2}{2}\right)=\rho\dot{q}+\frac{\partial}{\partial y}\left(K\frac{\partial T}{\partial y}\right)- \\ \left[\frac{\partial(pu)}{\partial x}+\frac{\partial(pv)}{\partial y}+\frac{\partial(pw)}{\partial z}\right]+\frac{\partial}{\partial y}\left[\mu u\left(\frac{\partial u}{\partial y}\right)\right]+\frac{\partial}{\partial y}\left[(\lambda+2\mu)v\left(\frac{\partial v}{\partial y}\right)\right]+ \\ \frac{\partial}{\partial y}\left[\mu w\left(\frac{\partial w}{\partial y}\right)\right]\end{aligned} \tag{6-18}$$

可以发现，对于二维定常情况，抛物化 N－S 方程和薄层近似 N－S 方程是相同的。

3. 黏性激波层（VSL）方程

将 N－S 方程中的各项按照 $\varepsilon=\frac{1}{\sqrt{Re}}$ 进行量级分析，保留 ε^2 项，就得到黏性激波层方程。对于二维定常情况，黏性激波层方程的形式为

$$\frac{\partial(\rho u)}{\partial x}+\frac{\partial(\rho v)}{\partial y}=0 \tag{6-19}$$

$$\rho u\frac{\partial u}{\partial x}+\rho v\frac{\partial u}{\partial y}=-\frac{\partial p}{\partial x}+\frac{\partial}{\partial y}\left(\mu\frac{\partial u}{\partial y}\right) \tag{6-20}$$

$$\rho u\frac{\partial v}{\partial x}+\rho v\frac{\partial v}{\partial y}=-\frac{\partial p}{\partial y} \tag{6-21}$$

$$\rho u\frac{\partial h}{\partial x}+\rho v\frac{\partial h}{\partial y}=\frac{\partial}{\partial y}\left(K\frac{\partial T}{\partial y}\right)+u\frac{\partial p}{\partial x}+v\frac{\partial p}{\partial y}+\mu\left(\frac{\partial u}{\partial y}\right)^2 \tag{6-22}$$

式中：$h=c_pT$。方程（6－21）可进一步简化为

$$\frac{\partial p}{\partial y}=0 \tag{6-23}$$

略去方程式（6－22）中的 $v\frac{\partial p}{\partial y}$ 项，即可得 4.2.2 节中的附面层方程。

6.2 空间离散的一般过程

控制方程的数值计算中主要采用的离散方法有：有限差分法（Finite Difference Method，FDM）、有限体积法（Finite Volume Method，FVM）、有限元法（Finite Element Method，FEM）和谱方法（Spectral Method，SM）。前两种方法在 CFD 技术中使用广泛，后两种相对较少。这里主要讨论前两种方法。

FDM 是数值计算中最为经典、理论最成熟的数值方法。其基本思想是采用微分的概念，将空间区域离散化为差分网格，用有限个网格节点代替连续的计算区域，将偏微分方程中的微分项用相应的差商代替，从而将偏微分方程转化为代数形式的差分方程，得到离散点上有限个

未知数的差分方程组，其计算物理量一般定义在网格点上。求解得到的差分方程组，即可获得偏微分方程组所描述的物理问题的数值近似解。FDM 直接离散偏导数，容易推广到高阶精度，对多维问题也是如此。当几何区域不规则时，该方法难以获得应有的精度。对于复杂外形区域，其适应性较差，难以保证离散的守恒性。

FVM 可以看成是积分形式的 FDM，直接对积分形式的方程进行离散。FVM 将计算区域离散成有限控制单元，在控制单元上应用高斯定理和积分近似关系对积分型守恒方程进行离散，并求解得到的代数方程组。当网格尺度有限时，FVM 能够比 FDM 更好地保证质量守恒定律、动量守恒定律和能量守恒定律，并可直接应用于复杂区域和含有任意多面体的结构网格中，容易在复杂区域中实施。对于多维问题，FVM 的高维插值构造和实施比较复杂，即便是较均匀的网格，FVM 也很难获得二阶以上的计算精度。

FVM 可以分为格心有限体积法、格点有限体积法和网格平均有限体积法三类。格心有限体积法的流动变量存储在网格单元的中心，并以该网格单元为控制体积应用有限体积法。格点有限体积法的流场变量存储在网格单元的格点，控制体积由格点周围的网格单元按照一定规则各取部分合并而成。网格平均有限体积法最简单，认为流场变量的值即为网格单元的平均值。格心有限体积法进行平均变量时涉及较少的网格单元，计算量小，其计算边界与网格单元的实际边界重合，符合物理边界条件的要求，因此格心有限体积法模拟可压缩流动更具优势。

6.2.1　有限差分法的基本概念

分析图 6-1 所示离散网格点。假设在 x 方向的网格点的间距 Δx 是均匀的，在 y 方向的网格点的间隔 Δy 也是均匀的。一般 Δx 和 Δy 是不同的。在实际计算中，Δx 和 Δy 也可以不是均匀的。P 点用 (i,j) 来表示，在其右边的点用 $(i+1,j)$ 来表示，在其左边的点用 $(i-1,j)$ 来表示，在其上边的点用 $(i,j+1)$ 来表示，在其下边的点用 $(i,j-1)$ 来表示。

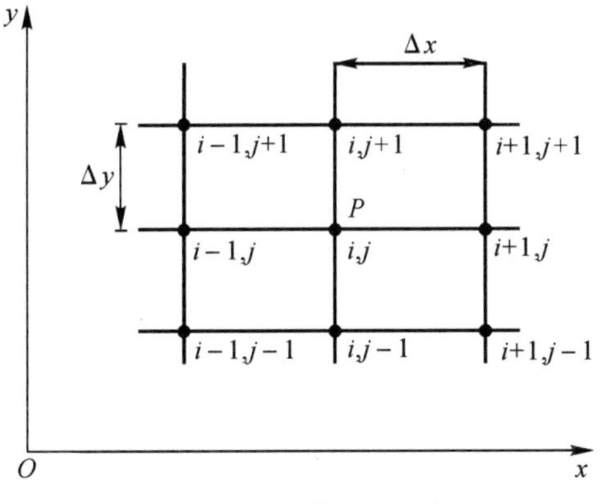

图 6-1　离散的网格点

设变量 u，则其导数的有限差分表达式基于泰勒(Taylor) 级数展开式：

$$u_{i+1,j}=u_{i,j}+\left(\frac{\partial u}{\partial x}\right)_{i,j}\Delta x+\left(\frac{\partial^2 u}{\partial x^2}\right)_{i,j}\frac{(\Delta x)^2}{2}+\left(\frac{\partial^3 u}{\partial x^3}\right)_{i,j}\frac{(\Delta x)^3}{6}+\cdots \tag{6-24}$$

假若项数无限多、级数收敛和 $\Delta x\rightarrow 0$，式(6-24) 在数学上可以精确地表示 $u_{i+1,j}$。但在实际数值计算中，式(6-24) 是截断的。例如，略去 Δx^3 和更高阶的项，式(6-24) 简化为

$$u_{i+1,j} \approx u_{i,j} + \left(\frac{\partial u}{\partial x}\right)_{i,j} \Delta x + \left(\frac{\partial^2 u}{\partial x^2}\right)_{i,j} \frac{(\Delta x)^2}{2} \tag{6-25}$$

若略去 Δx^2 和更高阶的项，式(6－24)简化为

$$u_{i+1,j} \approx u_{i,j} + \left(\frac{\partial u}{\partial x}\right)_{i,j} \Delta x \tag{6-26}$$

式(6－25)是二阶精度，式(6－26)是一阶精度。

由方程式(6－24)可解出 $\left(\frac{\partial u}{\partial x}\right)_{i,j}$，即

$$\left(\frac{\partial u}{\partial x}\right)_{i,j} = \frac{u_{i+1,j} - u_{i,j}}{\Delta x} - \left(\frac{\partial^2 u}{\partial x^2}\right)_{i,j} \frac{\Delta x}{2} - \left(\frac{\partial^3 u}{\partial x^3}\right)_{i,j} \frac{x^3}{6} - \cdots \tag{6-27}$$

若式(6－27)中保留第一项，其余所有项之和为截断误差。式(6－27)也可写成

$$\left(\frac{\partial u}{\partial x}\right)_{i,j} = \frac{u_{i+1,j} - u_{i,j}}{\Delta x} + O(\Delta x) \tag{6-28}$$

式中：$O(\Delta x)$ 为表示 Δx 量级的项。式(6－28)就是一阶向前差分的表达式。同样推导可以得到以下差分表达式。

一阶向后差分：

$$\left(\frac{\partial u}{\partial x}\right)_{i,j} = \frac{u_{i,j} - u_{i-1,j}}{\Delta x} + O(\Delta x) \tag{6-29}$$

二阶中心差分：

$$\left(\frac{\partial u}{\partial x}\right)_{i,j} = \frac{u_{i+1,j} - u_{i-1,j}}{2\Delta x} + O(\Delta x)^2 \tag{6-30}$$

二阶导数 $\left(\frac{\partial^2 u}{\partial x^2}\right)_{i,j}$ 的二阶中心差分为

$$\left(\frac{\partial^2 u}{\partial x^2}\right)_{i,j} = \frac{u_{i+1,j} - 2u_{i,j} + u_{i-1,j}}{(\Delta x)^2} + O(\Delta x)^2 \tag{6-31}$$

类似地，可以求得对 y 的导数的差分表达式。

一阶向前差分：

$$\left(\frac{\partial u}{\partial y}\right)_{i,j} = \frac{u_{i,j+1} - u_{i,j}}{\Delta y} + O(\Delta y) \tag{6-32}$$

一阶向后差分：

$$\left(\frac{\partial u}{\partial y}\right)_{i,j} = \frac{u_{i,j} - u_{i,j-1}}{\Delta y} + O(\Delta y) \tag{6-33}$$

二阶中心差分：

$$\left(\frac{\partial u}{\partial y}\right)_{i,j} = \frac{u_{i,j+1} - u_{i,j-1}}{2\Delta y} + O(\Delta y)^2 \tag{6-34}$$

二阶导数的二阶中心差分：

$$\left(\frac{\partial^2 u}{\partial y^2}\right)_{i,j} = \frac{u_{i,j+1} - 2u_{i.j} + u_{i,j-1}}{(\Delta y)^2} + O(\Delta y)^2 \tag{6-35}$$

混合导数 $\left(\frac{\partial^2 u}{\partial x \partial y}\right)_{i,j}$ 的二阶中心差分为

$$\left(\frac{\partial^2 u}{\partial x \partial y}\right)_{i.j} = \frac{1}{4\Delta x \Delta y}(u_{i+1,j+1} + u_{i-1,j-1} - u_{i+1,j-1} - u_{i-1,j+1}) + O[(\Delta x)^2 (\Delta y)^2] \tag{6-36}$$

除上述的一阶、二阶差分表达式外，还可以写出更高阶的表达式。对于边界上的点，还要采用单边差分的表达式。

将气体动力学基本方程中的偏导数用上述差分表达式表示后，就化成差分方程。下述以抛物型热传导方程为例，说明差分方程的一般特性。

$$\frac{\partial u}{\partial t}=\frac{\partial^2 u}{\partial x^2} \tag{6-37}$$

对式(6-37) 的时间导数和空间导数分别采用一阶向前差分和二阶中心差分，可求得

$$\frac{u_i^{n+1}-u_i^n}{\Delta t}=\frac{u_{i+1}^n-2u_i^n+u_{i-1}^n}{(\Delta x)^2} \tag{6-38}$$

式中：上标 n 表示 t 时刻的参数，$n+1$ 表示 $t+\Delta t$ 时刻的参数。

方程式(6-38) 的截断误差由式(6-37) 和式(6-38) 可求得

$$\frac{\partial u}{\partial t}-\frac{\partial^2 u}{\partial x^2}=\frac{u_i^{n+1}-u_i^n}{\Delta t}-\frac{u_{i+1}^n-2u_i^n+u_{i-1}^n}{(\Delta x)^2}+\left[-\left(\frac{\partial^2 u}{\partial t^2}\right)_i^n\frac{\Delta t}{2}+\left(\frac{\partial^4 u}{\partial x^4}\right)_i^n\frac{(\Delta x)^2}{12}+\cdots\right] \tag{6-39}$$

式(6-39) 方括号中的各项就是截断误差，可表示为 $O[\Delta t,(\Delta x)^2]$。当 $\Delta x\rightarrow 0,\Delta t\rightarrow 0$ 时，截断误差趋于零，差分方程趋于原来的偏微分方程。此时，差分表达式将是相容的。求解方程式(6-38)，可以采用基于时间推进的解法。假设在某个 t 时刻，对于所有的 x 的变量均为已知，即给定初始条件，由式(6-38) 可知，此时的未知量只有 u_i^{n+1}。$t+\Delta t$时的变量可以从t 时的变量显式地解出，所以叫作显式差分解法。

与上述例子相反，假若把方程式(6-38) 右边的项写成 t 和 $t+\Delta t$ 时刻的平均，则可求得

$$\frac{u_i^{n+1}-u_i^n}{\Delta t}=\frac{1}{2}\left[\frac{u_{i+1}^{n+1}+u_{i+1}^n-2u_i^{n+1}-2u_i^n+u_{i-1}^{n+1}+u_{i-1}^n}{(\Delta x)^2}\right] \tag{6-40}$$

此时，未知量 u_i^{n+1} 不仅取决于t 时的量，也取决于$t+\Delta t$时的量。只用i 点的量不能求解出 u_i^{n+1}，必须将所有网格点的差分方程写出，形成一个代数方程组，同时求解出所有 i 的 u_i^{n+1}。这种情况叫作隐式差分解法。

显式方法的优点是比较简单，缺点是 Δt 取值很小才能保持稳定，因此耗费较多机时。隐式方法的优点是取较大的 Δt 值就能保持稳定，因此节省机时。其缺点是：在每一个时间步长中，必须进行大量矩阵运算，在每一个时间步长中所费的机时和硬件内存比显式方法多；由于 Δt 取值较大，截断误差较大。在计算流体力学发展的早期，主要采用显式推进解法，这些方法目前还在应用。但由于隐式方法能采用较大的时间步长而节省机时，已成为当代计算流体力学发展的重点之一。

实际上，用差分方法求解偏微分方程时有两类误差源：

(1) 离散误差。它由上述的截断误差和对边界条件进行数值处理时引入的误差组成。

(2) 舍入误差。由于在计算机计算中只能保留一定的有效数字而引入的误差。

设 A 为偏微分方程的解析解，D 为差分方程的精确解，N 为由有限精度的实际数值解，则 $A-D$ 为离散误差，$N-D=\varepsilon$ 为舍入误差。对于方程式(6-37) 来说，只有

$$\left|\frac{\varepsilon_i^{n+1}}{\varepsilon_i^n}\right|\leqslant 1 \tag{6-41}$$

时，其解才是稳定的。假定误差沿着 x 轴的分布是由 x 的傅里叶(Fourier) 级数给出的，在时间方面可表示成 t 的指数函数，则

$$\varepsilon(x,t)=e^{at}\sum_{m}e^{iK'_m x} \tag{6-42}$$

由于 N 和 D 均满足差分方程式(6-38)，则 ε 也满足差分方程式(6-38)，即

$$\frac{\varepsilon_i^{n+1}-\varepsilon_i^n}{\Delta t}=\frac{\varepsilon_{i+1}^n-2\varepsilon_i^n+\varepsilon_{i-1}^n}{(\Delta x)^2} \tag{6-43}$$

将式(6-42)代入式(6-43)，经过运算，可以证明，只有

$$\frac{\Delta t}{(\Delta x)^2}\leqslant\frac{1}{2} \tag{6-44}$$

时才能满足式(6-41)给出的条件。由式(6-44)可见，对于给定的 Δx，Δt 要小到满足式(6-44)才能稳定。

下述分析另一个简单的双曲型波动方程

$$\frac{\partial u}{\partial t}+c\frac{\partial u}{\partial x}=0 \tag{6-45}$$

的稳定性。将 $\frac{\partial u}{\partial x}$ 用中心差分表示，即

$$\frac{\partial u}{\partial x}=\frac{u_{i+1}^n-u_{i-1}^n}{2\Delta x} \tag{6-46}$$

而 u_i^n 取 u_{i+1}^n 和 u_{i-1}^n 的平均值，则

$$\frac{\partial u}{\partial t}=\frac{u_i^{n+1}-\frac{1}{2}(u_{i+1}^n+u_{i-1}^n)}{\Delta t} \tag{6-47}$$

将式(6-46)和式(6-47)代入式(6-45)，可求得

$$u_i^{n+1}=\frac{u_{i+1}^n+u_{i-1}^n}{2}-c\frac{\Delta t}{\Delta x}\left(\frac{u_{i+1}^n-u_{i-1}^n}{2}\right) \tag{6-48}$$

方程式(6-47)称为 Lax 格式。假设此时的误差仍然是式(6-41)，则有

$$\left|\frac{\varepsilon_i^{n+1}}{\varepsilon_i^n}\right|=|e^{a\Delta t}|=\cos(K_m\Delta x)-iC\sin(K_m\Delta x) \tag{6-49}$$

式中：$C=c\frac{\Delta t}{\Delta x}$。根据稳定性要求 $|e^{a\Delta t}|\leqslant 1$ 及式(6-49)，可求得

$$C=c\frac{\Delta t}{\Delta x}\leqslant 1 \tag{6-50}$$

式(6-50)表明，当 $\Delta t\leqslant\frac{\Delta x}{c}$ 时，方程式(6-45)的数值解是稳定的。方程式(6-50)通常叫作 Courant-Friedrichs-Levy 条件，简称 CFL 条件。C 通常叫作库朗数。对于下列二阶波动方程

$$\frac{\partial^2 u}{\partial t^2}=c\frac{\partial^2 u}{\partial x^2} \tag{6-51}$$

其特征线为

$$x=ct\ (向右) \tag{6-52}$$

$$x=-ct\ (向左) \tag{6-53}$$

CFL 条件的物理意义可用图 6-2 来表示。图 6-2(a) 所示是 $C<1$ 的情况，由方程式(6-50)可见，$\Delta t_{C<1}<\Delta t_{C=1}$。$b$ 点为由 $i-1$ 点发出的向右特征线和由 $i+1$ 点发出的向左特

征线的交点。d 点是在 $t+\Delta t_{C<1}$ 时刻的在 i 的网格点。由于 d 点的参数是由 $i-1$ 和 $i+1$ 点的参数来计算的，所以 d 点的数值解的依赖区是 $\triangle adc$，而解析解的依赖区是图上的阴影区。由图6－2(a) 可见，数值解的依赖区中包括了解析解的依赖区。图 6－2(b) 所示是 $C>1$ 的情况，数值解的依赖区不能完全包括解析解的依赖区，此时是不稳定的。因此 CFL 条件的物理解释就是只有计算的依赖区包括全部的解析依赖区时才是稳定的。

此外，从精确度的观点来看，假若图 6－2(a) 上 $\Delta t_{C<1}$ 选择得非常小，使得 $\Delta t_{C<1} << \Delta t_{C=1}$，此时的计算虽然是稳定的，但由于解析解依赖区和数值解依赖区非常不协调，将使结果产生很大偏差。为了数值稳定，需使 $C \leqslant 1$，但为了保持精确度，C 要尽可能接近 1。

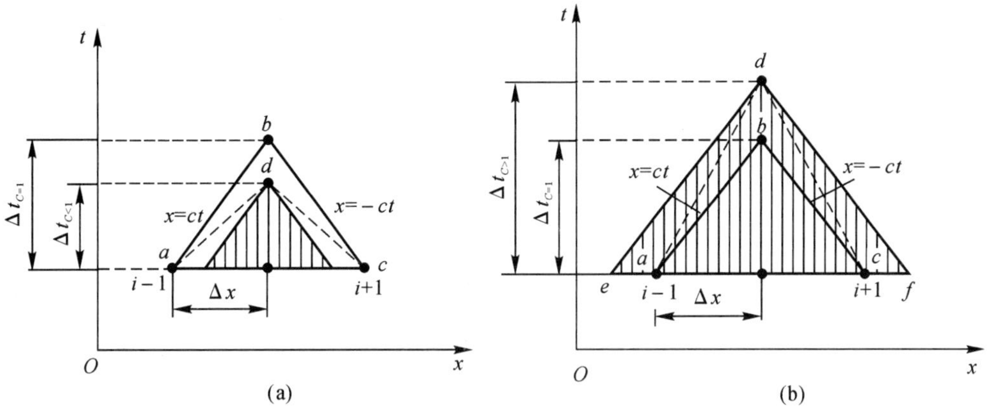

图 6－2　波动方程的 CFL 条件

(a)$C<1$ 稳定；(b)$C>1$ 不稳定

6.2.2　坐标变换与网格划分

假若在物理平面上可以采用均匀的矩形网格，则可以直接将基本方程采用有限差分方法化成差分方程。由图 6－3 可见，对于实际的形状，采用矩形网格是不合适的，因为部分网格点落到翼型内部，而落到翼型表面的点却很少。因此，在实际计算中，要采用图6－4(a) 所示的非均匀的曲线网格。此时要采用贴体坐标系(ξ,η)，η 为常数表示翼型表面。但对于这种非均匀的曲线网格，很难应用普通的差分方法，必须采用适当的变换，将图6－4(a) 所示的物理平面转换到图6－4(b) 的计算平面。在计算平面上，形成关于 ξ 和 η 的矩形网格。两个平面上网格点是一一对应的。为了在计算平面上求解基本方程，需要将基本方程的自变量(x,y) 变换成(ξ,η)。最后，还要将计算平面上求得的结果变换到物理平面上。

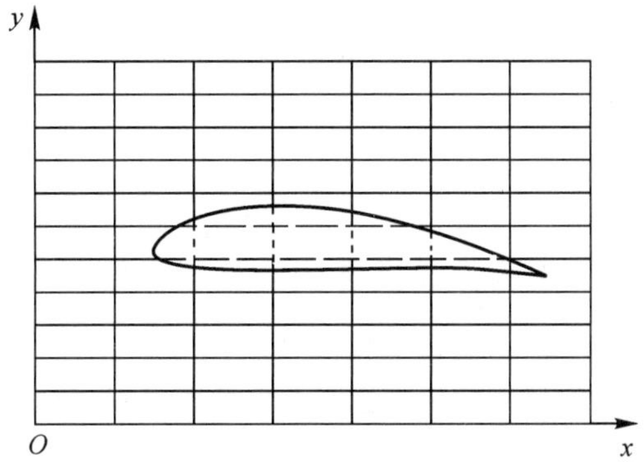

图 6－3　翼型的矩形网格

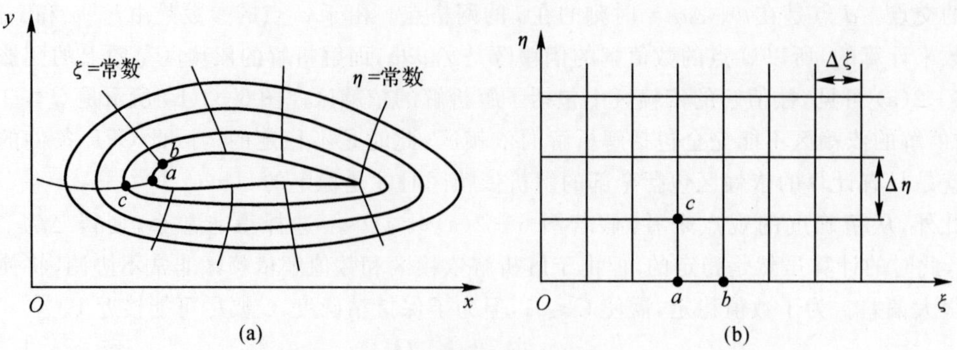

图 6-4　物理平面和计算平面

(a) 物理平面；(b) 计算平面

在实际计算中,可以采用下列变换公式。设变换为

$$x = x(\xi, \eta) \tag{6-54}$$

$$y = y(\xi, \eta) \tag{6-55}$$

x 方向的速度 $u = u(x, y)$ 的全微分可以写成

$$\mathrm{d}u = \frac{\partial u}{\partial x}\mathrm{d}x + \frac{\partial u}{\partial y}\mathrm{d}y \tag{6-56}$$

由此可得

$$\frac{\partial u}{\partial \xi} = \frac{\partial u}{\partial x}\frac{\partial x}{\partial \xi} + \frac{\partial u}{\partial y}\frac{\partial y}{\partial \xi} \tag{6-57}$$

$$\frac{\partial u}{\partial \eta} = \frac{\partial u}{\partial x}\frac{\partial x}{\partial \eta} + \frac{\partial u}{\partial y}\frac{\partial y}{\partial \eta} \tag{6-58}$$

求解方程式(6-57)和式(6-58),可得

$$\frac{\partial u}{\partial x} = \frac{\begin{vmatrix} \dfrac{\partial u}{\partial \xi} & \dfrac{\partial y}{\partial \xi} \\ \dfrac{\partial u}{\partial \eta} & \dfrac{\partial y}{\partial \eta} \end{vmatrix}}{J} \tag{6-59}$$

$$\frac{\partial u}{\partial y} = \frac{\begin{vmatrix} \dfrac{\partial x}{\partial \xi} & \dfrac{\partial u}{\partial \xi} \\ \dfrac{\partial x}{\partial \eta} & \dfrac{\partial u}{\partial \eta} \end{vmatrix}}{J} \tag{6-60}$$

$$J = \begin{vmatrix} \dfrac{\partial x}{\partial \xi} & \dfrac{\partial y}{\partial \xi} \\ \dfrac{\partial x}{\partial \eta} & \dfrac{\partial y}{\partial \eta} \end{vmatrix} \tag{6-61}$$

式中,J 是雅可比行列式。从变换式(6-54)和式(6-55)可以很方便地求得$\frac{\partial x}{\partial \xi}$,$\frac{\partial x}{\partial \eta}$,$\frac{\partial y}{\partial \xi}$,$\frac{\partial y}{\partial \eta}$,这样就可以将计算平面上的基本方程变换到物理平面上来。

进一步分析图 6-5 所示的翼型贴体坐标系。翼型表面用 $\eta = \eta_1$(常数)来给定,为网格的内边界,用 Γ_1 来表示。网格的外边界用 Γ_2 来表示,由 $\eta = \eta_2$(常数)来给定。从内边界 Γ_1 发出

的 ξ(常数) 的曲线与外边界 Γ_2 相交。现在要寻找一个变换,将图 6-5(a) 上的曲线网格变换成图 6-5(b) 上的均匀矩形网格。由于内边界 Γ_1 和外边界 Γ_2 上 (x,y) 的值是已知的,这是一个所有边界条件已知的边值问题。因此,可以用椭圆型方程,即拉普拉斯(Laplace) 方程,来确定这个变换。

$$\frac{\partial^2 \xi}{\partial x^2}+\frac{\partial^2 \xi}{\partial y^2}=0 \tag{6-62}$$

$$\frac{\partial^2 \eta}{\partial x^2}+\frac{\partial^2 \eta}{\partial y^2}=0 \tag{6-63}$$

式中:$\eta=\eta_1=$常数,在边界 Γ_1 上;$\eta=\eta_2=$常数,在边界 Γ_2 上。在 Γ_1 和 Γ_2 上给定 $\xi=\xi(x,y)$。

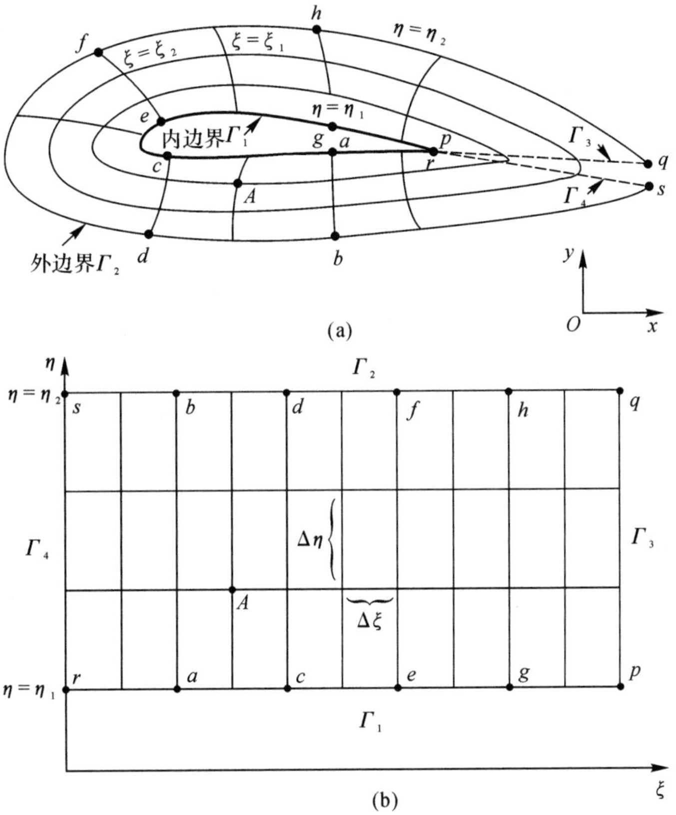

图 6-5　翼型的网格变换示意图

(a) 物理平面;　(b) 计算平面

这样的网格生成叫作椭圆型网格生成。为了在计算平面图 6-5(b) 上构建矩形网格,必须在物理平面图 6-5(a) 上沿着尾缘切开。这个切口可用相互重叠的两条线来表示。pq 线表示虚拟边界线 Γ_3,rs 线表示虚拟边界线 Γ_4。实际上,p 与 r 是同一点,q 与 s 是同一点。但是在计算平面上 Γ_3 和 Γ_4 是分开的。其中,4 个边界 Γ_1、Γ_2、Γ_3 和 Γ_4 上的 (x,y) 值是已知的,此时网格生成问题是在给定的边界条件下,对于区域内的任意内点[如图 6-5(b) 上的 A 点] 求解方程式(6-62) 和式(6-63)。把这组方程中的自变量和因变量颠倒一下,其结果为

$$\alpha\frac{\partial^2 x}{\partial \xi^2}-2\beta\frac{\partial^2 x}{\partial \xi\partial \eta}+\gamma\frac{\partial^2 x}{\partial \eta^2}=0 \tag{6-64}$$

$$\alpha\frac{\partial^2 y}{\partial\xi^2}-2\beta\frac{\partial^2 y}{\partial\xi\partial\eta}+\gamma\frac{\partial^2 y}{\partial\eta^2}=0 \tag{6-65}$$

$$\alpha=\left(\frac{\partial x}{\partial\eta}\right)^2+\left(\frac{\partial y}{\partial\eta}\right)^2 \tag{6-66}$$

$$\beta=\frac{\partial x}{\partial\xi}\frac{\partial x}{\partial\eta}+\frac{\partial y}{\partial\xi}\frac{\partial y}{\partial\eta} \tag{6-67}$$

$$\gamma=\left(\frac{\partial x}{\partial\xi}\right)^2+\left(\frac{\partial y}{\partial\xi}\right)^2 \tag{6-68}$$

由方程式(6-64)和式(6-65)可以解出计算平面上网格点(ξ_i,η_i)和物理平面上网格点(x_i,y_i)的对应关系。具体计算中,可以采用差分方法求解方程式(6-64)和式(6-65)。

6.2.3 有限体积法

有限差分法虽然使用方便,但必须将物理平面的曲线网格转换成计算平面的矩形网格。对于十分复杂的外形,这样的转换是很不容易的,特别是对于要求局部加密网格的情况,会带来很大的困难。为了克服这些困难,可以采用结构力学中广泛使用的有限元法。有限元法中,网格单元可以是矩形,也可以是由曲线组成的三角形或四边形。这种非结构形式的网格可以方便地处理复杂外形的计算。目前在计算流体力学中,也正在逐步应用有限元法,但对于超声速流动,由于处理激波间断方面存在一定的困难,还没得到广泛的应用。有限体积法既可以像有限元法一样方便地应用非结构网格,又可以像有限差分法一样方便地进行流场的离散。因此,有限体积法在空气动力学特别是高超声速空气动力学的计算中得到日益广泛的应用。但对于非结构网格,由于网格不要求每边正交,也不要求等间隔,在计算导数时要复杂得多。

此处以二维非定常欧拉方程为例,说明有限体积法的基本思路。由守恒形式的基本控制方程式(6-6),可列出下列形式的欧拉方程:

$$\frac{\partial \boldsymbol{Q}}{\partial t}+\frac{\partial \boldsymbol{F}}{\partial x}+\frac{\partial \boldsymbol{G}}{\partial y}=0 \tag{6-69}$$

$$\boldsymbol{Q}=\begin{bmatrix}\rho\\ \rho u\\ \rho v\\ \rho\left(e+\dfrac{V^2}{2}\right)\end{bmatrix}$$

$$\boldsymbol{F}=\begin{bmatrix}\rho u\\ \rho u^2+p\\ \rho uv\\ \rho u\left(e+\dfrac{V^2}{2}\right)+pu\end{bmatrix}$$

$$\boldsymbol{G}=\begin{bmatrix}\rho v\\ \rho uv\\ \rho v^2+p\\ \rho v\left(e+\dfrac{V^2}{2}\right)+pv\end{bmatrix}$$

上述基本控制方程采用守恒形式，而流体运动满足的基本定律就是守恒定律。因此，在围绕物面的一个体积内质量、动量和能量守恒。只有在对解提出充分规律性的补充要求后，这些定律才能转换成偏微分方程。但是实际流动常常不能保证这种充分规律性。例如，激波间断就破坏了这种规律性，而激波关系式是守恒定律的积分形式。因此最好对方程的积分形式进行离散，而不是对微分形式进行离散，这就是有限体积法的基础。

有限体积法采用的典型网格单元和节点如图6-6所示。在每一个网格单元应用守恒定律来确定流场中离散点的流场参数，这些离散点叫作节点。这些节点可以取作网格的中心、网格的顶点或网格每边的中间点。网格和节点的选择有很大的自由度，应用守恒定律的体积和网格不一定是重合的。图 6-6(a) 表示节点取在网格的中心；(b) 图表示体积和网格可以重合也可以不重合，节点取在网格的顶点；(c) 图表示三角形网格情况，节点取在网格的顶点。一般来说，节点取在网格中心表示流场变量为分段等值函数的内插；取在网格顶点表示流场变量为分段线性函数的内插。

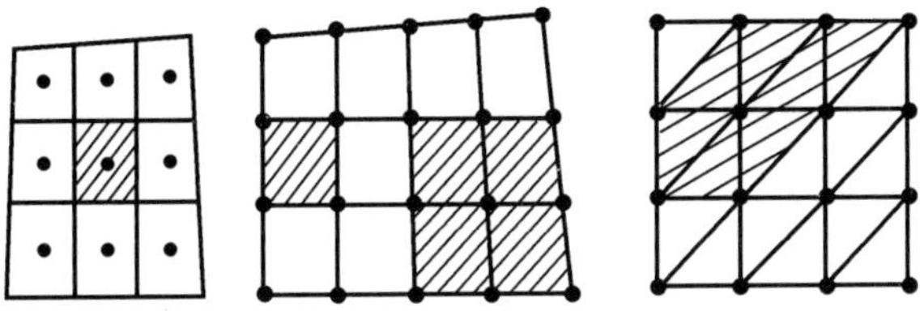

图 6-6　有限体积法的典型网格单元和节点

对于图 6-7 所示的节点在网格中心的单元，基于网格单元的控制体积，对方程式(6-69)进行半离散化，可得

$$\Omega_{ij}\frac{\partial \boldsymbol{Q}}{\partial t}+\int_{abcd}\boldsymbol{Y}\cdot\boldsymbol{n}\mathrm{d}s=0 \tag{6-70}$$

式中：Ω_{ij} 为控制体积的体积(二维情况就是面积)；$\boldsymbol{Y}$ 是通量向量，且有

$$\boldsymbol{Y}=\boldsymbol{F}\boldsymbol{i}+\boldsymbol{G}\boldsymbol{j} \tag{6-71}$$

$\mathrm{d}s$ 是面元；$\boldsymbol{n}$ 是其外法线，以图示的方向为正值，且有

$$\boldsymbol{n}\mathrm{d}s=\mathrm{d}y\boldsymbol{i}-\mathrm{d}x\boldsymbol{j} \tag{6-72}$$

将式(6-71)和式(6-72)代入式(6-70)，可求得

$$\Omega_{ij}\frac{\partial \boldsymbol{Q}}{\partial t}+\int_{abcd}(\boldsymbol{F}\mathrm{d}y-\boldsymbol{G}\mathrm{d}x)=0 \tag{6-73}$$

进一步，$\boldsymbol{F}$ 和 $\boldsymbol{G}$ 必须定义在体积的边界上，两个相邻节点的平均值可以简单地选择为

$$\boldsymbol{F}_{ab}=\frac{1}{2}(\boldsymbol{F}_{i,j}+\boldsymbol{F}_{i,j-1}) \tag{6-74}$$

$$\boldsymbol{G}_{ab}=\frac{1}{2}(\boldsymbol{G}_{i,j}+\boldsymbol{G}_{i,j-1}) \tag{6-75}$$

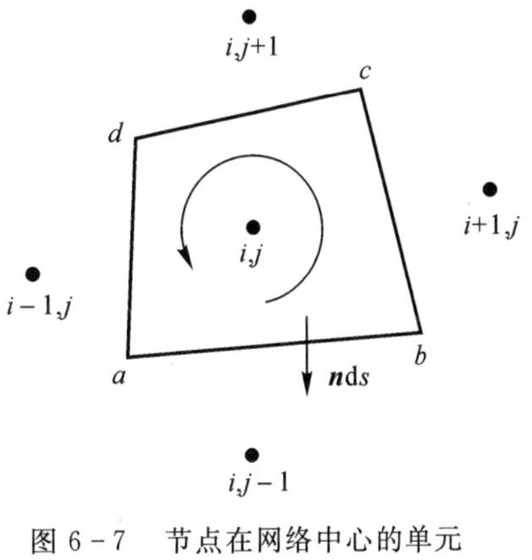

图 6-7　节点在网络中心的单元

其余类推。将式(6-74)和式(6-75)代入式(6-73)，可得

$$\Omega_{ij}\frac{\partial \boldsymbol{Q}}{\partial t}+\frac{1}{2}(\Delta Y_{ab}\boldsymbol{F}_{i,j-1}-\Delta X_{ab}\boldsymbol{G}_{i,j-1})+\frac{1}{2}(\Delta Y_{bc}\boldsymbol{F}_{i+1,j}-\Delta X_{bc}\boldsymbol{G}_{i+1,j})+$$
$$\frac{1}{2}(\Delta Y_{cd}\boldsymbol{F}_{i,j+1}-\Delta X_{cd}\boldsymbol{G}_{i,j+1})+\frac{1}{2}(\Delta Y_{da}\boldsymbol{F}_{i-1,j}-\Delta X_{da}\boldsymbol{G}_{i-1,j})=0 \quad (6-76)$$

在方程式(6-76)中,没有中心节点(i,j)的贡献,因为对于一个封闭面,常值通量的通量平衡应为零。

在物面上的边界条件可以表达成在物面上对流通量等于零。这意味着通过物面上网格单元面的通量中只有压力项,即

$$\boldsymbol{F}\mathrm{d}y-\boldsymbol{G}\mathrm{d}x=p\begin{bmatrix}0\\ \mathrm{d}y\\ -\mathrm{d}x\\ 0\end{bmatrix} \quad (6-77)$$

边界上的压力可以取网格单元中的压力,也可以像有限差分法那样采用压力的外插,但对于非结构网格,很难建立外插公式。

对于时间的离散,可以采用麦科-马克(MacCormack)方法。在预测步,在ab、bc、cd和da边上的通量分别用在节点(i,j),$(i+1,j)$,$(i,j+1)$,(i,j)上的值来估计。在校正步,分别用$(i,j-1)$,(i,j),(i,j),$(i-1,j)$上的值来估计。需要注意的是,对于式(6-73)所示的半离散方程,用预测-校正方法或二阶的龙格-库塔(Runge-Kutta)方法都是不稳定的。为了使求解稳定,需要加人工黏性项。

以四阶龙格-库塔方法为例,来说明半离散方程的求解步骤。设

$$\boldsymbol{R}=\int_{abcd}(\boldsymbol{F}\mathrm{d}y-\boldsymbol{G}\mathrm{d}x) \quad (6-78)$$

其求解过程为

$$\boldsymbol{Q}_{i,j}^{0}=\boldsymbol{Q}_{i,j}^{n} \quad (6-79)$$

$$\boldsymbol{Q}_{i,j}^{1}=\boldsymbol{Q}_{i,j}^{0}-\alpha_1\frac{\Delta t}{\Omega_{i,j}}\boldsymbol{R}^{0} \quad (6-80)$$

$$\boldsymbol{Q}_{i,j}^{2}=\boldsymbol{Q}_{i,j}^{0}-\alpha_2\frac{\Delta t}{\Omega_{i,j}}\boldsymbol{R}^{1} \quad (6-81)$$

$$\boldsymbol{Q}_{i,j}^{3}=\boldsymbol{Q}_{i,j}^{0}-\alpha_3\frac{\Delta t}{\Omega_{i,j}}\boldsymbol{R}^{2} \quad (6-82)$$

$$\boldsymbol{Q}_{i,j}^{4}=\boldsymbol{Q}_{i,j}^{0}-\alpha_4\frac{\Delta t}{\Omega_{i,j}}\boldsymbol{R}^{3} \quad (6-83)$$

$$\boldsymbol{Q}_{i,j}^{n+1}=\boldsymbol{Q}_{i,j}^{4} \quad (6-84)$$

取$\alpha_1=\frac{1}{4}$,$\alpha_2=\frac{1}{3}$,$\alpha_3=\frac{1}{2}$,$\alpha_4=\frac{1}{4}$。在经典龙格-库塔方法中,第四步为

$$\boldsymbol{Q}_{i,j}^{4}=\boldsymbol{Q}_{i,j}^{0}-\alpha_4\frac{\Delta t}{\Omega_{i,j}}\left(\frac{\boldsymbol{R}^{0}+2\boldsymbol{R}^{1}+2\boldsymbol{R}^{2}+\boldsymbol{R}^{3}}{6}\right) \quad (6-85)$$

式中 $\alpha_1=\frac{1}{2},\quad \alpha_2=\frac{1}{2},\quad \alpha_3=1,\quad \alpha_4=1$

有限体积法不仅可以用于无黏流,也可用于黏性流动。大量的数值计算研究表明,有限体积法和有限差分法的结果一致,计算效率也相当。但有限体积法在复杂几何方面的适应性,使

其更方便于计算复杂外形的流场。

6.3　高超声速流动的数值模拟方法

下述从超声速和高超声速流动出发，介绍 N－S 方程的空间、时间离散格式，包括不同的通量分裂方法和插值限制器，阐述它们的格式精度和激波捕捉能力以及抑制振荡的作用。

6.3.1　N－S 方程的离散

将守恒型 N－S 方程对有限体积网格单元 Ω 进行积分，可得到积分形式的守恒方程为

$$\int_{\Omega}\frac{\partial \boldsymbol{Q}}{\partial t}\mathrm{d}\Omega+\int_{\Omega}\nabla\cdot(\boldsymbol{Y}-\boldsymbol{Y}_v)\,\mathrm{d}\Omega=\int \boldsymbol{W}\mathrm{d}\Omega \tag{6-86}$$

式中：$\boldsymbol{Y}=(\boldsymbol{F},\boldsymbol{G},\boldsymbol{H})$；$\boldsymbol{Y}_v=(\boldsymbol{F}_v,\boldsymbol{G}_v,\boldsymbol{H}_v)/Re_\infty$，下标 v 表示黏性项。

由高斯定理和积分近似关系可得

$$\Omega\frac{\partial \bar{\boldsymbol{Q}}}{\partial t}+\oint S(\boldsymbol{Y}-\boldsymbol{Y}_v)\cdot \boldsymbol{n}\mathrm{d}s=\boldsymbol{W}(\bar{\boldsymbol{Q}})\Omega \tag{6-87}$$

$$\Omega\frac{\partial \bar{\boldsymbol{Q}}}{\partial t}=-\sum_{l=1}^{N}\left[(\boldsymbol{Y}-\boldsymbol{Y}_v)\cdot \boldsymbol{s}\right]_l+\boldsymbol{W}(\bar{\boldsymbol{Q}})\Omega \tag{6-88}$$

式中：$\bar{\boldsymbol{Q}}=\int_{\Omega}\boldsymbol{Q}\mathrm{d}\Omega/\Omega$，是网格单元内的流场变量平均值；$\Omega$ 为控制体的体积；$\boldsymbol{n}$ 为网格单元面的单位法矢量；$\boldsymbol{s}$ 为网格单元的面积矢量；N 为网格单元表面个数。

对于六面体结构网格，定义 $\tilde{\boldsymbol{Y}}=\boldsymbol{Y}\cdot\boldsymbol{s}$ 和 $\tilde{\boldsymbol{Y}}_v=\boldsymbol{Y}_v\cdot\boldsymbol{s}$ 分别为控制体某个面的无黏和黏性通量项。对于格心有限体积法，网格单元中心的变量值是网格单元平均值的二阶近似，可以使用格心值 $Q_{i,j,k}$ 来代替平均值 $\bar{Q}_{i,j,k}$，最终可以得到针对任意网格单元的离散方程为

$$\Omega_{i,j,k}\frac{\partial \boldsymbol{Q}_{i,j,k}}{\partial t}=-\boldsymbol{R} \tag{6-89}$$

$$\begin{aligned}\boldsymbol{R}=&(\tilde{\boldsymbol{Y}}-\tilde{\boldsymbol{Y}}_v)_{i+\frac{1}{2},j,k}-(\tilde{\boldsymbol{Y}}-\tilde{\boldsymbol{Y}}_v)_{i-\frac{1}{2},j,k}+(\tilde{\boldsymbol{Y}}-\tilde{\boldsymbol{Y}}_v)_{i,j+1/2,k}-(\tilde{\boldsymbol{Y}}-\tilde{\boldsymbol{Y}}_v)_{i,j-1/2,k}+\\&(\tilde{\boldsymbol{Y}}-\tilde{\boldsymbol{Y}}_v)_{i,j,k+1/2}-(\tilde{\boldsymbol{Y}}-\tilde{\boldsymbol{Y}}_v)_{i,j,k-1/2}-\boldsymbol{W}_{i,j,k}\cdot\Omega_{i,j,k}\end{aligned} \tag{6-90}$$

结构化网格下，基于有限体积法的控制方程的离散形式为

$$\begin{aligned}&\frac{\delta\bar{\boldsymbol{Q}}_{i,j,k}^{n+1}}{\Delta t}+\frac{\boldsymbol{F}_{i+1/2,j,k}^{n+1}-\boldsymbol{F}_{i-1/2,j,k}^{n+1}}{\Delta\xi}+\frac{\boldsymbol{G}_{i,j+1/2,k}^{n+1}-\boldsymbol{G}_{i,j-1/2,k}^{n+1}}{\Delta\eta}+\frac{\boldsymbol{H}_{i,j,k+1/2}^{n+1}-\boldsymbol{H}_{i,j,k-1/2}^{n+1}}{\Delta\zeta}=\\&\quad\frac{1}{Re_\infty}\left(\frac{F_{i+1/2,j,k}^{v,n+1}-F_{i-1/2,j,k}^{v,n+1}}{\Delta\xi}+\frac{G_{i,j+1/2,1}^{v,n+1}-G_{i,j-1/2,k}^{v,n+1}}{\Delta\eta}+\frac{H_{i,j,k+1/2}^{v,n+1}-H_{i,j,k-1/2}^{v,n+1}}{\Delta\zeta}+W_{i,i,k}\right)\end{aligned} \tag{6-91}$$

6.3.2　高超声速流动中无黏项的离散

对流通量在 CFD 中占有很重要的地位，各种计算格式都是针对对流通量提出的。Van Leer 提出的通过变量插值得到二阶迎风格式的 MUSCL（Monotone Upstream Centred Scheme for Conservation Law）近似和 Harten 提出的 TVD（Total Variation Diminishing）概念最具有代表性。

为了捕捉流场中的激波和接触间断，对流项，即式(6－91)中左端第二、三、四项中分子的

每一项，一般采用二阶非线性格式进行计算。此类格式包含网格模板(基本上由五点组成)、插值限制器和通量分裂方法3种基本要素。

对流项通量的计算主要有两种基本方案：①由单元中心变量值重构界面上的变量值，而后采用通量公式获得界面上的通量；②首先获得单元中心截面的通量，然后对这些通量进行重构获得界面上的通量。

通过单元中心变量重构界面上的变量，一般形式如下：

$$\begin{aligned} \boldsymbol{Q}_{i+1/2}^{\mathrm{L}} &= \boldsymbol{Q}_i + \mathrm{Limiter}(\Delta \boldsymbol{Q}_{i-1/2}, \Delta \boldsymbol{Q}_{i+1/2}) \\ \boldsymbol{Q}_{i+1/2}^{\mathrm{R}} &= \boldsymbol{Q}_{i+1} - \mathrm{Limiter}(\Delta \boldsymbol{Q}_{i+1/2}, \Delta \boldsymbol{Q}_{i+3/2}) \end{aligned} \tag{6-92}$$

式中：$\boldsymbol{Q}_{i+1/2}^{\mathrm{L}}$ 和 $\boldsymbol{Q}_{i+1/2}^{\mathrm{R}}$ 分别代表网格单元界面 $i+1/2$ 左、右两侧的解变量；$\Delta \boldsymbol{Q}_{i+1/2} = \boldsymbol{Q}_{i+1} - \boldsymbol{Q}_i$；Limiter 为限制器。得到界面变量后，界面数值通量可以按通量矢量分裂方法和通量差分分裂方法进行计算。

1. 界面变量的重构

限制器技术是影响CFD数值计算精度、稳定性和收敛性的重要因素。无黏通量计算过程中，在激波或者其他高梯度区域应采用一阶离散来保持单调性或正则性的限制技术，其他区域可以采用其他精度的离散格式。此处主要介绍两种限制器。

(1) minmod 限制器。在高超声速流动中广泛采用数值耗散大的 minmod 限制器来抑制激波附近的振荡，其表达式为

$$\mathrm{min\,mod}(x, y) = \begin{cases} 0, & \mathrm{sign}(x) = -\mathrm{sign}(y) \\ \mathrm{sign}(x) \cdot \min(|x|, |y|), & \mathrm{sign}(x) = \mathrm{sign}(y) \end{cases} \tag{6-93}$$

(2) Van Leer 限制器。与 minmod 限制器相比，Van Leer 限制器的数值耗散要小得多，对激波附近的振荡难以抑制，捕捉强激波的能力要差。其表达式为

$$\mathrm{VanLeer}(x, y) = \begin{cases} 0, & \mathrm{sign}(x) = -\mathrm{sign}(y) \\ \dfrac{xy}{|x| + |y| + \varepsilon}, & \mathrm{sign}(x) = \mathrm{sign}(y) \end{cases} \tag{6-94}$$

式中：ε 为小正数，避免分母为零。

将上述 minmod 限制器和 Van Leer 限制器代入式(6-92)中，就能得到采用不同限制器的网格单元边界面重构后的插值表达式。

2. 通量分裂方法

高超声速流动的计算采用迎风格式是有益的。通量分裂方法可以理解为在方程组条件下实现迎风格式特性的一种手段。通量分裂方法对格式的鲁棒性和计算精度具有十分重要的影响。基于网格界面处变量的通量计算有以下几种常用格式。

(1) Roe 通量差分分裂格式(FDS)。Roe 格式是一种 FDS 通量差分分裂格式，利用左右状态($\boldsymbol{Q}_{\mathrm{L}}, \boldsymbol{Q}_{\mathrm{R}}$)构造合理的雅可比替换矩阵，将复杂的非线性问题转化为线性问题。以 ξ 方向为例，Roe 格式数值通量可表示为

$$\boldsymbol{F}_{i+1/2} = \frac{1}{2}\left[\boldsymbol{F}(\boldsymbol{Q}_{i+1/2}^{\mathrm{L}}) + \boldsymbol{F}(\boldsymbol{Q}_{i+1/2}^{\mathrm{R}}) - |\widetilde{\boldsymbol{A}}|_{i+1/2}(\boldsymbol{Q}_{i+1/2}^{\mathrm{R}} - \boldsymbol{Q}_{i+1/2}^{\mathrm{L}})\right] \tag{6-95}$$

式中前两项可直接求出，“≈”表示 Roe 平均，$|\widetilde{\boldsymbol{A}}|$ 为 Roe 的平均矩阵，则有

$$|\widetilde{\boldsymbol{A}}| = |\widetilde{\boldsymbol{A}}(\widetilde{\boldsymbol{U}})|, \quad \widetilde{\boldsymbol{U}} = \widetilde{\boldsymbol{U}}(\boldsymbol{Q}_L, \boldsymbol{Q}_R) \tag{6-96}$$

$\widetilde{\boldsymbol{U}}$ 通过 Roe 平均得到，考虑三维情况：

$$\widetilde{\widetilde{\rho}}=\sqrt{\rho_L\rho_R}$$
$$\widetilde{\widetilde{\phi}}=\frac{\sqrt{\rho_H}\phi_H+\sqrt{\rho_L}\phi_L}{\sqrt{\rho_R}+\sqrt{\rho_L}}\quad(\phi=u,v,w,H) \tag{6-97}$$

直接给出修正通量为

$$|\widetilde{\widetilde{A}}|(Q_{\mathrm{R}}-Q_{\mathrm{L}})=|\widetilde{\widetilde{A}}|\Delta Q=\begin{bmatrix}\alpha_4\\ \widetilde{\widetilde{u}}\alpha_4+\bar{k}_x\alpha_5+\alpha_6\\ \widetilde{\widetilde{v}}\alpha_4+\bar{k}_y\alpha_5+\alpha_7\\ \widetilde{\widetilde{\mathrm{w}}}\alpha_4+\bar{k}_z\alpha_5+\alpha_8\\ \widetilde{\widetilde{H}}\alpha_4+(\widetilde{\widetilde{\mathrm{U}}}-\bar{k}_t)\alpha_5+\widetilde{\widetilde{u}}\alpha_6+\widetilde{\widetilde{v}}\alpha_7+\widetilde{\widetilde{w}}\alpha_8-\dfrac{\widetilde{\widetilde{a}}^2\alpha_1}{\gamma-1}\end{bmatrix} \tag{6-98}$$

$$\alpha_1=J^{-1}|\lambda_1|\left(\Delta\rho-\frac{\Delta p}{\widetilde{\widetilde{a}}^2}\right)$$
$$\alpha_2=\frac{1}{2\widetilde{\widetilde{a}}^2}J^{-1}|\lambda_2|(\Delta p+\widetilde{\widetilde{\rho}}\widetilde{\widetilde{a}}\Delta\bar{U})$$
$$\alpha_3=\frac{1}{2\widetilde{\widetilde{a}}^2}J^{-1}|\lambda_3|(\Delta p-\widetilde{\widetilde{\rho}}\widetilde{\widetilde{a}}\Delta\bar{U})$$
$$\alpha_4=\alpha_1+\alpha_2+\alpha_3$$
$$\alpha_5=\widetilde{\widetilde{a}}(\alpha_2-\alpha_3)$$
$$\alpha_6=J^{-1}|\lambda_1|(\widetilde{\widetilde{\rho}}\Delta u-\bar{k}_x\ \widetilde{\widetilde{\rho}}\Delta\bar{U})$$
$$\alpha_7=J^{-1}|\lambda_1|(\widetilde{\widetilde{\rho}}\Delta v-\bar{k}_y\ \widetilde{\widetilde{\rho}}\Delta\bar{U})$$
$$\alpha_8=J^{-1}|\lambda_1|(\widetilde{\widetilde{\rho}}\Delta w-\bar{k}_z\ \widetilde{\widetilde{\rho}}\Delta\bar{U})$$

式中：$\boldsymbol{J}$ 为雅可比矩阵；λ_1，λ_2 和 λ_3 为特征值，它们与其他参数的表达式为

$$\lambda_1=\sigma\widetilde{\widetilde{U}}$$
$$\lambda_2=\sigma(\widetilde{\widetilde{U}}+\widetilde{\widetilde{a}})$$
$$\lambda_3=\sigma(\widetilde{\widetilde{U}}-\widetilde{\widetilde{a}})$$
$$\widetilde{\widetilde{a}}^2=(\gamma-1)\widetilde{\widetilde{H}}-\frac{\widetilde{\widetilde{u}}^2+\widetilde{\widetilde{v}}^2+\widetilde{\widetilde{w}}^2}{2}$$
$$\widetilde{\widetilde{U}}=\bar{k}_t+\bar{k}_x\widetilde{\widetilde{u}}+\bar{k}_y\widetilde{\widetilde{v}}+\bar{k}_z\widetilde{\widetilde{w}}$$
$$\bar{U}=\bar{k}_t+\bar{k}_xu+\bar{k}_yv+\bar{k}_zw$$

以 ξ 方向为例，有

$$\sigma=\sqrt{\xi_x^2+\xi_y^2+\xi_z^2}$$
$$(\bar{k}_x,\bar{k}_y,\bar{k}_z,\bar{k}_t)=(\xi_x,\xi_y,\xi_z,\xi_t)/|\mathbf{grad}\xi|,\quad|\mathbf{grad}\xi|=\sqrt{\xi_x^2+\xi_y^2+\xi_z^2}$$
$$(\Delta\rho,\Delta p,\Delta u,\Delta v,\Delta w,\Delta\bar{U})=(\rho,p,u,v,w,\bar{U})_R-(\rho,p,u,v,w,\bar{U})_L$$

特征值很小时，Roe 格式会违反熵条件，出现非物理解，故需要对 Roe 平均矩阵的特征值进行熵修正。

1）最常用的熵修正：

$$|\bar{\lambda}|=(\bar{\lambda}^2+\delta^2)^{\frac{1}{2}},\quad\delta=\varepsilon|\nabla\bar{k}|,\quad|\nabla\bar{k}|=\sqrt{\bar{k}_x^2+\bar{k}_y^2+\bar{k}_z^2} \tag{6-99}$$

式中：$\varepsilon\in[0.01,0.1]$，k 可分别取 ξ,η,ζ。为了减小熵修正在边界层内引入过大的数值耗散，沿法向可作修正：$\delta=\varepsilon|\hat{\lambda}_1|$。

2)Harten 熵修正：

$$|\bar{\lambda}|=\begin{cases}|\lambda|, & |\bar{\lambda}|\geqslant\delta\\ \dfrac{|\bar{\lambda}|^2+\delta^2}{2\delta}, & |\bar{\lambda}|\leqslant\delta\end{cases}\tag{6-100}$$

式中：$\delta\in[0.05,0.25]$，δ 选择不同的取值形成了各种具体的修正方法。

3)Harten - Yee 熵修正：

$$|\bar{\lambda}|=\begin{cases}|\lambda|, & |\bar{\lambda}|\geqslant\delta\\ \dfrac{|\bar{\lambda}|^2+\delta^2}{2\delta}, & |\bar{\lambda}|\leqslant\delta\end{cases}\tag{6-101}$$

$$\delta=\delta^*\cdot\left[|\boldsymbol{V}\cdot\nabla\bar{\xi}|+|\boldsymbol{V}\cdot\nabla\bar{\eta}|+|\boldsymbol{V}\cdot\nabla\bar{\zeta}|+\frac{a}{3}(|\nabla\bar{\xi}|+|\nabla\bar{\eta}|+|\nabla\bar{\zeta}|)\right]$$

式中：$\boldsymbol{V}$ 为流场速度矢量；$\delta^*\in[0.05,0.25]$；$\nabla\bar{\xi}=\mathbf{grad}\xi/|\mathbf{grad}\xi|$。

(2)Van Leer 通量矢量分裂。Van Leer 提出的一种通量矢量分裂方法，将通量表示为局部一维马赫数的函数，然后按其所在方向的马赫数的变化分解成正负通量项，使通量分裂在声速点和驻点处满足连续可微性。Van Leer 分裂具有很好的捕捉激波的能力，但是在边界层、剪切层计算中格式耗散过大。

流场控制方程的无黏通量可以表示为

$$\delta_\varepsilon\boldsymbol{F}=\delta_\varepsilon^-\boldsymbol{F}^++\delta_\varepsilon^+\boldsymbol{F}^-\tag{6-102}$$

式中：δ_ε^-，δ_ε^+ 分别表示向后、向前差分算子。定义 ξ 方向的逆变马赫数为

$$Ma_n=\frac{\bar{\theta}}{a}\tag{6-103}$$

式中：$\theta=\dfrac{u\xi_x+v\xi_y+w\xi_z+\xi_t}{|\mathbf{grad}\xi|}$，$|\mathbf{grad}\xi|=\sqrt{\xi_x^2+\xi_y^2+\xi_z^2}$；$a$ 是声速。

对于超声速流动($Ma_n\geqslant1$)：

$$\begin{cases}\boldsymbol{F}^+=\boldsymbol{F}, & \boldsymbol{F}^-=0, & Ma_n\geqslant1\\ \boldsymbol{F}^+=0, & \boldsymbol{F}^-=\boldsymbol{F}, & Ma_n\leqslant-1\end{cases}\tag{6-104}$$

对于亚声速流动($Ma_n\leqslant1$)：

$$F^\pm=\frac{|\mathbf{grad}\xi|}{J}\begin{bmatrix}f_{\text{mass}}^\pm\\ f_{\text{mass}}^\pm[\bar{k}_x(-\bar{\theta}\pm2a)/\gamma+u]\\ f_{\text{mass}}^\pm[\bar{k}_y(-\bar{\theta}\pm2a)/\gamma+v]\\ f_{\text{mass}}^\pm[\bar{k}_z(-\bar{\theta}\pm2a)/\gamma+w]\\ f_{\text{energy}}^\pm\end{bmatrix}\tag{6-105}$$

式中

$$f_{\text{mass}}^\pm=\pm\rho a\ (Ma_n\pm1)^2/4$$

$$f_{\text{energy}}^\pm=f_{\text{mass}}^\pm\left[\frac{(1-\gamma)\bar{\theta}^2\pm2(\gamma-1)\bar{\theta}a+2a^2}{\gamma^2-1}+\frac{u^2+v^2+w^2}{2}-\frac{\bar{k}_t}{\gamma}(-\bar{\theta}\pm2a)\right]$$

$$(\bar{k}_x,\bar{k}_y,\bar{k}_z,\bar{k}_t)=(\xi_x,\xi_y,\xi_z,\xi_t)/|\mathbf{grad}\xi|$$

(3)AUSMpw$^+$格式。为了降低数值耗散，改善边界层流动的分辨率，AUSM(Advection Upstream Splitting Method)系列通量分裂方法受到了人们的重视。该方法认为对流线性波(与特征速度 u 有关)与非线性声波(与特征速度 $u+a$ 和 $u-a$ 有关)是物理上的不同过程，因此将无黏通量分裂为对流通量项及压力通量项进行分别处理。从格式构造来讲，AUSM 格式是 Van Leer 格式的一种发展改进。通过构造界面马赫数获取"迎风"特性，进而精确捕捉激

波。从其耗散项分析，这是一种 FVS 与 FDS 的复合格式。AUSM 格式数值耗散小，既有 Roe 格式捕捉强间断的能力，又有 Van Leer 格式的计算效率，还具有标量的正值保持性。

给出 AUSMpw⁺ 方法的具体表达式为

$$\boldsymbol{F}_{i+1/2} = Sa_{1/2}\left[\overline{Ma_{\mathrm{L}}^{+}}\begin{pmatrix}\rho\\ \rho u\\ \rho v\\ \rho w\\ \rho H\end{pmatrix}_{L} + \overline{Ma_{\mathrm{R}}^{-}}\begin{pmatrix}\rho\\ \rho u\\ \rho v\\ \rho w\\ \rho H\end{pmatrix}_{\mathrm{R}}\right]\left[+(p_{\mathrm{L}}^{+}p_{\mathrm{L}} + p_{\mathrm{R}}^{-}p_{\mathrm{R}})\begin{pmatrix}0\\ n_x\\ n_y\\ n_z\\ 0\end{pmatrix}\right] \tag{6-106}$$

式中：S 为网格单元面积，网格界面声速和界面左右的马赫数可表示为

$$a_{1/2} = \frac{a_{1/2}^{\mathrm{L}} + a_{1/2}^{\mathrm{R}}}{2} \tag{6-107}$$

$$Ma_{\mathrm{L,R}} = \frac{\boldsymbol{V}_{\mathrm{L,R}} \cdot \boldsymbol{n}}{a_{1/2}} \tag{6-108}$$

$$Ma_{\mathrm{L,R}}^{\pm} = \begin{cases} \pm\dfrac{1}{4}(Ma_{\mathrm{L,R}} \pm 1)^2, & |Ma_{\mathrm{L,R}}| \leqslant 1 \\ \dfrac{1}{2}(Ma_{\mathrm{L,R}} \pm |Ma_{\mathrm{L,R}}|), & |Ma_{\mathrm{L,R}}| > 1 \end{cases} \tag{6-109}$$

$$p_{\mathrm{L,R}}^{\pm} = \begin{cases} \dfrac{1}{4}(Ma_{\mathrm{L,R}} \pm 1)^2(2 \mp Ma_{\mathrm{L,R}}), & |Ma_{\mathrm{L,R}}| \leqslant 1 \\ \dfrac{1}{2}[1 \pm \mathrm{sign}(Ma_{\mathrm{L,R}})], & |Ma_{\mathrm{L,R}}| > 1 \end{cases} \tag{6-110}$$

定义

$$Ma_{1/2} = Ma_{\mathrm{L}}^{+} + Ma_{\mathrm{R}}^{-}, \quad p_s = p_{\mathrm{L}}^{+}p_{\mathrm{L}} + p_{\mathrm{R}}^{-}p_{\mathrm{R}} \tag{6-111}$$

则有

$$\begin{aligned} \overline{Ma_{\mathrm{L}}^{+}} &= \begin{cases} Ma_{\mathrm{L}}^{+} + Ma_{\mathrm{R}}^{-}[(1-f_{\mathrm{w}})(1+f_{\mathrm{R}}) - f_{\mathrm{L}}], & Ma_{1/2} \geqslant 0 \\ Ma_{\mathrm{L}}^{+}f_{\mathrm{w}}(1+f_{\mathrm{L}}), & Ma_{1/2} < 0 \end{cases} \\ \overline{Ma_{\mathrm{R}}^{-}} &= \begin{cases} Ma_{\mathrm{R}}^{-}f_{\mathrm{w}}(1+f_{\mathrm{R}}), & Ma_{1/2} \geqslant 0 \\ Ma_{\mathrm{R}}^{-} + Ma_{\mathrm{L}}^{+}[(1-f_{\mathrm{w}})(1+f_{\mathrm{L}}) - f_{\mathrm{R}}], & Ma_{1/2} < 0 \end{cases} \end{aligned} \tag{6-112}$$

式中：f 为基于压力的权函数，有

$$f_{\mathrm{w}}(p_{\mathrm{L}}, p_{\mathrm{R}}) = 1 - \min\left(\frac{p_{\mathrm{L}}}{p_{\mathrm{R}}}, \frac{p_{\mathrm{R}}}{p_{\mathrm{L}}}\right)^3 \tag{6-113}$$

$$f_{\mathrm{L,R}} = \begin{cases} \dfrac{p_{\mathrm{L,R}}}{p_s} - 1, & |M_{\mathrm{L,R}}| < 1, \quad p_s \neq 0 \\ 0, & \text{其他} \end{cases} \tag{6-114}$$

6.3.3　黏性项离散

在笛卡儿坐标系下，单元面（矢量面积 $\boldsymbol{s} = s_x\boldsymbol{i} + s_y\boldsymbol{j} + s_z\boldsymbol{k}$）上的黏性力为

$$\begin{aligned} \boldsymbol{F}_{\mathrm{v}} = {} & \mu(s_x\,\mathbf{grad}u + s_y\,\mathbf{grad}v + s_z\,\mathbf{grad}w) - \frac{2}{3}\mu(\boldsymbol{\nabla}\cdot\boldsymbol{V})\boldsymbol{s} + \\ & \mu[(\boldsymbol{s}\cdot\mathbf{grad}u)\boldsymbol{i} + (\boldsymbol{s}\cdot\mathbf{grad}v)\boldsymbol{j} + (\boldsymbol{s}\cdot\mathbf{grad}w)\boldsymbol{k}] = F_{xv}\boldsymbol{i} + F_{yv}\boldsymbol{j} + F_{zv}\boldsymbol{k} \end{aligned} \tag{6-115}$$

黏性力所做的功为

$$N = F_{xv}u + F_{yv}v + F_{zv}w \tag{6-116}$$

以内单元(i,j,k)为例，采用算术平均得到单元(i,j,k)与$(i+1,j,k)$的界面上的速度和温度的值：

$$\left.\begin{aligned} u &= \frac{1}{2}(u_{i,j,k} + u_{i+1,j,k}), \quad v = \frac{1}{2}(v_{i,j,k} + v_{i+1,j,k}) \\ w &= \frac{1}{2}(w_{i,j,k} + w_{i+1,j,k}), \quad T = \frac{1}{2}(T_{i,j,k} + T_{i+1,j,k}) \end{aligned}\right\} \tag{6-117}$$

于是有

$$\begin{aligned} \mathbf{grad}u &= \frac{1}{2}(\mathbf{grad}u|_{i,j,k} + \mathbf{grad}u|_{i+1,j,k}) \\ \mathbf{grad}v &= \frac{1}{2}(\mathbf{grad}v|_{i,j,k} + \mathbf{grad}v|_{i+1,j,k}) \\ \mathbf{grad}w &= \frac{1}{2}(\mathbf{grad}w|_{i,j,k} + \mathbf{grad}w|_{i+1,j,k}) \\ \mathbf{grad}T &= \frac{1}{2}(\mathbf{grad}T|_{i,j,k} + \mathbf{grad}T|_{i+1,j,k}) \end{aligned} \tag{6-118}$$

类似可以得到其他面上的梯度。由此可知，只要得到了变量在单元中心的梯度，就可以得到单元面上的梯度。

根据梯度的定义，将计算单元近似为小体积元，函数 f 的梯度可以写成

$$\mathbf{grad}f \approx \frac{1}{\Omega}\sum_{i=1}^{6} f_i \boldsymbol{s}_i \tag{6-119}$$

式中：Ω 为单元体积；$\boldsymbol{s}_i$ 为各个面上的面积矢量；f 为面上的函数值。用 u,v,w 和 T 代替 f，就得到了各自的梯度表达式为

$$\left.\begin{aligned} \mathbf{grad}u &= \frac{1}{\Omega}\sum_{l=1}^{6}(u_l s_{lx}\boldsymbol{i} + u_l s_{ly}\boldsymbol{j} + u_l s_{lz}\boldsymbol{k}) \\ \mathbf{grad}v &= \frac{1}{\Omega}\sum_{l=1}^{6}(v_l s_{lx}\boldsymbol{i} + v_l s_{ly}\boldsymbol{j} + v_l s_{lz}\boldsymbol{k}) \\ \mathbf{grad}w &= \frac{1}{\Omega}\sum_{l=1}^{6}(w_l s_{lx}\boldsymbol{i} + w_l s_{ly}\boldsymbol{j} + w_l s_{lz}\boldsymbol{k}) \\ \mathbf{grad}T &= \frac{1}{\Omega}\sum_{l=1}^{6}(T_l s_{lx}\boldsymbol{i} + T_l s_{ly}\boldsymbol{j} + T_l s_{lz}\boldsymbol{k}) \end{aligned}\right\} \tag{6-120}$$

根据散度的计算公式，可以类似得到散度为

$$\nabla \cdot \mathbf{V} = \frac{1}{\Omega}\sum_{l=1}^{6}(u_l s_{lx} + v_l s_{ly} + w_l s_{lz}) \tag{6-121}$$

采用上述方法得到速度的散度、速度和温度的梯度后，就可以计算出积分形式的流体方程中的黏性项。对于边界面，可以采用内点外插的方法得到边界上的速度和温度的梯度及速度的散度，从而得到边界面上的黏性通量。

6.3.4 时间推进方法

由以上离散方法可以获得式(6-90)中无黏和黏性通量项，针对离散方程式(6-89)，可以将时间离散格式写成统一的形式为

$$\Omega \frac{(1+\psi)\Delta \boldsymbol{Q}^n - \psi \Delta \boldsymbol{Q}^{n-1}}{\Delta \tau} = -\left[(1-\theta)\boldsymbol{R}^n + \theta \boldsymbol{R}^{n+1}\right]$$

$$\Delta \boldsymbol{Q}^n = \boldsymbol{Q}^{n+1} - \boldsymbol{Q}^n \tag{6-122}$$

式中：n 为时间层；ψ 和 θ 为时间离散的控制参数。控制参数不同，式(6－122)代表的时间离散格式不同。当 $\theta=0$，$\psi=0$ 时，代表 Euler 前向显式格式；当 $\theta=1$，$\psi=1/2$ 时，代表二阶三点向后格式；当 $\theta=1$，$\psi=0$ 时，代表 Euler 后向隐式格式；当 $\theta=1/2$，$\psi=0$ 时，代表 Crank－Nicholson(CN) 格式。

以一阶 Euler 隐式格式($\theta=1$，$\psi=0$)为例：

$$\Omega \frac{\Delta \boldsymbol{Q}^n}{\Delta \tau} = -\boldsymbol{R}^{n+1} \tag{6-123}$$

将右端项对时间进行 Taylor 展开，即对非线性项进行线性化处理可得

$$\boldsymbol{R}^{n+1} = \boldsymbol{R}^n + \left(\frac{\partial \boldsymbol{R}}{\partial t}\right)^n \Delta\tau + O(\Delta\tau^2) = \boldsymbol{R}^n + \left(\frac{\partial \boldsymbol{R}}{\partial \boldsymbol{Q}}\right)^n \left(\frac{\partial \boldsymbol{Q}}{\partial \tau}\right)^n \Delta\tau + O(\Delta\tau^2) =$$

$$\boldsymbol{R}^n + \left(\frac{\partial \boldsymbol{R}}{\partial \boldsymbol{Q}}\right)^n \Delta \boldsymbol{Q}^n + O(\Delta\tau^2) \tag{6-124}$$

$\partial \boldsymbol{R}/\partial \boldsymbol{Q} = M(\boldsymbol{Q})$ 为残差向量的雅可比矩阵。由式(6－123)和式(6－124)联立可得线性方程为

$$\left[\frac{\Omega}{\Delta \tau}\boldsymbol{I} + M(\boldsymbol{Q}^n)\right]\Delta \boldsymbol{Q}^n = -\boldsymbol{R}^n \tag{6-125}$$

1. 显式时间推进格式

显式时间推进一般采用多步龙格-库塔方法，针对半离散形式的方程为

$$\Omega \frac{\mathrm{d}Q}{\mathrm{d}\tau} = -R(Q) \tag{6-126}$$

从时间步 n 到时间步 $n+1$ 的积分可以用 m 步龙格-库塔法表示为

$$\boldsymbol{Q}^{n+\frac{k}{m}} = \boldsymbol{Q}^n - \frac{\Delta\tau}{\Omega}\theta_k \boldsymbol{R}\left(\boldsymbol{Q}^{n+\frac{k-1}{m}}\right),\quad \theta_k = \frac{1}{m-k+1},\quad k=1,\cdots,m \tag{6-127}$$

式中：系数 θ_k 决定格式精度，例如四步龙格-库塔方法的系数为

$$m=4,\quad \theta_1=\frac{1}{4},\quad \theta_2=\frac{1}{3},\quad \theta_3=\frac{1}{2},\quad \theta_4=1$$

也可以取式(6－85)的计算方法。

2. 隐式时间推进格式

对于定常问题，常用的数值求解方法是时间项采用一阶后向差分，即式(6－123)对流项采用隐式格式离散，扩散项和源项根据流动特点采用显式或隐式格式。线性方程式(6－125)的求解可以采用直接法和迭代法。这里主要讨论 Yoon 和 Jameson 提出的 LU－SGS(Lower－Upper Symmetric Gauss Seidel)隐式迭代方法。LU－SGS 方法采用标量追赶法，避免了块矩阵的求逆，每个时间步和网格点上的计算量与显式格式相当，是一种适用于定常计算的简单、高效、稳定的迭代方法。略去黏性项部分，给出如下的无黏部分隐式处理过程。

基于贴体坐标系下控制方程，采用隐式离散可得到如下非线性方程组，即

$$\frac{\Omega \partial \boldsymbol{Q}}{\partial \tau} + \omega\left(\frac{\partial \bar{\boldsymbol{F}}}{\partial \xi} + \frac{\partial \bar{\boldsymbol{G}}}{\partial \eta} + \frac{\partial \bar{\boldsymbol{H}}}{\partial \zeta}\right)_{i,j,k}^{n+1} + (1-\omega)\left(\frac{\partial \bar{\boldsymbol{F}}}{\partial \xi} + \frac{\partial \bar{\boldsymbol{G}}}{\partial \eta} + \frac{\partial \bar{\boldsymbol{H}}}{\partial \zeta}\right)_{i,j,k}^{n} =$$

$$\frac{\mathrm{NVIS}}{Re_\infty}\left(\frac{\partial \bar{\boldsymbol{F}}_v}{\partial \xi} + \frac{\partial \bar{\boldsymbol{G}}_x}{\partial \eta} + \frac{\partial \bar{\boldsymbol{H}}_v}{\partial \zeta}\right)_{i,j,k}^{n} + \bar{\boldsymbol{W}}_{i,j,k}^{n+1} \tag{6-128}$$

式中：NVIS=0或1，为Euler/N-S方程开关。将式(6-128)沿时间方向展开，舍去高阶项，并令 $\Delta\boldsymbol{Q}^n=\boldsymbol{Q}^{n+1}-\boldsymbol{Q}^n$，得

$$\Omega\frac{\Delta\boldsymbol{Q}^n}{\Delta\tau}+\omega\left[\frac{\partial}{\partial\xi}(\boldsymbol{A}\Delta\boldsymbol{Q}^n)+\frac{\partial}{\partial\eta}(\boldsymbol{B}\Delta\boldsymbol{Q}^n)+\frac{\partial}{\partial\zeta}(\boldsymbol{C}\Delta\boldsymbol{Q}^n)\right]-\boldsymbol{S}\Delta\boldsymbol{Q}^n=-\mathbf{RHS} \quad (6-129)$$

$$\mathbf{RHS}=\left(\frac{\partial\bar{\boldsymbol{F}}}{\partial\xi}+\frac{\partial\bar{\boldsymbol{G}}}{\partial\eta}+\frac{\partial\bar{\boldsymbol{H}}}{\partial\zeta}\right)^n-\frac{\mathrm{NVIS}}{Re_\infty}\left(\frac{\partial\bar{\boldsymbol{F}}_\mathrm{v}}{\partial\xi}+\frac{\partial\bar{\boldsymbol{G}}_\mathrm{v}}{\partial\eta}+\frac{\partial\bar{\boldsymbol{H}}_\mathrm{v}}{\partial\zeta}\right)^n-\bar{\boldsymbol{W}}^n$$

式中：$\boldsymbol{A},\boldsymbol{B},\boldsymbol{C}$ 分别为3个方向的对流通量对 $\boldsymbol{Q}$ 的雅可比矩阵；$\boldsymbol{S}$ 为源项对 $\boldsymbol{Q}$ 的雅可比矩阵。

令 $\boldsymbol{A}^\pm=(\boldsymbol{A}\pm\beta\gamma_A\boldsymbol{I})/2$，其中 $\gamma_A=\max[|\lambda(\boldsymbol{A})|]$，$\lambda(\boldsymbol{A})$ 为矩阵 A 的特征值。$B^\pm$ 和 $C^\pm$ 采用同样的定义方式，其中 β 为大于或等于1的常数，用来调节计算的稳定性。

对式(6-129)左端采用一阶迎风差分，其过程如下：

$$\left.\begin{aligned}\boldsymbol{A}^+-\boldsymbol{A}^-&=\beta\gamma_A\boldsymbol{I}\\\boldsymbol{B}^+-\boldsymbol{B}^-&=\beta\gamma_B\boldsymbol{I}\\\boldsymbol{C}^+-\boldsymbol{C}^-&=\beta\gamma_C\boldsymbol{I}\end{aligned}\right\} \quad (6-130)$$

$$\begin{aligned}&\frac{\Omega\Delta\boldsymbol{Q}^n}{\Delta\tau}+\omega\left[\frac{\partial}{\partial\xi}[(\boldsymbol{A}^++\boldsymbol{A}^-)\Delta\boldsymbol{Q}^n]+\frac{\partial}{\partial\eta}[(\boldsymbol{B}^++\boldsymbol{B}^-)\Delta\boldsymbol{Q}^n]+\frac{\partial}{\partial\zeta}[(\boldsymbol{C}^++\boldsymbol{C}^-)\Delta\boldsymbol{Q}^n]\right]\\&\quad-\boldsymbol{S}\Delta\boldsymbol{Q}^n=-\mathbf{RHS}\end{aligned} \quad (6-131)$$

为方便起见，下述推导过程中变量的上下标有部分省略：

$$\begin{aligned}&\frac{\Omega\Delta\boldsymbol{Q}}{\omega\Delta\tau}+\boldsymbol{A}_{i+1}^-\Delta\boldsymbol{Q}_{i+1}-\boldsymbol{A}_i^-\Delta\boldsymbol{Q}_i+A_i^+\Delta\boldsymbol{Q}_i-\boldsymbol{A}_{i-1}^+\Delta\boldsymbol{Q}_{i-1}+\boldsymbol{B}_{j+1}^-\Delta\boldsymbol{Q}_{j+1}-\\&\qquad\boldsymbol{B}_j^-\Delta Q_j+\boldsymbol{B}_j^+\Delta Q_j-\boldsymbol{B}_{j-1}^+\Delta\boldsymbol{Q}_{j-1}+\boldsymbol{C}_{k+1}^-\Delta\boldsymbol{Q}_{k+1}-\boldsymbol{C}_k^-\Delta\boldsymbol{Q}_k+\boldsymbol{C}_k^+\Delta\boldsymbol{Q}_k-\\&\qquad\boldsymbol{C}_{k-1}^+\Delta\boldsymbol{Q}_{k-1}-\frac{\boldsymbol{S}}{\omega}\Delta\boldsymbol{Q}=-\frac{1}{\omega}\mathbf{RHS}\end{aligned} \quad (6-132)$$

$$\begin{aligned}&\frac{\Omega\Delta\boldsymbol{Q}}{\omega\Delta\tau}+\boldsymbol{A}_{i+1}^-\Delta\boldsymbol{Q}_{i+1}-\boldsymbol{A}_{i-1}^+\Delta\boldsymbol{Q}_{i-1}+\boldsymbol{B}_{j+1}^-\Delta\boldsymbol{Q}_{j+1}-\boldsymbol{B}_{j-1}^+\Delta\boldsymbol{Q}_{j-1}+\boldsymbol{C}_{k+1}^-\Delta\boldsymbol{Q}_{k+1}-\\&\qquad\boldsymbol{C}_{k-1}^+\Delta\boldsymbol{Q}_{k-1}+\beta\gamma_A\Delta\boldsymbol{Q}_i+\beta\gamma_B\Delta\boldsymbol{Q}_j+\beta\gamma_C\Delta\boldsymbol{Q}_k-\frac{\boldsymbol{S}}{\omega}\Delta\boldsymbol{Q}=-\frac{1}{\omega}\mathbf{RHS}\end{aligned} \quad (6-133)$$

进行近似因式分解，可得

$$\boldsymbol{D}_-\Delta\boldsymbol{Q}_-+\boldsymbol{D}\Delta\boldsymbol{Q}+\boldsymbol{D}_+\Delta\boldsymbol{Q}_+=-\frac{1}{\omega}\mathbf{RHS} \quad (6-134)$$

$$\left.\begin{aligned}\boldsymbol{D}&=\left[\frac{\Omega}{\omega\Delta\tau}+\beta(\gamma_A+\gamma_B+\gamma_C)\right]I-\frac{\boldsymbol{S}}{\omega}\\\boldsymbol{D}_-\Delta\boldsymbol{Q}_-&=-(\boldsymbol{A}_{i-1}^+\Delta\boldsymbol{Q}_{i-1}+\boldsymbol{B}_{j-1}^+\Delta\boldsymbol{Q}_{j-1}+\boldsymbol{C}_{k-1}^+\Delta\boldsymbol{Q}_{k-1})\\\boldsymbol{D}_+\Delta\boldsymbol{Q}_+&=\boldsymbol{A}_{i+1}^-\Delta\boldsymbol{Q}_{i+1}+\boldsymbol{B}_{j+1}^-\Delta\boldsymbol{Q}_{j+1}+\boldsymbol{C}_{k+1}^-\Delta\boldsymbol{Q}_{k+1}\end{aligned}\right\} \quad (6-135)$$

$$\begin{aligned}(\boldsymbol{L}\boldsymbol{D}^{-1}\boldsymbol{U})\Delta\boldsymbol{Q}&=-\frac{1}{\omega}\mathbf{RHS}\\\boldsymbol{L}&=\boldsymbol{D}+\boldsymbol{D}_-\\\boldsymbol{U}&=\boldsymbol{D}+\boldsymbol{D}_+\end{aligned} \quad (6-136)$$

实践表明，左端项的LU分解处理不仅对Euler方程具有快速、稳定、收敛的特征，对N-S方程亦可得到同样的效果。由于采用了对角化处理及减少了大量的矩阵运算，所以计算效率大大提高。

6.4 边界条件

边界条件对于数值计算有重要的作用,不合适的边界条件只会导致错误的结果。边界条件可以分为物理边界条件和数值边界条件。物理边界条件用于保证控制方程的初边值适定,当物理边界条件的个数小于控制方程独立变量的个数时,就需要补充数值边界条件。有限体积法主要使用两层虚拟网格以保证二阶精度。

(1) 对接边界条件:不是真实的物理边界,只在多块对接网格条件下存在,对接边界处网格单元使用相邻网格单元的流场信息,按内点方式处理。

(2) 对称面边界:设对称面的法向单元矢量为 $\boldsymbol{N}$,对称面一侧的速度为 $\boldsymbol{V}$,其余流动变量为 q,对称面另一侧对应点的速度为 $\boldsymbol{V}_s$,其余流动变量为 q_s,则有

$$\boldsymbol{V}_s=\boldsymbol{V}-2(\boldsymbol{V}\cdot\boldsymbol{N})\boldsymbol{N},\quad q_s=q \tag{6-137}$$

(3) 周期边界条件:周期边界条件是成对出现的。设某方向网格单元的左端点序号为 N_1,右端点序号为 N_2,第 N 点的流场变量为 $\boldsymbol{q}(N)$,则 $\boldsymbol{q}(N_1\pm i)=\boldsymbol{q}(N_2\pm i)$,$i$ 为正整数。

(4) 远场无反射边界:采用法线方向的黎曼不变量来建立无反射边界条件。可以根据自由来流参数得到其中一个黎曼不变量,即

$$R_\infty=q_{n\infty}-\frac{2a_\infty}{\gamma-1} \tag{6-138}$$

另一个黎曼不变量的计算分两种情况:如果 $q_{n\infty}\geqslant a_\infty$,则由自由来流参数求得

$$R_c=q_{n\infty}+\frac{2a_\infty}{\gamma-1} \tag{6-139}$$

否则,从计算域内部流场外插求得

$$R_c=q_{ni}+\frac{2a_i}{\gamma-1} \tag{6-140}$$

它们分别对应着入流与出流波。如果让这些波通过远场边界点而无反射,则有

$$\left.\begin{aligned}q_n-\frac{2a}{\gamma-1}&=q_{n\infty}-\frac{2a_\infty}{\gamma-1}\\ q_n+\frac{2a}{\gamma-1}&=q_{nc}+\frac{2a_c}{\gamma-1}\end{aligned}\right\} \tag{6-141}$$

由式(6-141)可以确定边界点上的法向速度 q_n 和声速 a 为

$$q_n=\frac{1}{2}(R_c+R_\infty),\quad a=\frac{\gamma-1}{4}(R_c-R_\infty) \tag{6-142}$$

在入流边界上,$q_n>0$,边界点的切向速度和熵取自由来流值;在出流边界上,$q_n<0$,切向速度与熵由计算域内部外插而得。

(5) 超声速入流边界条件:流场变量与自由来流值相等。

(6) 超声速出流边界条件:流场变量由上游计算单元的流场变量插值得到。

(7) 壁面条件:① 无黏壁面,采用无穿透条件 $\boldsymbol{V}_w\cdot\boldsymbol{N}=\boldsymbol{0}$。② 黏性壁面,速度无滑移,温度无突跃。主要包括:黏性绝热壁,$\boldsymbol{V}_w=\boldsymbol{0}$,$(\partial T/\partial n)_w=0$;黏性等温壁,$\boldsymbol{V}_w=0$,$T_w=f$,$f$ 为一常数。③ 完全给定边界,流场参数根据实验等方式给定,如超声速来流边界条件、超声速喷流的喷口条件等,流动变量可以不随边界点位置而变化,也可以是边界点位置的函数。

6.5 湍流模型

高超声速复杂流动中存在湍流的可压缩效应、激波与湍流的相互作用、激波诱导的流动分离与再附等现象。在工程应用方面，目前对湍流的模拟主要以雷诺平均 NS(RANS)方法为主。RANS 方法首先将满足动力学方程的湍流瞬时运动分解为平均运动和脉动运动两部分，然后把脉动运动部分对平均运动的贡献通过雷诺应力项来模化，即通过湍流模型来封闭 RANS 方程，使之可以求解。进行雷诺平均模拟时，为了封闭 RANS 方程，需要引入 Boussinesq 各向同性湍流黏性假设。本节描述 Spalart - Allmaras 一方程湍流模型和 Menter SST (Shear - Stress Transport) 两方程湍流模型。这两种模型在一定程度上考虑了对流和扩散输运对湍流特性的影响，具有更广泛的适用性，且更适合于对复杂流动的模拟。

6.5.1 Spalart - Allmaras(S - A)湍流模型

Spalart 和 Allmarars 发展了考虑近壁影响的一方程涡黏性模型，该模型从经验和量纲分析出发，先针对简单流动，然后再逐渐补充发展成适用于带有层流流动的固壁湍流流动的一方程模型，模型中选用的应变量是与湍流黏性系数 μ_{T} 相关的量 $\bar{\mu}_{\mathrm{T}}$。该模型在每个时间步长内，需要对整个流场求解一组偏微分方程。S - A 模型的守恒形式为

$$\frac{\partial \bar{\mu}_{\mathrm{T}}}{\partial t}+\frac{\partial}{\partial x_j}\left(u_j \bar{\mu}_{\mathrm{T}}-\frac{\mu_{\mathrm{eff}}}{Re_{\infty}}\frac{\partial \bar{v}_{\mathrm{T}}}{\partial x_j}\right)=\bar{D}+S_{\mathrm{P}}-S_{\mathrm{D}}+S_{\mathrm{t}} \tag{6-143}$$

方程右端从左到右依次为扩散项、生成项、破坏项和转捩项，其表达式为

$$\bar{D}=-\frac{c_{\mathrm{b2}}\rho}{Re\sigma}\nu_{\mathrm{T}}\frac{\partial^2 \tilde{\nu}_{\mathrm{T}}}{\partial x_j^2},\quad S_{\mathrm{P}}=c_{\mathrm{b1}}(1-f_{\mathrm{t2}})\tilde{S}\tilde{\mu}_{\mathrm{T}}$$

$$S_{\mathrm{D}}=\frac{1}{\mathrm{Re}}\left(c_{\mathrm{w1}}f_w-\frac{c_{\mathrm{b1}}}{\kappa^2}f_{\mathrm{t2}}\right)\rho\left(\frac{\tilde{\nu}_{\mathrm{T}}}{d}\right)^2,\quad S_{\mathrm{t}}=f_{\mathrm{t1}}\rho(\Delta\tilde{\mu}_{\mathrm{T}})^2 \tag{6-144}$$

式中

$$\tilde{\mu}_{\mathrm{T}}=\frac{\mu_{\mathrm{T}}}{f_{v_1}},\quad \tilde{\mu}_{\mathrm{T}}=\rho\tilde{\nu}_{\mathrm{T}},\quad \tilde{\mu}_{\mathrm{eff}}=\frac{\tilde{\mu}_{\mathrm{T}}+\mu_{\mathrm{L}}}{\sigma}$$

$$\chi=\frac{\tilde{\nu}_{\mathrm{T}}}{\nu_{\mathrm{L}}}=\frac{\tilde{\mu}_{\mathrm{T}}}{\mu_{\mathrm{L}}},\quad f_{\nu 1}=\left[1+\left(\frac{c_{v1}}{\chi}\right)^3\right]^{-1}$$

$$f_w(r)=g\left(\frac{1+c_{w3}^6}{g^6+c_{w3}^6}\right)^{1/6},\quad g=r+c_{w2}(r^6-r),\quad r=\frac{\tilde{\nu}_{\mathrm{T}}}{Re_{\infty}\tilde{S}^*\kappa^2 d^2}$$

$$\tilde{S}^*=\tilde{S}+\frac{\tilde{\nu}_{\mathrm{T}}}{Re_{\infty}\kappa^2 d^2}f_{v2},\quad f_{v2}=1-\frac{\chi}{1+\chi f_{v1}},\quad \tilde{S}=\sqrt{2\tilde{S}_{ij}\tilde{S}_{ij}}$$

$$\tilde{S}_{ij}=\frac{1}{2}\left(\frac{\partial u_i}{\partial x_j}+\frac{\partial u_j}{\partial x_i}\right),\quad c_{w1}=\frac{c_{\mathrm{b1}}}{\kappa^2}+\frac{1+c_{\mathrm{b2}}}{\sigma},\quad f_{\mathrm{t2}}=c_{\mathrm{t3}}\exp(-c_{\mathrm{t4}}\chi^2)$$

$$c_{\mathrm{v1}}=7.1,\quad c_{\mathrm{t3}}=1.2,\quad c_{\mathrm{t4}}=0.5,\quad c_{\mathrm{b1}}=0.1355,\quad c_{\mathrm{b2}}=0.622$$

$$\sigma=\frac{2}{3},\quad c_{w2}=0.3,\quad c_{w3}=2.0,\quad \kappa=0.41$$

式中：d 为网格点到最近壁面的距离。该模型不依赖 y^+，给编程和使用带来了极大的方便。实际上，该模型控制层流到湍流的转捩包含 $f_{\mathrm{t2}}\tilde{S}\tilde{\mu}_{\mathrm{T}}$、$\rho(c_{\mathrm{b1}}/\kappa^2)f_{\mathrm{t2}}(\tilde{\nu}_{\mathrm{T}}/d)^2$ 和 S_{t} 三部分。如果让 $f_{\mathrm{t1}}=0$，$f_{\mathrm{t2}}=0$，通常会使计算的流场全为湍流；如果让 $f_{\mathrm{t1}}=0$，$f_{\mathrm{t2}}\geqslant 1.0$ 或 $c_{\mathrm{b1}}=0$，通常计算得到的全为层流流动。

另外一种比较好的控制转捩的方法是让 $f_{t1}=0, f_{t2}=0$，通过修改 c_{b1} 来控制。设 x_s 和 x_e 分别为流动转捩的起止位置，则定义：

$$c_{b1}=\begin{cases}0, & x\leqslant x_s\\ 0.1355\lambda^p, & x_s\leqslant x\leqslant x_e,\quad \lambda=\dfrac{x-x_s}{x_e-x_s}\\ 0.1355, & x_e\leqslant x\end{cases} \tag{6-145}$$

边界条件：壁面处 $\mu_T=0$；自由来流处 $\mu_T=1.746\times10^{-4}\mu_L$。

6.5.2　Menter's SST 模型

该模型在近壁处采用 Wilcox 的 k-ω 模型，在边界层边缘和自由剪切层采用 k-ω 模型，其间通过一个混合函数来过渡，属于积分到壁面的不可压缩 / 可压缩湍流的两方程涡黏性模型。SST 模型主要是考虑湍流剪应力的输运，能够使在快速变形流动中的涡黏性受到限制，较好地预测强逆压梯度和分离流动。其湍动能输运方程和湍流比耗散率方程的具体形式为

$$\begin{aligned}&\frac{\partial\rho k}{\partial t}+\frac{\partial\rho u_j k}{\partial x_j}=\frac{P_k}{Re_\infty}-\beta^*\rho k\omega Re_\infty+\frac{1}{Re_\infty}\frac{\partial}{\partial x_j}\left[(\mu_L+\sigma_k\mu_T)\frac{\partial k}{\partial x_j}\right]\\&\frac{\partial\rho\omega}{\partial t}+\frac{\partial\rho u_j\omega}{\partial x_j}=\frac{P_\omega}{Re_\infty}-\beta\rho\omega^2 Re_\infty+\frac{1}{Re_\infty}\frac{\partial}{\partial x_j}\left[(\mu_L+\sigma_\omega\mu_T)\frac{\partial\omega}{\partial x_j}\right]+\\&\qquad 2\rho\frac{(1-F_1)\sigma_{\omega2}}{Re_\infty\omega}\frac{\partial k}{\partial x_j}\frac{\partial\omega}{\partial x_j}\end{aligned} \tag{6-146}$$

式中：湍动能生成项 P_k 采用 Boussinesq 近似来模拟，它和湍流比耗散率生成项 P_ω 的表达式为

$$\left.\begin{aligned}&P_k=\mu_T\left(\frac{\partial u_i}{\partial x_j}+\frac{\partial u_j}{\partial x_i}\right)\frac{\partial u_i}{\partial x_j}-\frac{2}{3}\mu_T\left(\frac{\partial u_k}{\partial x_k}\right)^2-\frac{2}{3}\rho k\frac{\partial u_k}{\partial x_k}\\&P_\omega=2\gamma\rho\left(S_{ij}-\frac{\omega S_{nn}\delta_{ij}}{3}\right)S_{ij}\approx\gamma\rho\Omega^2\end{aligned}\right\} \tag{6-147}$$

模型中 F_1 表示为

$$F_1=\tanh(\Gamma_1^2) \tag{6-148}$$

其中

$$\Gamma_1=\min\left[\max\left(\frac{\sqrt{k}}{\beta^*\omega d},\frac{500\nu}{\omega d^2 Re_\infty}\right),\frac{4\rho\sigma_{\omega2}k}{CD_{k\omega}d^2}\right]$$

式中：$CD_{k\omega}=\max[(2\rho\sigma_{\omega2}/\omega)(\partial k/\partial x_j)(\partial\omega/\partial x_j), CD_{k\min}]$ 代表了 k-ω 模型中的交叉扩散，通常取 $CD_{k\min}=10^{-20}$；d 为计算点到壁面的法向距离。

湍流黏性系数 μ_T 定义为

$$\mu_T=\frac{a_1\rho k}{\max(a_1\omega, |\Omega_{ij}|F_2)}Re_\infty \tag{6-149}$$

式中：F_2 为混合函数。其他参数表示为

$$a_1=0.31,\quad |\Omega_{ij}|=\sqrt{\Omega_{ij}\Omega_{ij}},\quad \Omega_{ij}=\left(\frac{\partial u_i}{\partial x_j}-\frac{\partial u_j}{\partial x_i}\right) \tag{6-150}$$

$$F_2 = \tanh(\Gamma_2^2)$$

$$\Gamma_2 = \max\left(\frac{2\sqrt{k}}{\beta^* \omega d}, \frac{500\nu}{\omega d^2 Re_\infty}\right) \tag{6-151}$$

方程式(6－146)中的模型常数β、γ、σ_k 和σ_ω 用ϕ 来表示，并用ϕ_1 和ϕ_2 分别表示原始$k-\omega$ 模型系数和转化后的$k-\varepsilon$ 模型系数，它们之间的关系是

$$\phi = F_1\phi_1 + (1-F_1)\phi_2, \quad \phi = [\sigma_k \quad \sigma_\omega \quad \beta \quad \gamma]^{\mathrm{T}} \tag{6-152}$$

式中：下标“1”表示 Wilcox 的$k-\omega$ 模型常数，下标“2”表示$k-\omega$ 形式的模型常数。

内层模型系数为

$$\left.\begin{aligned} &\sigma_{k1} = 0.85, \quad \sigma_{\omega 1} = 0.5, \quad \beta_1 = 0.075 \\ &\gamma_1 = \beta_1/\beta^* - \frac{\sigma_{\omega 1}\kappa^2}{\sqrt{\beta^*}} \approx 0.553 \end{aligned}\right\} \tag{6-153}$$

外层模型系数为

$$\left.\begin{aligned} &\sigma_{k2} = 1.0, \quad \sigma_{\omega 2} = 0.856, \quad \beta_2 = 0.0828 \\ &\gamma_2 = \beta_2/\beta^* - \frac{\sigma_{\omega 2}\kappa^2}{\sqrt{\beta^*}} \approx 0.440 \end{aligned}\right\} \tag{6-154}$$

SST 模型中的参数为

$$\beta^* = 0.09, \quad \kappa = 0.41 \tag{6-155}$$

初始条件：$k=0$，$\omega=0$；来流条件：$\omega_\infty = C_2$，$\mu_{\mathrm{T}\infty} = C_3$，$k_\infty = C_2C_3$，其中，$C_2$、$C_3$ 为常数，一般取$C_2=10$，$C_3=0.001$；远场边界条件：$k=k_\infty$，$\omega=\omega_\infty$；出口边界条件：由流场区域外插得到；壁面边界条件：湍动能$k_{\mathrm{w}}=0$，$\mu_{\mathrm{Tw}}=0$；壁面附近ω 满足下列关系：$\omega \to 6\nu/(\beta_1 y^2)$，$y\to 0$。因此，为简单方便起见，$\omega$ 的壁面条件可采用下列关系近似：

$$\omega_{\mathrm{w}} = 10\frac{6\nu}{\beta_1 (\Delta y)^2}, \quad y=0 \tag{6-156}$$

式中：Δy 为距离壁面的第一个计算点到壁面的距离。

6.5.3 湍流模型的数值求解

直角坐标系下，湍流输运方程的统一形式为

$$\frac{\partial \boldsymbol{\Phi}}{\partial t} + \frac{\partial(\boldsymbol{E}-\boldsymbol{E}_{\mathrm{v}})}{\partial x} + \frac{\partial(\boldsymbol{F}-\boldsymbol{F}_{\mathrm{v}})}{\partial y} + \frac{\partial(\boldsymbol{G}-\boldsymbol{G}_{\mathrm{v}})}{\partial z} = \boldsymbol{D} + \boldsymbol{S}_{\mathrm{P}} - \boldsymbol{S}_{\mathrm{D}} \tag{6-157}$$

式中：$\boldsymbol{E}$，$\boldsymbol{F}$ 和$\boldsymbol{G}$ 为对流通量；$\boldsymbol{E}_{\mathrm{v}}$，$\boldsymbol{F}_{\mathrm{v}}$ 和$\boldsymbol{G}_{\mathrm{v}}$ 为黏性通量，$\boldsymbol{D}$，$\boldsymbol{S}_{\mathrm{P}}$ 和$\boldsymbol{S}_{\mathrm{D}}$ 为交叉导数项、生成项和破坏项。式中各变量的形式由具体的湍流模型确定。

曲线坐标系下方程的统一形式为

$$\frac{\partial \bar{\boldsymbol{\Phi}}}{\partial t} + \frac{\partial(\bar{\boldsymbol{E}}-\bar{\boldsymbol{E}}_{\mathrm{v}})}{\partial \xi} + \frac{\partial(\bar{\boldsymbol{F}}-\bar{\boldsymbol{F}}_{\mathrm{v}})}{\partial \eta} + \frac{\partial(\bar{\boldsymbol{G}}-\bar{\boldsymbol{G}}_{\mathrm{v}})}{\partial \zeta} = \boldsymbol{D} + \boldsymbol{S}_{\mathrm{P}} - \boldsymbol{S}_{\mathrm{D}} \tag{6-158}$$

式中

$$\left.\begin{aligned} &\bar{\boldsymbol{\Phi}} = \boldsymbol{J}^{-1}\boldsymbol{\Phi} \\ &\bar{\boldsymbol{E}} = \xi_t\boldsymbol{U} + \xi_x\boldsymbol{E} + \xi_y\boldsymbol{F} + \xi_z\boldsymbol{G}, \quad \bar{E}_{\mathrm{v}} = \xi_x\boldsymbol{E}_{\mathrm{v}} + \xi_y\boldsymbol{F}_{\mathrm{v}} + \xi_z\boldsymbol{G}_{\mathrm{v}} \\ &\bar{\boldsymbol{F}} = \eta_t\boldsymbol{U} + \eta_x\boldsymbol{E} + \eta_y\boldsymbol{F} + \eta_z\boldsymbol{G}, \quad \bar{F}_{\mathrm{v}} = \eta_x\boldsymbol{E}_{\mathrm{v}} + \eta_y\boldsymbol{F}_{\mathrm{v}} + \eta_z\boldsymbol{G}_{\mathrm{v}} \\ &\bar{\boldsymbol{G}} = \zeta_t\boldsymbol{U} + \zeta_x\boldsymbol{E} + \zeta_y\boldsymbol{F} + \zeta_z\boldsymbol{G}, \quad \bar{G}_{\mathrm{v}} = \zeta_x\boldsymbol{E}_{\mathrm{v}} + \zeta_y\boldsymbol{F}_{\mathrm{v}} + \zeta_z\boldsymbol{G}_{\mathrm{v}} \end{aligned}\right\} \tag{6-159}$$

以一阶迎风格式的 ξ 方向为例，对模型方程中的对流项进行离散：

$$\frac{\partial \bar{\boldsymbol{E}}}{\partial \xi}=\bar{\boldsymbol{U}}^{+}\left(\boldsymbol{\Phi}_{i}-\boldsymbol{\Phi}_{i-1}\right)+\bar{\boldsymbol{U}}^{-}\left(\boldsymbol{\Phi}_{i+1}-\boldsymbol{\Phi}_{i}\right) \tag{6-160}$$

$$\left.\begin{array}{l}\bar{\boldsymbol{U}}^{\pm}=\dfrac{1}{2}(\bar{\boldsymbol{U}} \pm|\bar{\boldsymbol{U}}|) \\ \bar{\boldsymbol{U}}=\xi_{t}+u \xi_{x}+v \xi_{y}+w \xi_{z}\end{array}\right. \tag{6-161}$$

来流边界条件定义为

$$\tilde{\nu}_{\infty}=0.1, \quad \omega_{\infty}=10, \quad \mu_{\mathrm{T}\infty}=0.001, \quad k_{\infty}=\mu_{\mathrm{T}\infty} \omega_{\infty} / R e_{\infty} \tag{6-162}$$

物面边界条件定义为

$$\tilde{\nu}_{\mathrm{w}}=0.0, \quad k_{\mathrm{w}}=0.0, \quad \omega_{\mathrm{w}}=60 \mu_{\mathrm{T}} /\left(R e_{\infty} \rho \beta_{1} d^{2}\right) \tag{6-163}$$

经过空间离散后，式(6－158) 写成半离散形式为

$$\frac{\partial \boldsymbol{J}^{-1} \boldsymbol{\Phi}}{\partial t}+\boldsymbol{R}(\boldsymbol{\Phi}, \boldsymbol{Q})=\boldsymbol{D}+\boldsymbol{S}_{\mathrm{P}}-\boldsymbol{S}_{\mathrm{D}} \tag{6-164}$$

对方程式(6－164) 中的时间导数项采用一阶 Euler 隐式离散，得

$$\boldsymbol{J}^{-1} \frac{\boldsymbol{\Phi}^{n+1}-\boldsymbol{\Phi}^{n}}{\Delta t}=-\bar{\boldsymbol{R}}\left(\boldsymbol{Q}^{n+1}, \boldsymbol{\Phi}^{n+1}\right)+\left(\boldsymbol{D}+\boldsymbol{S}_{\mathrm{P}}-\boldsymbol{S}_{\mathrm{D}}\right)^{n+1} \tag{6-165}$$

对式(6－165) 右端的非线性项进行线化处理，得

$$\left.\begin{array}{l}\bar{\boldsymbol{R}}\left(\boldsymbol{Q}^{n+1}, \boldsymbol{\Phi}^{n+1}\right) \approx \bar{\boldsymbol{R}}\left(\boldsymbol{Q}^{n}, \boldsymbol{\Phi}^{n}\right)+\bar{\boldsymbol{M}}\left(\boldsymbol{Q}^{n}, \boldsymbol{\Phi}^{n}\right) \Delta \boldsymbol{\Phi}^{n} \\ \left(\boldsymbol{D}+\boldsymbol{S}_{\mathrm{P}}-\boldsymbol{S}_{\mathrm{D}}\right)^{n+1} \approx\left(\boldsymbol{D}+\boldsymbol{S}_{\mathrm{P}}-\boldsymbol{S}_{\mathrm{D}}\right)^{n}+\bar{\boldsymbol{N}}\left(\boldsymbol{Q}^{n}, \boldsymbol{\Phi}^{n}\right) \Delta \boldsymbol{\Phi}^{n}\end{array}\right\} \tag{6-166}$$

式中：矩阵 $\bar{\boldsymbol{M}}=\partial \bar{\boldsymbol{R}} / \partial \boldsymbol{\Phi}$，$\bar{\boldsymbol{N}}=\partial\left(\boldsymbol{D}+\boldsymbol{S}_{\mathrm{P}}-\boldsymbol{S}_{\mathrm{D}}\right) / \partial \boldsymbol{\Phi}$。将式(6－166) 代入式(6－165)，得

$$\left(\frac{\boldsymbol{J}^{-1}}{\Delta t} \boldsymbol{I}+\bar{\boldsymbol{M}}-\bar{\boldsymbol{N}}\right) \Delta \boldsymbol{\Phi}^{n}=-\bar{\boldsymbol{R}}\left(\boldsymbol{Q}^{n}, \boldsymbol{\Phi}^{n}\right)+\left(\boldsymbol{D}+\boldsymbol{S}_{\mathrm{P}}-\boldsymbol{S}_{\mathrm{D}}\right)^{n} \tag{6-167}$$

式中：$\Delta \boldsymbol{\Phi}^{n}=\boldsymbol{\Phi}^{n+1}-\boldsymbol{\Phi}^{n}$。为了增强计算的稳定性，引入限制器 $\bar{N}=\min(N,0)$。式(6－167) 采用 LU－SGS 方法进行求解，具体计算过程和前述的 LU－SGS 限制器隐式时间推进方法一致。在迭代过程中，式(6－167) 和主控方程之间的计算是解耦的。

6.6　高超声速流动数值计算案例

6.6.1　高超声速进气道算例

高超声速进气道是超燃冲压发动机的重要组成部分，其内部存在复杂的流动现象，如激波反射、激波/激波干扰、激波/边界层干扰、流动分离等，使得进气道内的气动力、热载荷分布相比于外流更加复杂。隔离段的流场结构直接影响到燃烧室的进气量、掺混程度以及燃烧质量，并进一步影响到飞行器动力系统的性能。高超声速进气道结构形式较为多样，如二维进气道、侧压进气道、轴对称进气道及 REST 进气道等。二维进气道(二元进气道)利用纵向平面收缩流道对来流进行压缩，使其减速、增压，并进入燃烧室做功。由于其几何结构相对简单，易于加工制造，相应的内部流动结构也较易于分析，被广泛应用于高超声速飞行器和发动机的地面试验方案中。NASA 研发制造的高超声速试验机 X－43A 和 X－51A 上所使用的就是混压式二

维进气道。其迎风阻力较小，结构长度较短，比纯外压式进气道更适合高马赫数工况。

下面选取二维进气道作为研究对象，简要描述高超声速流动的数值仿真计算的主要流程，并进行结果分析。选取由德国宇航局(DLR)设计的 GK－01 二维进气道进行数值模拟，其风洞模型几何结构如图 6－8 所示。该进气道模型是一个二维双压缩面进气道，第二级压缩面通过一个等熵膨胀面与隔离段相连，代替了喉部的膨胀角。从前缘到燃烧室接口的进气道总长度 $L=0.585$ m，喉部位于 $x=0.41$ m 处，等横截面积的连续隔离段长度为 30 mm，进气道的捕获面积为 $A_0=0.01$ m^2。试验参数见表 6－1。

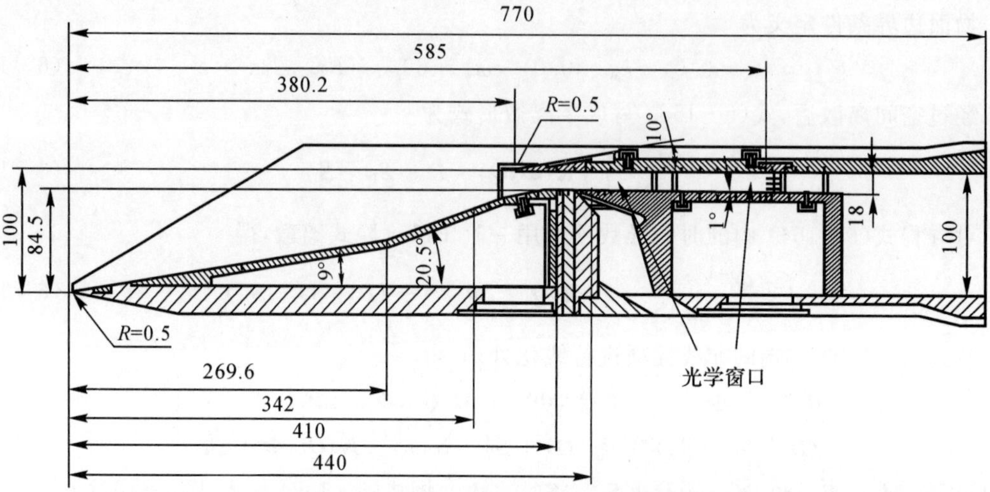

图 6－8　GK－01 进气道几何结构截面图

表 6－1　风洞试验来流参数

试验参数	数　值
马赫数 Ma	7
来流静压 p_∞/Pa	170
来流静温 T_∞/K	46
来流密度 ρ_∞/(kg·m^{-3})	0.012 3
总温 T_{t0}/K	500
总压 p_{t0}/Pa	7×10^5
单位雷诺数 Re_m	4×10^6

试验的主要目标之一为测量由唇口激波冲击形成的激波/边界层干扰对压力分布、马赫数分布及燃烧室质量流量的影响。基于此目标简化的计算网格如图 6－9 所示，捕获区域流向网格总数为 152，法向网格数量为 112，在进气道唇口处加密处理。为保证边界层内数值模拟的精度，令第一层网格距物面的无量纲距离 $y^+=0.9$，此时壁面第一层网格高度为 1×10^{-6} m。左边界和上边界为压力远场边界条件，右部为压力出口，壁面条件为等温壁，设为 300 K。

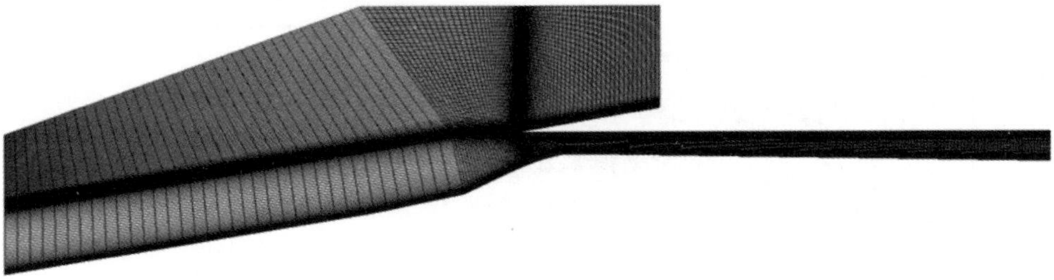

图 6－9　流场计算网格

由于进气道内激波-激波干扰、激波/边界层干扰的现象比较明显，而各种湍流模型对不同流动特征的捕捉能力有所不同，目前工程上对高马赫数湍流的模拟主要采用 Spalart－Allmaras 一方程湍流模型和 Menter's SST 两方程湍流模型，将其应用于高超声速内流模拟时，两者表现出不同的流动细节模拟分辨能力。图 6－10 所示为实验纹影图、S－A 模型、SST 模型以及考虑边界层转捩的 SST 模型（Transition SST，本书未给出具体公式，可参阅相关文献）得到的密度梯度云图的对比。可以看出，3 种模型都捕捉到了主要的几个流动特征，包括进气道前体压缩面产生的两道斜激波、唇口的入射激波、喉部的大尺度分离及下游的一系列激波串等。3 种模型得到的外压缩段流场结构是相似的，但是喉部分离区的形态和下游激波串的位置有比较明显的区别。

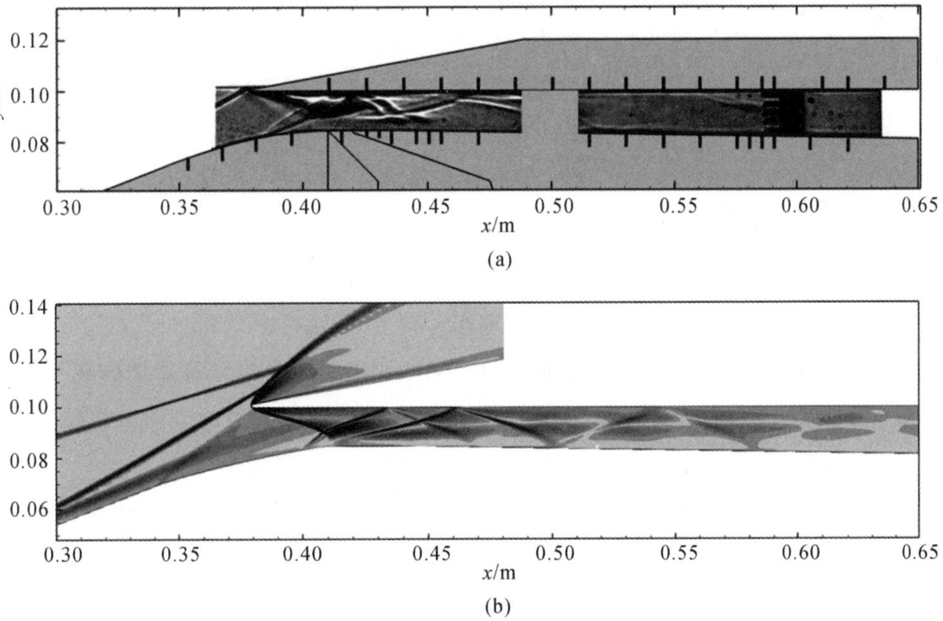

图 6－10　实验纹影图与密度梯度云图对比

(a)实验纹影图；　(b)S－A 模型；

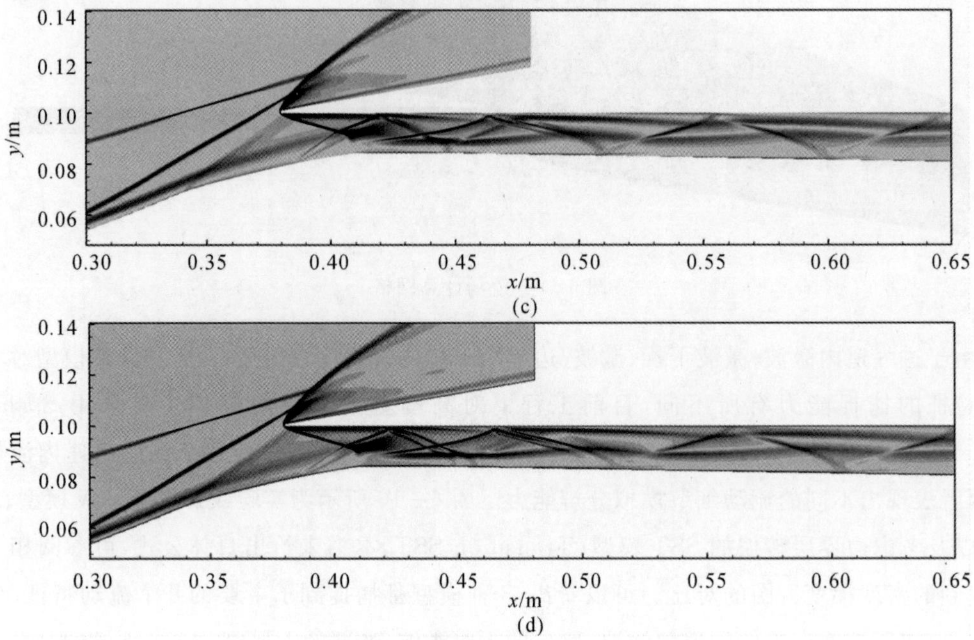

续图 6-10 实验纹影图与密度梯度云图对比

(c)SST 模型； (d)Transition SST 模型

3 种模型上、下壁面的压力分布情况对比见图 6-11。总体而言，对于外压缩段，3 种模型得到的结果基本是一致的，进入内压缩段开始产生明显的不同。$k-\omega$ SST 模型和 Transition SST 模型得到的结果比较相似，与试验值的吻合较好。后者得到的激波位置稍微滞后，而 S-A 模型与试验值差距较大。图 6-11(a)中 0.41 m$\leqslant x \leqslant$0.45 m 位置处于喉部分离区的上方，受到分离区和唇口反射激波的影响产生了十分复杂的流动现象，$k-\omega$ SST 模型和 Transition SST 模型都很好地捕捉到了这一区域的流动特征。S-A 模型的结果与试验值存在显著差异，由图 6-10 中也可以看出 S-A 模型得到的这部分流场结构比较简单，其后的第二压力峰值位置也明显提前，且相比于另外两个模型偏小。图 6-11(b)中 0.38 m$\leqslant x \leqslant$0.41 m位置为喉道的大尺度分离区，此区域的流场受到唇口入射激波的反射和喉道膨胀波的相互干扰，随后的压力系数极值点出现在再附激波区域。可以看出 S-A 模型预测的分离激波位置远远落后于其他模型，再附激波的位置则明显超前，分离区长度相比而言偏小。

在上述初步分析的基础上，对比 3 个模型预测的压力云图和流线图来进一步论述，如图 6-12所示。在来流马赫数 $Ma=7$ 条件下，喉部前方存在普朗特-迈耶尔膨胀区，静压较低，而由唇口产生的斜激波打在进气道下壁面，激波后的高压气体沿着逆压梯度流动，对边界层形成干扰，形成大规模的分离区，并产生了一道明显的分离激波。所有模型都可以捕捉到这一流动现象，其中 S-A 模型预测的分离区较小，低估了分离激波的强度，分离区上方的激波/激波干扰现象也较不明显，对应图 6-11(a)中分离区上方上壁面压力系数明显偏小，以及图 6-11(b)中分离区起始点位置滞后。同时，S-A 模型得到的唇口斜激波的角度偏大，对应图 6-11

(b)中再附激波位置提前。SST 模型和 Transition SST 模型得到的流场结构比较相似，分离区的大小及分离、再附位置较为接近，相比而言，Transition SST 模型预测的结果更接近试验值，对激波-激波干扰、激波-边界层干扰的模拟能力更强。

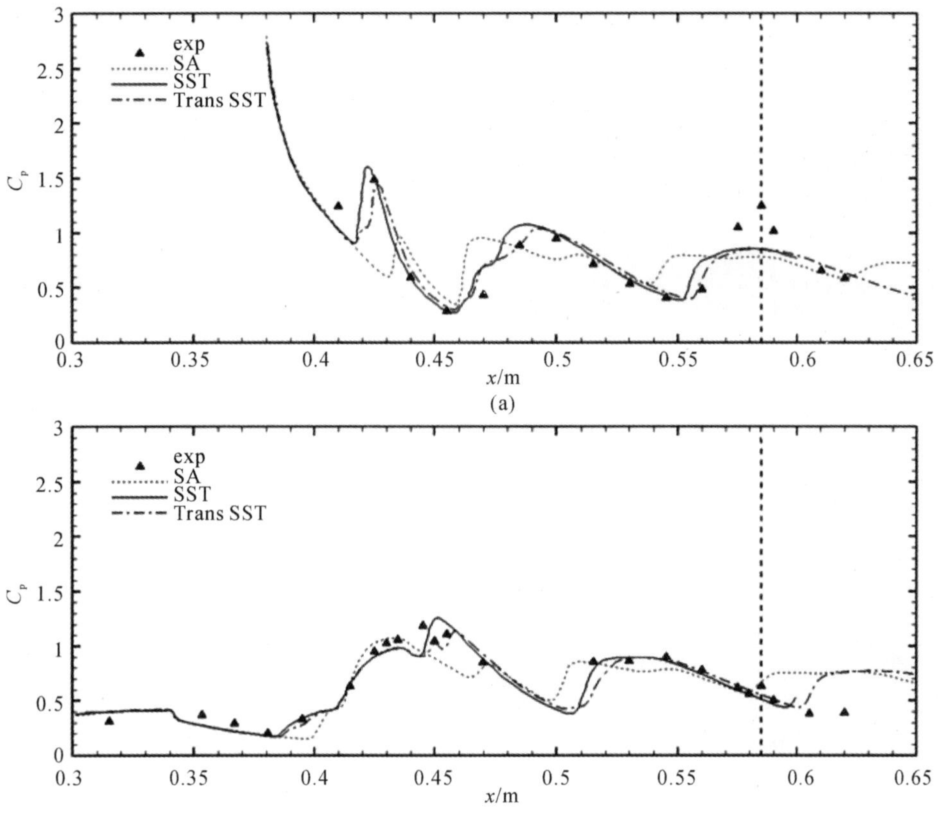

(b)

图 6 - 11　上下壁面压力系数分布图

(a)上壁面；　(b)下壁面

结合试验纹影图分析，3 种湍流模型都能捕捉到高超声速进气道内的典型流场结构，包括进气道前体压缩面产生的两道斜激波、唇口的入射激波、喉部的大尺度分离区及下游的一系列激波串等。外压缩段 3 种模型基本是一致的，从内压缩段开始产生明显的不同。相比而言，SST 模型和 Transition SST 模型得到的结果有略微区别，但都与试验值较为吻合，而 S - A 模型严重低估了喉部的激波-边界层干扰的强度，预测分离区明显偏小，流动结构也比较简单，压力系数分布与试验值差距较大。Transition SST 模型对激波-边界层干扰、激波-激波干扰、流动分离等现象的捕捉能力相对较强，得到的密度梯度云图及压力系数分布也与试验值较为吻合。

6.6.2　球形头部黏性绕流算例

对一个三维球形头部的黏性问题进行计算，计算状态为：$Ma_{\infty}=10$，$T_{\infty}=79$ K，$T_{w0}=294.44$ K，$Re=1\times10^{5}$，考虑层流情况。物面计算网格数量为 81×61×21(流向×周向×法

向)。采用 AUSMpw$^+$ 格式,隐式时间推进,边界条件考虑等温壁面、超声速入口和超声速出口。图 6-13 显示了沿流向的表面热流和摩擦系数的计算结果,并与张毅峰和邓小刚的计算结果进行了对比,吻合较好。图 6-14 显示了某子午面上流场的压强和温度云图,计算流场光滑无明显波动,激波结构捕捉较为细致。

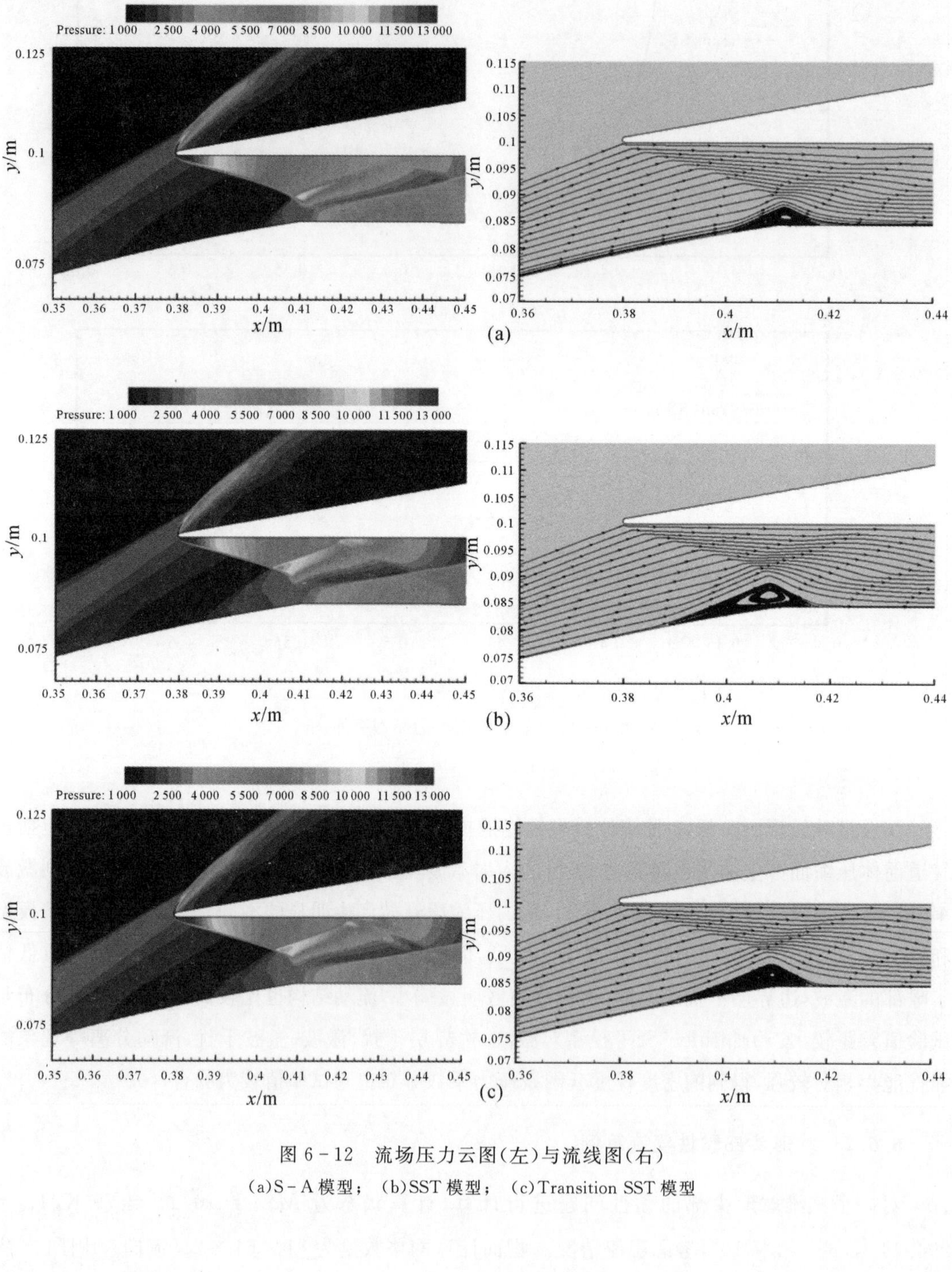

图 6-12 流场压力云图(左)与流线图(右)

(a)S-A 模型; (b)SST 模型; (c)Transition SST 模型

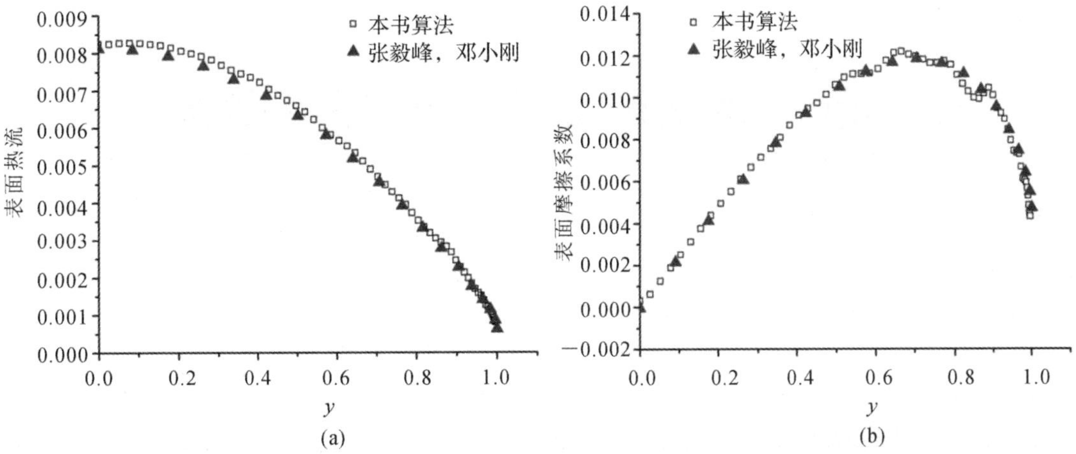

图 6－13　球形头部的黏性计算结果

(a)热流计算结果对比；（b)表面摩擦系数计算结果对比

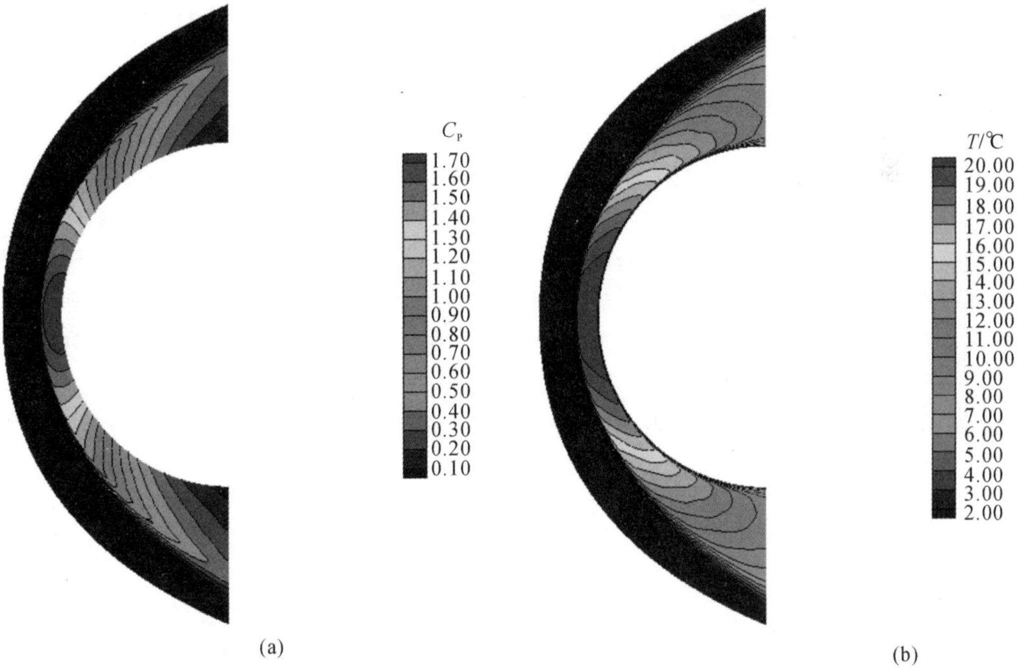

图 6－14　球形头部的流场云图

(a)压强云图；（b)温度云图

习　　题

(1)试说明黏性激波层方程和附面层方程的差异。

(2)分析有限差分法和有限体积法的优劣。

(3)推导三维流动的无量纲形式基本控制方程。

(4)根据直角坐标系与贴体坐标系的变换思想，推导贴体坐标系下的二维流动控制方程。

(5)在迎风格式求解时为什么要采用限制器？

第7章　高超声速飞行器的气动设计

与常规飞行器设计相比较，高超声速飞行器的气动设计具有下述鲜明特点。

1. 先期技术验证

相对于传统低速飞行器，高超声速飞行器的设计缺乏借鉴，很多问题都需要引入新概念，面临诸多全新的技术问题。为了减少风险，需要进行大量的先期技术验证和演示验证飞行。验证成功后，才进行真实飞行器的设计。

2. 任务使命决定气动构型

高超声速飞行器种类很多，气动设计中必须和飞行器的具体任务分析紧密联系。根据不同的任务使命，入轨、巡航、滑翔、机动、可重复使用等情况，再考虑具体飞行方式，高超声速飞行器需要采用不同的气动构型及相关设计。

3. 力、热、物理环境复杂

高超声速飞行器设计中，不仅要考虑气动力的问题，同时还要考虑气动热的问题。其气动构型不仅要满足气动力特性（升阻比、阻力、稳定性等）的要求，而且还要满足气动热特性（如最大热流、总加热量等）的要求，以及气动物理因素（如等离子体鞘、电磁屏蔽等）的要求。同时，由于高超声速飞行器在飞行过程中跨越空域和速域范围大，飞行器的高/低空、高/低速空气动力特性存在巨大差异，导致飞行器的气动参数和动力学特征随高度和速度的变化剧烈。另外，高温真实气体效应、稀薄气体效应、湍流转捩等复杂气体物理现象使气动参数具有不确定性。

4. 多学科一体化设计

高超声速飞行器与传统飞行器不同的地方还在于其具有强耦合特点，飞行器的各个部件与系统不能独立设计，飞行器的进气道、尾喷管都要和飞行器整体进行融合，进行一体化设计，并且，飞行器的热防护系统、结构系统、控制系统等与气动设计之间也必须考虑耦合。同时，由于高超声速飞行器都是沿着特定的轨道飞行的，其任务分析和设计与轨道分析密切相关。

7.1　典型高超声速飞行器的气动设计

7.1.1　弹道式再入飞行器的气动设计

弹道式再入飞行器，如再入弹头、返回式卫星等，是最早实现的高超声速飞行器。其基本构型多为钝端头（球头）加后锥身，以减少气动加热的影响。对于机动要求较高的飞行器，适宜采用较尖端头以提高升阻比。图7-1所示为几类典型弹道式再入飞行器的气动构型。在弹道式再入飞行器的气动设计中，考虑的主要因素是防热、静稳定性、端头形状变化、质量和尺寸限制等。

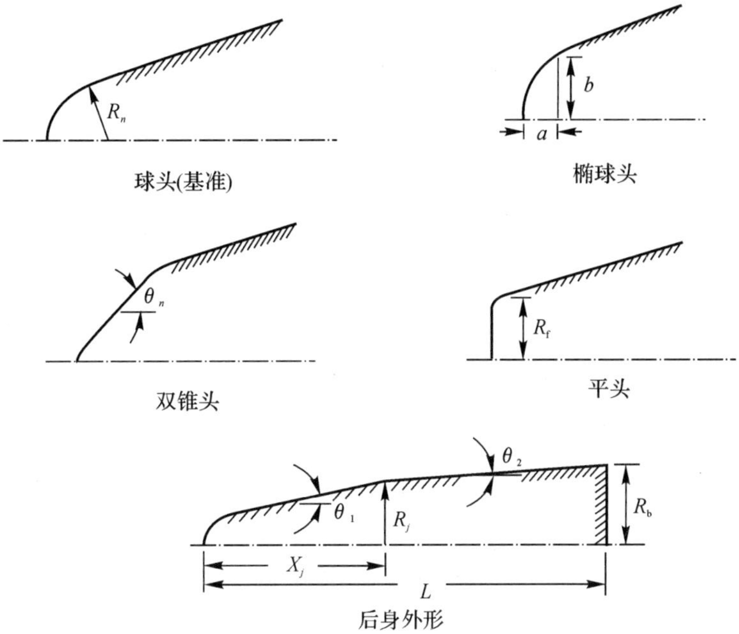

图 7-1　典型弹道式再入飞行器气动构型

从再入轨道对总加热量最小的形状研究来看，在相同来流条件下，平头截锥的气动加热量要比球头截锥减少 30%。在弹道系数 $m/(C_xS)=9\ 765\ \mathrm{kg/m^2}$ 的情况下，对平头截锥和球头截锥的后退量进行了测量，图 7-2 显示平头截锥的后退量为 1.397 cm，球头截锥的后退量为 6.43 cm。从气动加热的角度考虑，平头截锥优于球头截锥。这是因为，平头截锥有较低的当地 Re 和较低的驻点速度梯度，从而使得边界层转捩传播较慢，气动加热弱于球头截锥。

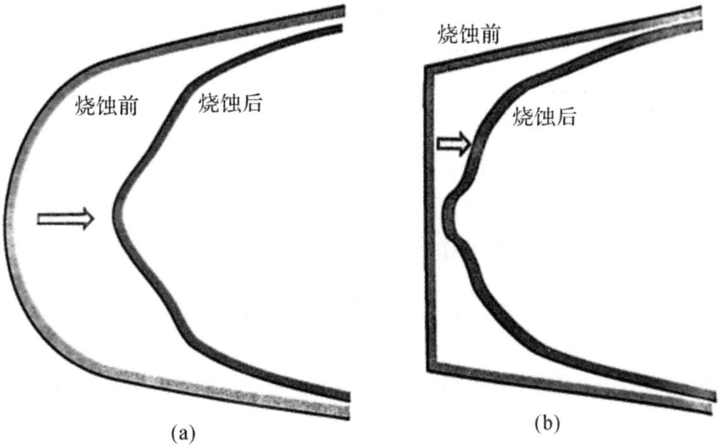

图 7-2　不同头锥外形的烧蚀前后比较

(a)球头截锥；（b)平头截锥

图 7-3 显示了不同端头形状钝锥的压心随马赫数的变化情况。可见球头截锥压心位置最靠前，而 $\theta_n=85°$ 时静稳定性裕度最大。平头截锥（相当于 $\theta_n=90°$）可增加飞行器的静稳定性。

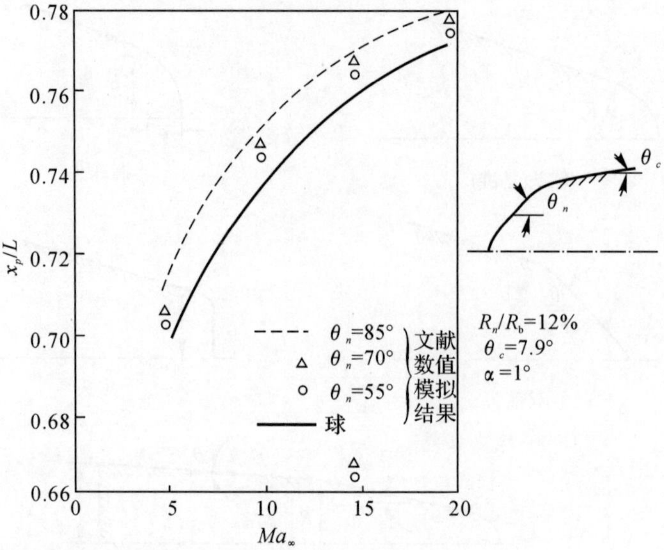

图 7-3　不同端头形状的钝锥压力中心变化曲线

飞行器后体部分的形状对气动稳定性、边界层转捩的传播和内部容积影响较大。一般来说,双锥和三锥的后体是气动稳定性较佳的形状。双锥外形与单锥外形相比,可以减少头部钝度的影响,压心随攻角和马赫数的变化较小,在大攻角时有较大的静稳定性。

7.1.2　返回舱的气动设计

此处以小升阻比的载人飞船返回舱为例说明气动设计方法。其气动构型往往为球冠倒锥形,主要有以下优势:

(1)球冠倒锥形具有较高的升阻比,可达 0.5 左右。这种构型的球冠、锥面的迎风面和背风面对升阻比均有所贡献。

(2)便于安置航天员与内部设备,使重心位置靠前,保证返回时大头朝前飞行。

(3)在一定容积的条件下,球冠倒锥形的整体构型尺寸较小,防热结构重量和总重也较小。

(4)球冠倒锥形的阻力系数(是球形的 1.5～1.8 倍)较大,从而在返回过程中在开伞点的飞行速度已降低到较小程度,一般不超过 100～150 m/s,可以提高安全性。

(5)球冠倒锥形在一定的升阻比下作配平飞行时,所需要的重心横移量较小。

图 7-4 显示了球冠倒锥返回舱的主要几何参数:球冠钝度 $\bar{R}_n=\dfrac{R_n}{d_m}$,其中 R_n 为球冠曲率半径,d_m 为最大横截面直径;大头拐角相对曲率半径 $\bar{R}_c=\dfrac{R_c}{d_m}$,其中 R_c 为拐角曲率半径;θ_c 为倒截角;$\lambda=\dfrac{L}{d_m}$ 表示长细比;θ_n 表示球冠角。

下述讨论球冠倒锥形几何参数对气动特性的影响。

(1) 最大横截面直径 d_m。最大横截面直径 d_m 的选择主要考虑航天员人数。为了使质量最小,应尽可能地减小 d_m。当 $\lambda\approx 1$ 时,对于两个航天员的返回舱,最大横截面直径 d_m 不小于 2 m;3 个航天员的返回舱,最大横截面直径 d_m 不应小于 2.25 m。

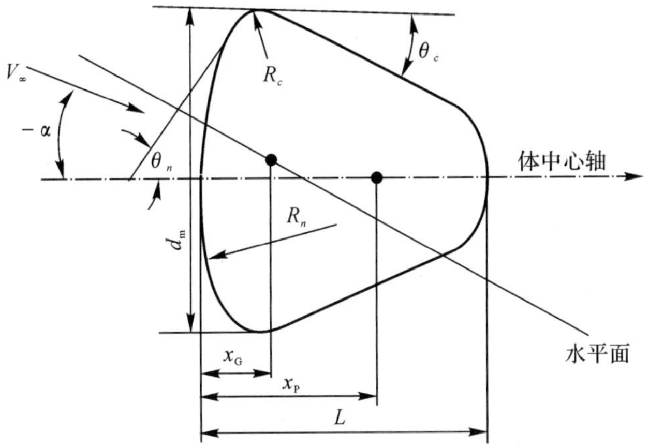

图 7-4　球冠倒锥型返回舱的参数

(2) 球冠钝度 $\bar{R}_n$。该参数主要通过综合气动力和气动热的因素而确定。图 7-5 所示为利用修正牛顿公式计算的球冠倒锥形的升阻比随 $\bar{R}_n$ 的变化。可见当 $\bar{R}_n$ 增加时，升阻比也增加，但当球冠钝度 $\bar{R}_n$ 大于 1.5 以后，增加的趋势很平缓；图中还给出了压心随球冠钝度的变化。可以看到，压心随球冠钝度增加而线性增加；如果重心的相对位置不变，则静稳定性增加。由第 4 章理论可知，$\bar{R}_n$ 增大可以减小驻点热流。图 7-6 所示为拐角处最大热流值随 $\bar{R}_n$ 的变化曲线，可以看到，$\bar{R}_n$ 增大使拐角最大热流也增大了。综合上述因素可知，$\bar{R}_n$ 应当适中选择，对应球冠角 $\theta_n = 50° \sim 60°$ 时，$\bar{R}_n$ 可取 0.8 ~ 1.2。球冠角与球冠钝度的关系为：

$$\theta_n = \arccos[(0.5 - \bar{R}_c)/(\bar{R}_n - \bar{R}_c)] \tag{7-1}$$

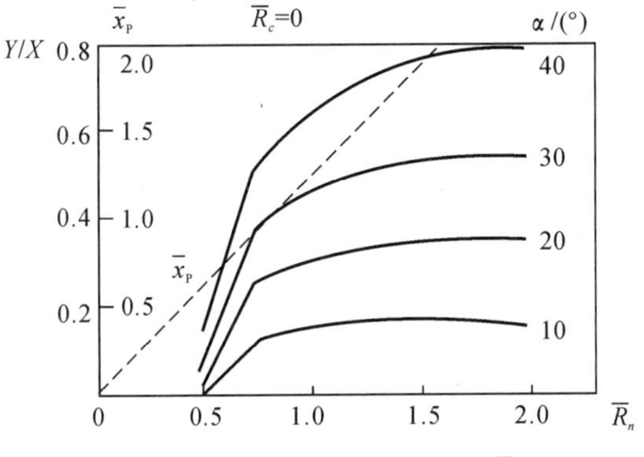

图 7-5　球冠倒锥的升阻比和压心随 $\bar{R}_n$ 的变化

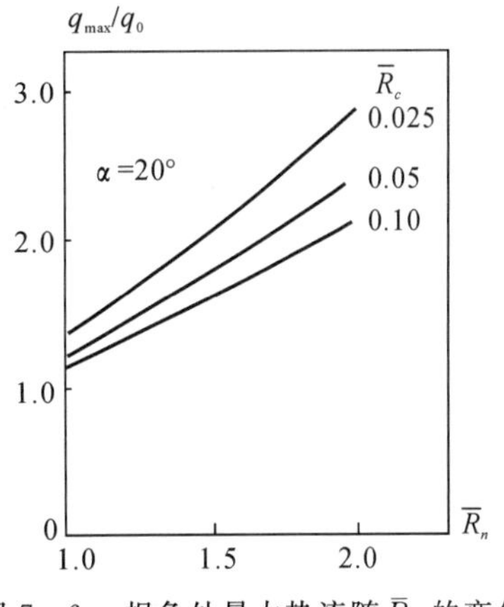

图 7-6　拐角处最大热流随 $\bar{R}_n$ 的变化

(3) 大头拐角相对曲率半径 $\bar{R}_c$。图 7-7(a)(b) 分别给出了用修正牛顿公式计算得到的球冠倒锥型的升阻比和压心位置随 $\bar{R}_c$ 的变化。可以见到，随着 $\bar{R}_c$ 的增大，升阻比有所减小，稳定性下降，且攻角越小时，升阻比减小得越缓。同时，随着 $\bar{R}_c$ 的增加，最大的拐角热流值减小。因此，$\bar{R}_c$ 的选值也要适中，可取 0.05。

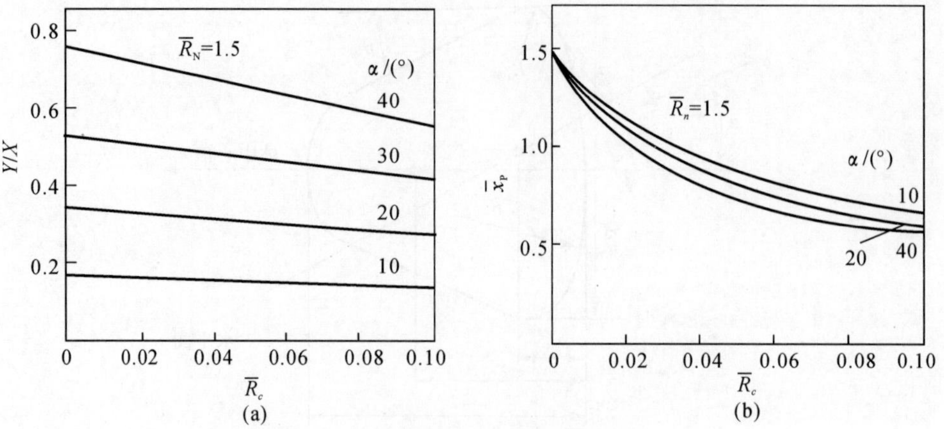

图 7-7　球冠倒锥的气动性能随 $\overline{R}_c$ 的变化

(a) 升阻比；(b) 压心位置

(4) 倒锥角 θ_c。图 7-8 给出球冠倒锥形的气动特性随 θ_c 的变化曲线。可以看到，最大升阻比和对应的攻角 α，随 θ_c 的增大而增大；最小的压心系数（一般发生在攻角 $\alpha=80°\sim100°$）则随 θ_c 的增大而减小；当 $\theta_c>15°$ 时，压心位置小于质心位置，会导致失稳，需要采取其他措施予以防止。阿波罗返回舱在 $\theta_c=33°$ 时曾出现过倒向稳定现象。

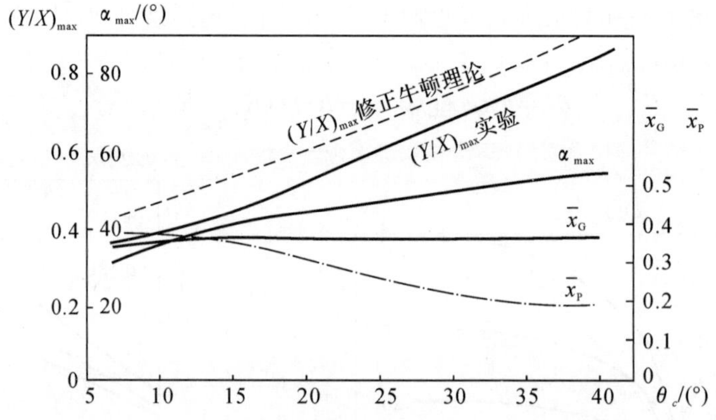

图 7-8　球冠倒锥形的气动特性随 θ_c 的变化曲线

典型飞船的外形参数见表 7-1，可供设计分析时参考。

表 7-1　飞船返回舱外形几何参数

飞船型号	双子星座	阿波罗	联　盟
承载人数	2	3～5	2～3
最大直径/m	2.286	3.912	2.170
倒锥角/(°)	20	33	7
球冠钝度	1.6	1.2	1.0
拐角相对半径	—	0.05	0.055

续表

飞船型号	双子星座	阿波罗	联　盟
长细比	1.09	0.88	1.0

当前,对于垂直起降的单级入轨飞行器,其气动构型设计也吸收了弹道式再入飞行器、机动式再入飞行器方面的经验。图7-9所示为一个钝锥-柱-裙加配平翼构型的单级入轨飞行器。这种构型比球冠倒锥形的升阻比更大。

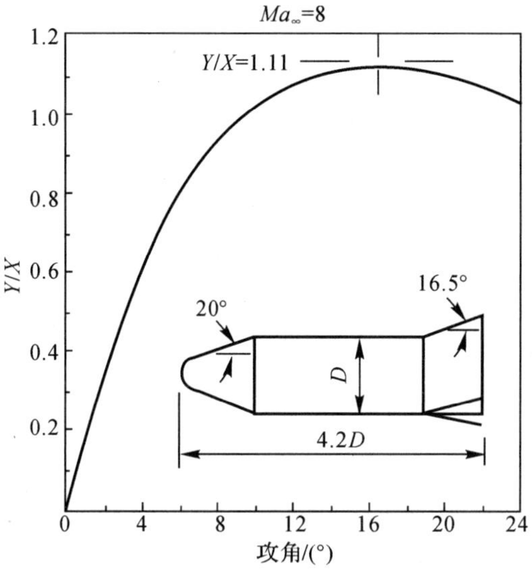

图7-9　钝锥-柱-裙加配平翼的升阻比

7.1.3　垂直起飞水平降落天地往返运输系统气动设计

航天飞机是典型的垂直起飞水平降落的飞行器,其气动布局有下述特点。

(1)航天飞机的轨道器既要作为航天器完成各种任务,又要作为飞行器再入滑翔,水平着陆,其飞行过程跨越整个大气层空域,且速度从马赫数近30变化到低速,航天飞机的气动外形要兼顾高速/低速、高空/低空、滑翔着陆等任务。

(2)航天飞机需要滑翔数百千米甚至数千千米用以减速,直到抵达指定的机场,并能像飞机一样水平着陆,其高超声速升阻比大于1,长时间滑翔必须要有较大的升力面。

(3)航天飞机飞行时间更长,表面热流率更低,但总加热量很大,为实现可重复使用功能,不能采用烧蚀防热形式,而需采用辐射防热、主动防热等措施。

(4)航天飞机具有升降副翼、襟翼、方向舵和减速板等各种气动舵面,但是在高空低密度区,气动舵面的效果微弱,需要另外利用反作用控制系统进行控制。

(5)航天飞机无动力滑翔时间长,横航向的操纵稳定性需要详细分析和设计。

美国航天飞机轨道器的气动设计要求见表7-2,使其满足轨道飞行任务,在再入时达到热防护和横向航程的要求,并能满足在无动力下降和着陆时的气动性能和控制的要求。可以看出:在高超声速时,要求飞行器是纵向静稳定的;但在亚声速时,飞行器可以允许有不大于2%机身长度的静不稳定度。

表 7-2 美国航天飞机气动设计要求

参数		值
攻角	高超声速	25°～50°
	跨声速	0°～15°
	亚声速	−5°～20°
重心	最小移动	2%机身长度
	设计范围	0.65～0.675 机身长度
着陆性能	载荷	14 515 kg
	着陆质量(带载荷)	85 230 kg
	最小着陆速度	88 m/s
纵向静稳定性	最小高超声速静稳定度	>0
	最小亚声速静稳定度(重心位于后限)	−2%机身长度
升阻比调制	亚声速峰值(起落架收起,减速板角度 $\delta_{SB}=0°$)	不小于 4.4
	超声速峰值(起落架收起,减速板角度 $\delta_{SB}=8.5°$)	不小于 2.5

航天飞机与空气直接接触的主要气动部件包括机身、机翼、尾翼及各类活动操纵控制面等。为了实现上述气动设计要求,航天飞机的一般设计思路如下:

(1)确定基本性能参数,即弹道系数、总加热量、最大热流、最大过载、航程等。

(2)选择初始外形,要满足低速、跨声速、超声速等小攻角和高超声速大攻角下的气动力、气动热的要求。

(3)部件优化选型,优化选取机翼、副翼、方向舵、体襟翼的几何参数,确定优化模型和各种约束条件。

(4)确定配平状态下的航天飞机的静动稳定性。

(5)确定热防护系统。

(6)确定飞行走廊,限定航天飞机的最大热流、总加热量及最大温度,限定在热走廊范围内飞行。

(7)确定控制效率与质心位置,根据配平攻角和侧滑角及稳定性要求,确定质心的位置,考查是否满足控制效率的要求。

(8)综合分析评估再入飞行、进场/着陆的气动性能,协调各部件的优化配置。

(9)建立气动数据库,建立具有一定精度的气动模型,需考虑多变量、非线性以便满足工程设计要求。

(10)确定气动数据不确定度及可靠性,科学地分配气动数据的不确定度及偏差,满足可靠性和经济性的要求。

美国航天飞机最后选定的外形为具有 45°/81°双三角翼和中等长细比约 5 的机身。前缘后掠角为 40°～60°,展弦比为 2～4,梢根比为 0.1～0.3,厚度比为 0.04～0.1。分析表明,减小后掠角就可以用较小的机翼面积来达到所要求的着陆速度,但根据减小气动加热的要求,后掠角不能小于 45°。若后掠角选定为 45°,也能保证得到合适的高超声速升阻比。

机身的形状和尺寸主要考虑适应载荷、座舱和轨道机动系统的要求。机身所采用的横截面形状、头部弯度和向上倾斜的前体侧面形状用于改进高超声速配平特性和方向稳定性。这些措施和翼身融合等措施共同用于减轻机身侧面的气动加热。

垂直尾翼气动设计中需重点考虑横侧方向的稳定性。在美国航天飞机的气动设计中，曾比较过无尾、单垂尾和双垂尾等方案，风洞试验表明：在高超声速时，只有后两种方案才是稳定的，而在亚、跨、超声速时，单垂尾比双垂尾更稳定。综合各方面的因素，美国航天飞机的轨道器采用了单垂尾的方案。

第一代航天飞机的气动布局如图 7－10 所示。

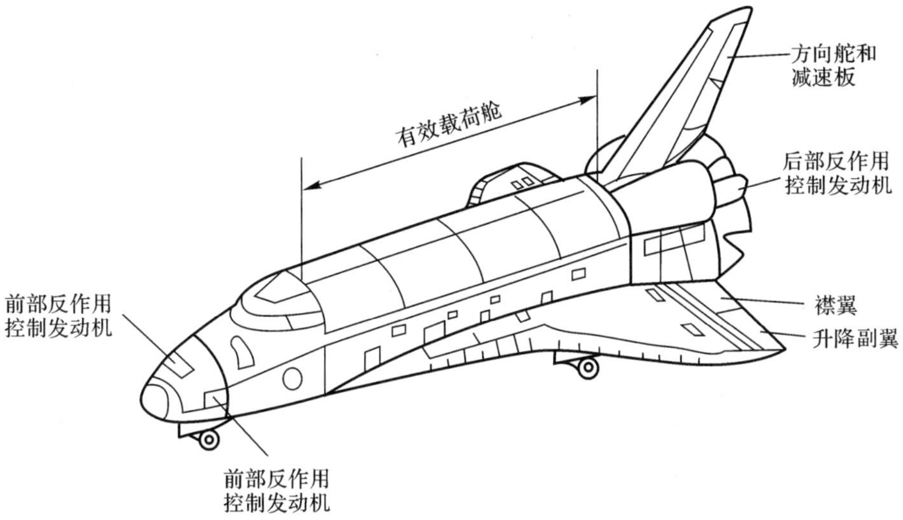

图 7－10　航天飞机气动布局示意图

7.2　乘波体布局飞行器的气动设计

7.2.1　乘波体的基本概念

高超声速飞行器飞行时会出现比较强的激波，导致波阻产生，使得飞行器的阻力很大，降低了升阻比。1978 年 Kuchemann 根据已有的亚声速和超声速飞行器的升阻比总结了飞行器最大升阻比与马赫数相关的经验公式为：

$$(L/D)_{max} = 4(Ma_{\infty} + 3)/Ma_{\infty} \tag{7-2}$$

式(7－2)表明，高超声速飞行器的最大升阻比存在难以突破的极限值，即所谓的“升阻比屏障”。研究发现，超声速流中的激波使波后流场的压力升高，如果合理利用这个特点则可以提高升力，进而有可能获得高升阻比性能，因此学者们提出了乘波体布局概念。Nonweiler 在 1959 年提出了“Λ”型乘波体，它采用二维切楔的高超声速流场生成，是一种切楔流场乘波体。这种布局外形在设计状态下产生的激波完全附着在前缘，就像是骑乘在激波面上飞行，下表面的流场被附着激波限制，防止向上表面泄露，避免了传统布局时流场泄露导致的升力损失，因而乘波体布局飞行器的升阻比要高于传统布局飞行器。后来 Jones 等人从提高容积角度出发,提出锥形流场乘波体。除此之外,还出现更为一般的流场乘波体,如轴对称流场、椭圆锥和低阻力外形流场等。也有人开始使用 CFD 方法求解一般三维流场生成乘波体的相关研究。

乘波体虽然具有良好的气动特性,但也存在诸多不足:容积率偏低;高超声速飞行时的前缘气动热问题严重;飞行状态变化对乘波体飞行器的气动性能影响明显。

7.2.2 乘波体布局的设计原理

乘波体设计一般从已有的带激波流场出发构造外形,从而使激波附着于飞行器前缘。其构造方法为:首先确定基准流场,给出乘波体的前缘型线,投影到激波曲面,然后通过流线追踪法得到下表面的型面,上表面设计为自由流面。从设计方法可以看出,乘波体设计中的关键技术包括激波流场生成和流线追踪技术。

基准流场可以决定乘波体的性能。根据流场的生成类型,乘波体可以分为给定流场乘波体和拟合流场乘波体。

(1)给定流场乘波体设计需要预先由已知外形基准体生成带激波的流场,然后在流场中进行流线追踪得到乘波体曲面,包括楔形流场/锥形流场乘波体、轴对称流场乘波体以及三维流场乘波体设计等。楔形流场可以根据激波关系式求得,锥形流场则采用数值方法求解 T－M (Taylor－Maccoll)方程,轴对称流场一般采用特征线法求取流场。随着 CFD 技术的发展,部分学者利用数值计算三维流场,进而生成乘波体。

(2)拟合流场乘波体设计是给定激波形状拟合流场,进而通过追踪流线生成外形。目前应用最广的是密切锥方法,它根据激波形状生成一系列密切平面,将锥形流场或轴对称流场布置在密切平面中以拟合流场,兼顾了设计效率和灵活性。

乘波面是激波流场中的流面,由流线追踪获得。其流线方程为

$$\frac{\mathrm{d}x}{\mathrm{d}t}=u,\quad \frac{\mathrm{d}y}{\mathrm{d}t}=v,\quad \frac{\mathrm{d}z}{\mathrm{d}t}=w \tag{7-3}$$

该方程可以通过四阶 Runge－Kutta 方法求解,即

$$\left.\begin{aligned}
&x(t+h)=x(t)+\frac{1}{6}(F_1+2F_2+2F_3+F_4)\\
&F_1=hf(\boldsymbol{x},t)\\
&F_2=hf(\boldsymbol{x}+F_1/2,t+h/2)\\
&F_3=hf(\boldsymbol{x}+F_2/2,t+h/2)\\
&F_4=hf(\boldsymbol{x}+F_3,t+h)
\end{aligned}\right\} \tag{7-4}$$

流线追踪法是将空间中的一条曲线沿自由流方向拉伸为流动捕获管(Flow Capture Tube,FCT),与激波面相交得到外形前缘线,从前缘线出发顺流线方向追踪。FCT 是由一条空间曲线沿自由流方向拉伸得到的曲面,横截面外形均为相同的曲线形状。当上表面采用自由流场追踪得到时,FCT 在乘波体后缘平面上的投影即为上表面后缘型线。在设计中更关注下表面的形状,这时可在流场中指定一条曲线,逆流线方向追踪至激波曲面,此时这条曲线就是乘波体的下表面后缘型线。

1. 基于楔形流场的乘波体

图 7－11 所示为“Λ”型乘波体。其生成方法为:选定某一角度的切楔,置于来流速度 V_∞、$\alpha=0°$的超声速气流中产生一道附体平面激波,该激波后的流场为均匀流场;选一“Λ”型曲线

作为 FCT，沿自由来流方向投影到激波面得到交线，即为乘波体的前缘线。从前缘线上各点在切楔流场中进行流线追踪，所有流线组成的流面为乘波体的下表面；从前缘上各点在自由来流中进行流线追踪，所得流面为乘波体的上表面。通常在设计时，马赫数都是事先给定的，FCT 的形状可以由二维曲线唯一确定。因此切楔流场乘波体的设计变量为激波角和 FCT 形状。

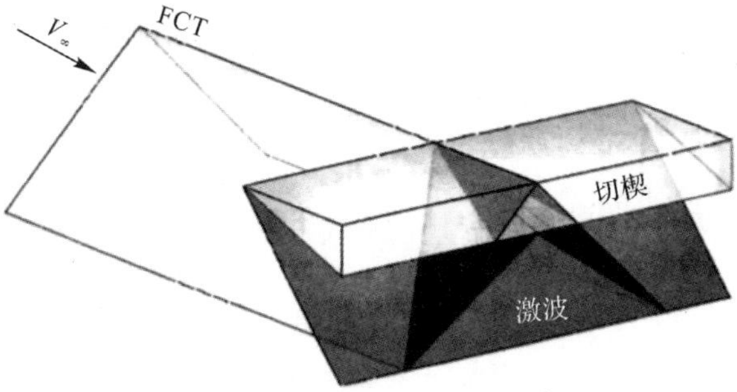

图 7-11　楔形流场乘波体设计示意图

Starkey 等人提出了直接从几何外形出发生成切楔流场乘波体的思路。如图 7-12 中的乘波体，只要确定了平面形状和底部的上下表面形线，就可以得到一个确定的乘波体外形。

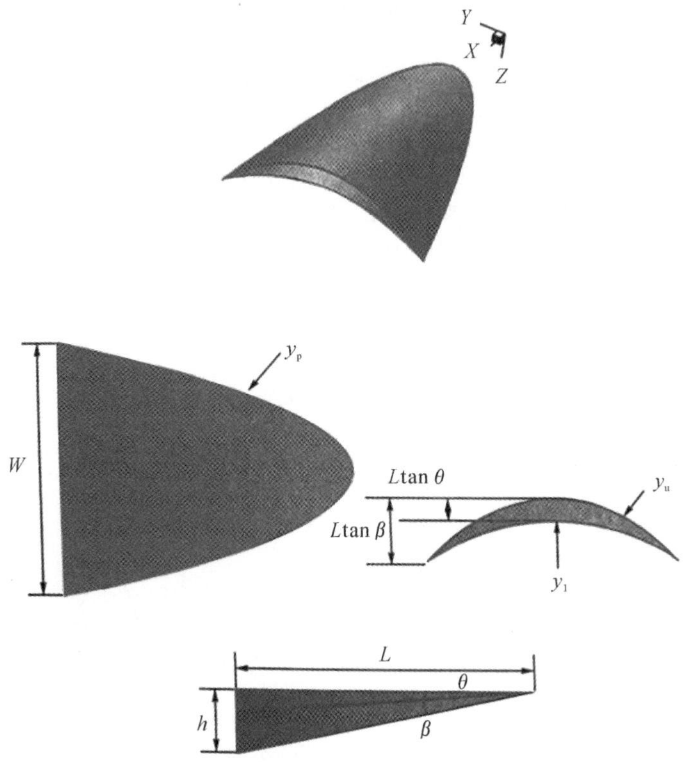

图 7-12　常楔型角乘波体设计变量示意图

参考图 7-12 中的右手坐标系，平面形状由以下指数函数控制，即

$$y_{\mathrm{p}} = Ax_{p}^{n} \tag{7-5}$$

底部上表面型线为

$$y_{\mathrm{u}} = Bz_{\mathrm{u}}^{n} \tag{7-6}$$

考虑同一个纵向剖面，平面形状轮廓线、上下表面型线的 y 坐标相同，即 $y_{\mathrm{l}} = y_{\mathrm{u}} = y_{\mathrm{p}}$。已知切楔的倾斜角为 θ，则其和底部下表面型线的关系式为

$$\tan\theta = \frac{z_{\mathrm{l}} - z_{\mathrm{u}}}{L - x_{\mathrm{p}}} = \frac{z_{\mathrm{l}} - \left(\frac{y_{\mathrm{u}}}{B}\right)^{\frac{1}{n}}}{L - \left(\frac{y_{\mathrm{p}}}{A}\right)^{\frac{1}{n}}} \tag{7-7}$$

当楔形激波附着在乘波体前缘时，有其关系式为

$$B = \frac{A}{\tan^{n}\beta} \tag{7-8}$$

将式(7-8) 代入式(7-7)，可得底部下表面型线的关系式为

$$z_{\mathrm{l}} = L\tan\theta + \left(\frac{y_{\mathrm{l}}}{A}\right)^{\frac{1}{n}} (\tan\beta - \tan\theta) \tag{7-9}$$

通过式(7-5)、式(7-6)、式(7-9) 就可以通过外形的平面形状确定一个切楔流场乘波体。其设计变量为 A、n、L、θ，其中 $n \leqslant 1$。当 $n=1$ 时，得到的乘波体即为"Λ"型乘波体。这种方法因为使用了不变的切楔角，所以也叫常楔型角方法。

2. 基于锥形流场的乘波体

锥形流场乘波体以锥形流场作为基准流场生成乘波体外形，轴对称锥形流场可以采用数值求解 T-M 方程得到乘波体外形。圆锥流场为锥形流场，与圆锥对称轴呈相同夹角的任意射线上的流场参数相同。因此锥形流场的变量只有一个，即流场中待求点所处射线与圆锥对称轴的夹角。图 7-13 所示为锥形流场示意图，θ_{c} 为圆锥半顶角。极坐标下，流场中任意一点 e 处的流场变量 V_θ，V_r 只和该点所在射线与圆锥对称轴的夹角 θ 有关，并且 $V^2 = V_r^2 + V_\theta^2$。

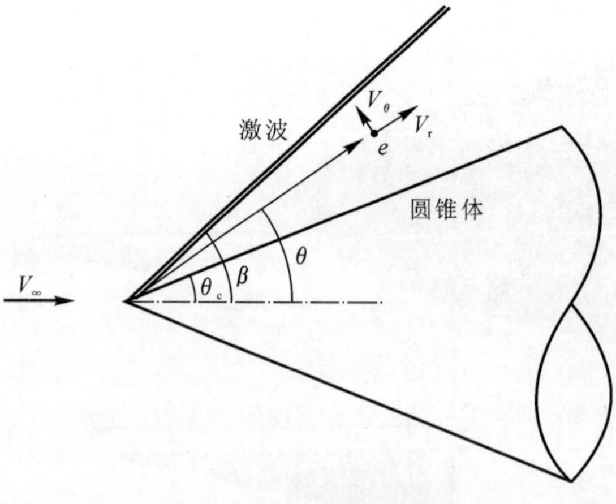

图 7-13　锥形流场示意图

根据无黏等熵和绝热条件，推导得到圆锥流场控制方程(即 T-M 方程)：

$$\frac{\gamma-1}{2}\left[V_{\max}^2-V_r^2-\left(\frac{\mathrm{d}V_r}{\mathrm{d}\theta}\right)^2\right]\left[2V_r+\frac{\mathrm{d}V_r}{\mathrm{d}\theta}\cot\theta+\frac{\mathrm{d}^2V_r}{\mathrm{d}\theta^2}\right]-\frac{\mathrm{d}V_r}{\mathrm{d}\theta}\left[V_r\frac{\mathrm{d}V_r}{\mathrm{d}\theta}+\frac{\mathrm{d}V_r}{\mathrm{d}\theta}\left(\frac{\mathrm{d}^2V_r}{\mathrm{d}\theta^2}\right)\right]=0 \tag{7-10}$$

式中：$V_{\max}$ 为总焓对应的最大速度，$\frac{V_{\max}^2}{2}=\frac{a^2}{\gamma-1}+\frac{V^2}{2}$。方程式(7-10)只有一个因变量 V_r，根据锥形流的无旋条件，有

$$V_\theta=\frac{\mathrm{d}V_r}{\mathrm{d}\theta} \tag{7-11}$$

对方程式(7-10)进行无量纲化，$V'=\frac{V}{V_{\max}}$，可得

$$\frac{\gamma-1}{2}\left[1-V'_r-\left(\frac{\mathrm{d}V'_r}{\mathrm{d}\theta}\right)^2\right]\left[2V'_r+\frac{\mathrm{d}V'_r}{\mathrm{d}\theta}\cot\theta+\frac{\mathrm{d}^2V'_r}{\mathrm{d}\theta^2}\right]-\frac{\mathrm{d}V'_r}{\mathrm{d}\theta}\left[V'_r\frac{\mathrm{d}V'_r}{\mathrm{d}\theta}+\frac{\mathrm{d}V'_r}{\mathrm{d}\theta}\left(\frac{\mathrm{d}^2V'_r}{\mathrm{d}\theta^2}\right)\right]=0 \tag{7-12}$$

无量纲速度 $V'=\sqrt{V'^2_\theta+V'^2_r}$，只与当地马赫数相关，则有

$$V'=\left[\frac{2}{(\gamma-1)Ma^2}+1\right]^{-1/2} \tag{7-13}$$

T-M方程可以采用数值方法求解。首先给定激波角，然后通过斜激波关系式计算斜激波后的流场，并以此为起始状态进行推进求解便可得到整个锥形流的解。其流程如下：

(1) 给定来流马赫数 Ma_∞ 和激波角 β，通过斜激波关系式可以得到斜激波后的马赫数 Ma_2，以及流场倾角 θ。

(2) 通过 Ma_2 和 θ 可以求得激波后无量纲的速度分量 V'_r 和 V'_θ。

(3) 以斜激波后的 V'_r 作为初始值，给定推进步长 $\Delta\theta$，采用 Runge-Kutta 等方法求解方程式(7-12)可以得到不同 θ 对应的 V'_r。同时根据方程式(7-11)可以求得不同 θ 对应的 V'_θ。

(4) 当推进至圆锥表面时，根据物面条件，$V'_\theta=0$。可以设置当 $V'_\theta\leqslant\varepsilon_\theta$(为小量)时，对应的 θ 即为圆锥半顶角 θ_c，此时 V'_r 就是圆锥表面的速度。

(5) 根据步骤(1)～(4)，激波和物面之间的整个速度场均可以求得。在锥顶发出的每条射线上，因为 V' 只与当地马赫数相关，因此根据 V' 可以求得当地马赫数，然后通过总温关系和等熵关系可求解每条射线上的温度、压强、密度等流场变量，则有

$$\left.\begin{aligned}\frac{T_{02}}{T}&=1+\frac{\gamma-1}{2}Ma^2\\\frac{p_{02}}{p}&=\left(1+\frac{\gamma-1}{2}Ma^2\right)^{\gamma/(\gamma-1)}\\\frac{\rho_{02}}{\rho}&=\left(1+\frac{\gamma-1}{2}Ma^2\right)^{1/(\gamma-1)}\end{aligned}\right\} \tag{7-14}$$

式中：T_{02}、p_{02} 以及 ρ_{02} 为激波后的总温、总压和总密度。

上述求解过程是在已知激波角的前提下，求解对应的圆锥半顶角。实际问题往往是圆锥半顶角已知，而激波角未知。处理这类问题时，可以首先估计一个初始激波角，求得相应的圆锥半顶角后，与给定值进行比较，然后修正激波角，通过多次求解 T-M 方程，直到得到的圆锥半顶角与给定值相等。

求得圆锥流场后，可结合流线追踪技术生成乘波体外形，具体步骤可以归纳为：

(1)求解 T-M 方程生成基准流场，确定一系列 θ 位置的速度分量。

(2)确定乘波体设计的 FCT,与激波曲面相交得到乘波体前缘线。

(3)从前缘线上的点向后追踪流线生成乘波体的下表面(见图 7-14)。

(4)使用自由流场或者根据其他需求生成乘波体上表面。

图 7-14　基于锥形流场乘波体的流线追踪

7.2.3　乘波体外形的设计修正

1. 黏性效应修正

乘波体的设计中没有考虑黏性的影响,为了计及黏性效应的影响,仍然在无黏流场中生成乘波体外形,设计变量为基准流场和设计曲线的控制变量,在气动力计算中考虑黏性的影响,在优化流程中不断调整设计参数,进而得到考虑黏性影响的外形。优化设计中可通过流线积分法评估无黏气动力,使用参考温度法计算黏性力(见 4.3 节)。也可以利用 CFD 方法作为黏性力的评估手段。

2. 前缘钝化防热设计

乘波体设计的前缘往往比较尖锐,不符合飞行器气动防热要求,其中前缘钝化是一种常见的防热措施,能够在一定程度上降低气动加热的强度。前缘钝化处理一般采用两种方法,即钝化曲面补足和横截面切割。钝化曲面补足的处理方法为平移上表面,在上、下表面中增加一个圆钝前缘,这样可以最大程度地保留乘波曲面。横截面切割法为在锐边缘上、下表面夹角的平分线上取一点,以该点为圆心做上、下表面的内切圆,根据截面形状对内切圆局部圆弧和乘波体截面锐边缘进行保留和割除,形成钝化前缘。

这两种方法中钝化前缘的半径 R_n 是重要变量,可以用 Lees 热流密度修正公式进行快速估算,则有

$$q_{\mathrm{ws}}=\frac{2.373}{\sqrt{R_n}}\times 10^{-7}\left(\frac{\gamma_{\infty}-1}{\gamma_{\infty}}\right)^{0.25}\left(\frac{\gamma+1}{\gamma-1}\right)^{0.25}\rho_{\infty}^{0.5}V_{\infty}^{3} \tag{7-15}$$

式中:$\gamma_{\infty}=1.4$,该公式适用于地面试验条件下的完全气体($\gamma=1.4$)和实际飞行下的高温气体($\gamma<1.4$)等。根据热流公式可以估算得到表面的热流分布,进而确定钝化半径。

前缘钝化可以降低前缘区的气动加热,但也在一定程度上破坏了乘波体的乘波性外形特点,直接导致的现象就是上表面激波的出现和下表面高压气体向上表面的泄漏,因此乘波体前缘钝化的尺寸和范围应合理控制,使其既能达到一定的降热效果,又不过度影响乘波体的气动性能。

3. 有效容积设计

理想乘波体外形的背风面一般采用自由流追踪得到，其前体往往过于扁平，因此有效装载容积较小。为了增加乘波体外形的有效容积，可以保持乘波体下表面形状不变，根据实际需求对上表面外形进行适应性修改设计。虽然上表面的自由流特征不再得到保证，但是对下表面的乘波流场特征影响是比较小的。图 7-15 给出了在某理想乘波体外形的基础上，根据给定的尺寸设计约束，通过前缘钝化和背风面外形修改获得的工程化乘波体外形。背风面外形的修形对飞行器整体性能的影响是比较小的。除了背风面修形，还可以通过增加后体的方法扩充飞行器的容积。后体修形方法除了可以增大容积，还可以降低底阻，提高气动性能，但后体对飞行器稳定性有较大影响。

图 7-15　乘波体扩充装载空间外形

4. 操纵舵面设计

乘波体布局的气动操纵舵面设计基本可归为以下 3 种类型(见图 7-16)。

(1)全动舵。在乘波体两侧添加全动式水平控制舵面，可以实现俯仰方向和滚转方向的气动控制，避免出现较大的铰链力矩。但全动舵在高超声速下产生的强激波以及与体激波的干扰将产生较大的阻力，另外全动舵设计使得升力面的面积减小，升力有所损失。

(2) Flap 舵。Flap 舵设计避免了全动舵设计对升阻比的影响，其驱动方式可以承受较大的铰链力矩，但负舵偏转和滚转控制效率较低。

(3)后缘舵设计。后缘舵设计对升阻比的影响最小，基本可以在迎风面保留完整的乘波面，同时后缘舵的控制效率也优于 Flap 舵，但是后缘舵的铰链力矩比较大。

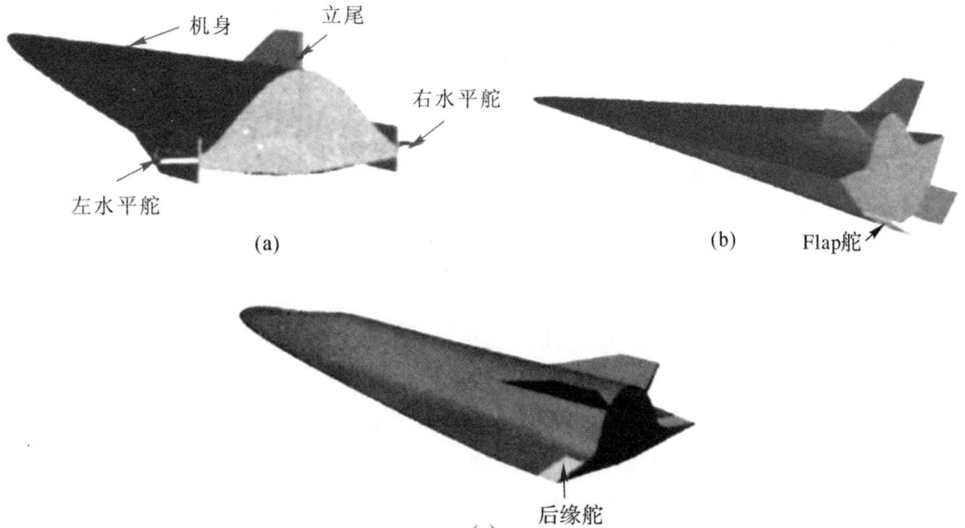

图 7-16　乘波体外形气动操纵舵面设计示意图

(a)全动舵；(b)Flap 舵；(c)后缘舵

7.3 高超声速机身推进一体化设计

吸气式高超声速飞行器最显著的特点是子系统之间的耦合较其他类型飞行器更加强烈，这使得其设计具有挑战性。所有的子系统部件相互干涉，包括气动、推进、控制、结构、装载和热防护等，特别是机体与超燃冲压发动机之间的耦合最为突出。飞行器的前体和后体下壁面既是主要的气动型面，又是冲压发动机进气道外压缩型面和尾喷管的膨胀型面，在产生推力的同时也产生升力和俯仰力矩。机体与发动机的强耦合作用对飞行器的推力、升力、阻力、俯仰力矩、气动加热、机身冷却、稳定性和控制特性有直接的影响。图 7-17 所示为 X-43A 高超声速飞行器的布局，涵盖了气动和推进的一体化。

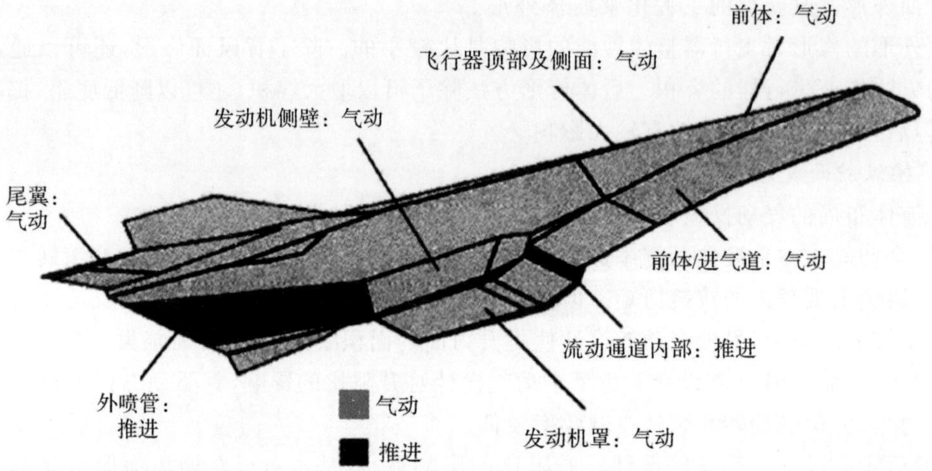

图 7-17　X-43A 高超声速飞行器的气动/推进一体化布局

7.3.1 高超声速飞行器前体-进气道一体化设计

前体与进气道的一体化设计就是要把前体作为进气道的预压缩面，为进气道提供较高的进口流场品质。为此，对飞行器前体设计的具体要求如下：

(1)前体有较高的预压缩率且在进气道入口处提供均匀的流场，即压力、速度和密度的梯度尽量小，气流方向角应尽量一致；

(2)对 Ma 和攻角的变化不太敏感，降低各种情况下进气道流场的畸变，保证发动机稳定工作；

(3)进气道入口处有较高的静压；

(4)有较大的空气质量流率，以在提高发动机推力的同时，尽可能减小飞行器的阻力；

(5)总压损失较小。

前体设计中需要评估的一些性能参数见表 7-3。前体的预压缩性能受到多个几何参数的影响，包括前体底部的型面(椭圆凸型、平坦型、凹型)、侧面展向程度(宽体、窄体)、飞行器头部的形状(尖顶型、圆弧型、平直型)、前体的长度及纵向截面的型面形式、前体机身的宽高比等。前体底部型面由设计状态激波交汇在发动机唇口的条件来决定，通常可按照总压恢复最大、等折转角、等激波角等方法进行设计；前体的宽高比与飞行器总体的外形密切相关，较大的宽高比通常可采用乘波体的外形设计，应用于高超声速巡航飞机、两级入轨航天运载器的第一级载机等，而对于有定尺寸约束，并要求与现有导弹武器发射系统相匹配的高超声速巡航导弹应用而言，则通常会选取较小的前体宽高比；发动机与机体的相对宽度，通常以实现飞行器巡航状态有效的推阻平衡条件来决定；前体上表面俯/侧/正视外廓形状则综合地影响飞行器的气动力、超燃冲压发动机入口条件，以及飞行器的有效容积。

表7-3　前体性能参数

部　件	性能指标
推进	进气道入口截面平均静压
	进气道入口截面平均马赫数
	进气道入口截面总压恢复系数
	进气道入口质量流率
	进气道入口流量系数
	进气道入口截面流动均匀度
气动	前体升力系数
	前体阻力系数
	前体升阻比
	前体俯仰力矩系数

图7-18所示为国外设计的乘波前体/进气道一体化构型。该构型是某高超声速试验飞行器所采用的前体设计构型。研究结果指出，乘波构型的前体能够有效地减小横向的溢流，具有良好的预压缩性能、均匀的进气道入口流场以及气动特性，但飞行器内部有效容积较少，限制燃料以及机体内部仪器设备的安装；其他拱形的前体下表面设计不可取，会造成进气道入口截面流场不均匀；前缘圆弧半径较大的钝形前体头部，会造成较大的总压恢复损失以及较厚的附面层。因此，高超声速飞行器前体的设计，需要从对推进性能的影响、对气动性能的影响，以及其他总体设计的约束等多个方面进行折中考虑。

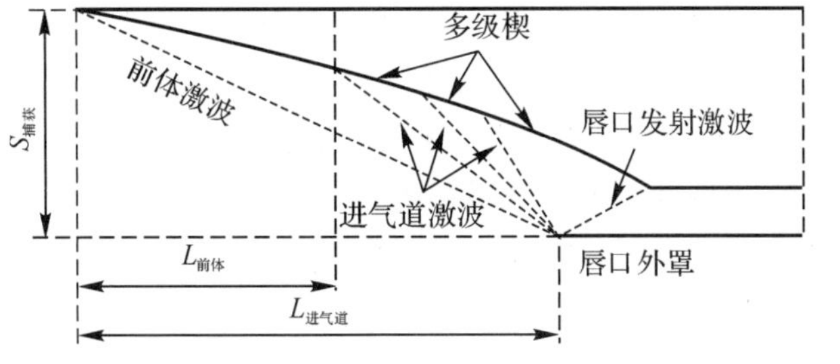

图7-18　乘波前体/进气道一体化构型

7.3.2　高超声速飞行器后体设计

后体设计是把后体作为发动机排气管的一部分，通过膨胀增大推力，并产生附加的升力和力矩。飞行器的后体作为燃气继续膨胀的扩张面，产生作用于飞行器的推力，以及垂直于飞行器轴线的法向力。从构型上来说，喷管及后体由上下壁面以及左右两侧的侧壁构成。由于上下壁面不对称，因此通常称为半壁喷管(Single Expansion Ramp Nozzles，SERN)。高超声速飞行器三维后体设计的要求如下：

(1)后体构型会影响燃气的膨胀，进而影响后体壁面上的压力分布，因此要设计合适后体构型以产生飞行器所需的推力；

(2)根据飞行器总体需要，产生满足要求的法向力和俯仰力矩；

(3)尽可能避免后体燃气尾焰对水平尾翼的影响；

(4)要尽可能减小后体下壁面与侧壁面所引起的结构质量的增加。

后体喷管的三维构型一般为图 7-19 所示的几种形式的组合，膨胀面为直壁或曲面壁(a)、下壁面长度(b)与倾角(c)、侧壁面倾角(d)，以及膨胀面横向曲面变换形式(e)。

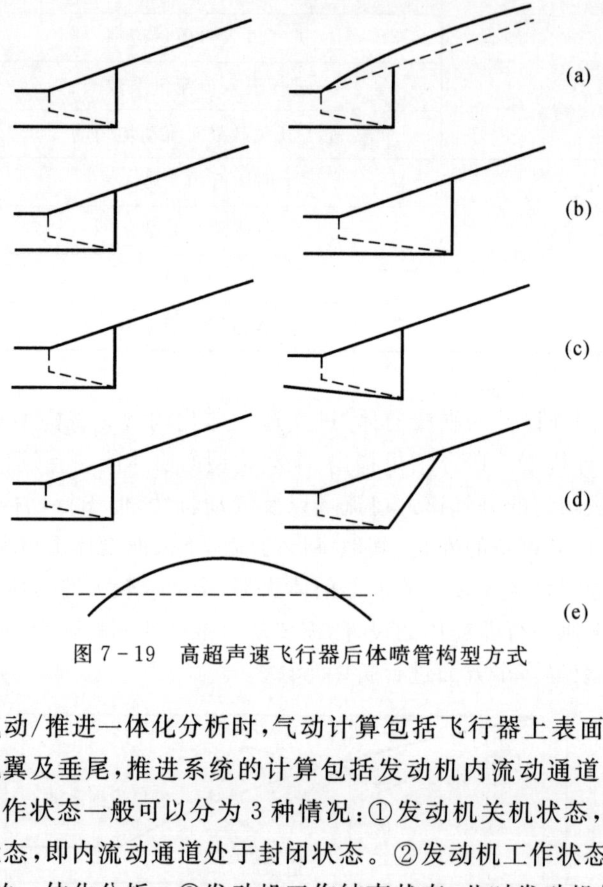

图 7-19　高超声速飞行器后体喷管构型方式

当进行飞行器气动/推进一体化分析时，气动计算包括飞行器上表面、前体/进气道、机身侧壁、发动机外罩、机翼及垂尾，推进系统的计算包括发动机内流动通道以及后体喷管(见图 7-17)。发动机的工作状态一般可以分为 3 种情况：①发动机关机状态，进气道关闭时，燃烧室出口也处于关闭状态，即内流动通道处于封闭状态。②发动机工作状态，由于气动和推力耦合，需要进行内外流的一体化分析。③发动机工作结束状态，此时发动机的进气道和出口都属于通气模式。

7.4　高超声速飞行器的热防护设计

本节主要讨论高超声速飞行器热防护的设计问题。热防护设计，总的来说，需要根据飞行器的飞行任务的要求，以及飞行器在工作期间所要经受的内、外热负载的状况，采取各种热控措施来组织飞行器内、外的热交换过程，保证飞行器在整个运行期间的飞行器结构件、仪器设备等的环境温度水平都保持在规定的范围之内。本节主要讨论气动加热应考虑的热防护。

1. 选择合理的气动外形

由理论分析可知，为降低驻点的传热率、提高热容量、缓解气动加热问题，飞行器外形要设计成钝头体。如果采用细长飞行器，由于头部激波较弱，摩擦阻力占总阻力的比重较大，传递给周围气体的热量较少，传递给飞行器本身的热量多，气动加热问题严重。采用钝头飞行器，头部激波很强，摩擦阻力占总阻力的比例较小，传给飞行器本身的热量不多，从而缓解了气动热问题，但这种设计要综合考虑飞行阻力的影响。

2. 选用耐高温的合金材料或者复合材料

SR－71 飞机采用了将树脂基复合材料贴合于蒙皮上的方法，用于前缘热防护。X－15 使用钛合金作为外蒙皮，内部使用柔性热防护材料。以 X－37B，X－43，X－51A 为代表的热防护结构设计中，主要以陶瓷基复合材料和金属蜂窝作为主干材料的结构，以陶瓷基复合材料为耐热材料，并起到部分隔热目的，其优点是结构较轻、隔热性好，缺点是柔性较差、易氧化，陶瓷瓦之间的间隙对密封材料要求很高。近些年，高性能陶瓷泡沫、气凝胶复合材料、刚性纤维热防护材料、增韧陶瓷材料等已用到了热防护结构设计中。

金属热防护结构通常由防热层、隔热层和承力结构 3 部分组成。防热层和承力结构一体化，由金属蜂窝夹芯结构承担，隔热层由填在金属盒中的轻质绝热纤维承担。其优点在于金属蜂窝韧性较强，不易破损，隔热效果较好，但抗热震性能及复杂形状加工性能都较差。

3. 主动防热和被动防热相结合方式

对于高超声速飞行器的不同部位，其受热程度不尽相同，可以采取不同的防热措施。当前飞行器外表面采用了大面积被动防热结构和局部的半被动烧蚀防热以及主动防热。主动防热用于较高的热流密度并持续长时间的气动加热情况，采用冷却剂进行对流冷却或喷射冷却，也有部分研究利用多孔相变材料进行发汗冷却。被动防热，如采用陶瓷或碳纤维材料制造防护瓦覆盖在飞行器高温区的表面上。半被动则采用保形烧蚀材料，通过燃烧带走部分热量。

习　　题

(1)简述高超声速飞行器的升阻比对再入特性的影响。

(2)简述航天飞机的气动设计思路。

(3)简述乘波体布局设计的基本原理。

(4)简述高超声速飞行器机身推进一体化设计的优势。

(5)结合航天飞机说明高超声速飞行器热防护的设计手段。

参考文献

[1] HAYES W D, PROBSTEIN R F. Hypersonic Flow Theory [M]. New York:Academic Press, 1959.

[2] JR ANDERSON J D. Hypersonic and High Temperature Gas Dynamics [M]. New York:MCGraw Hill Book Company,1989.

[3] 克拉斯诺夫.旋成体空气动力学[M].钱翼稷,等,译.北京:科学出版社,1965.

[4] STRAWN R, ROOS F. Fluid Dynamics [J]. Aerospace America,1992(12):30-31.

[5] 道诺文.高速飞机部件空气动力学[M].安继光,译.北京:国防工业出版社,1963.

[6] 黄志澄.高超声速飞行器空气动力学[M]. 北京:国防工业出版社,1995.

[7] 黄志澄.航天空气动力学[M].北京:宇航出版社,1994.

[8] 毛希季.航天器进入与返回技术[M]. 北京:宇航出版社,1991.

[9] 陈再新,刘福长,鲍国华.空气动力学[M].北京:航空工业出版社,1993.

[10] JONES R A, DONALDSON P. From Earth to Orbit in a Single Stage[J]. Aerospace America,1987(8):32-35.

[11] 杨云军,龚安龙,白鹏.高超声速空气动力设计与评估方法[M].北京:中国宇航出版社,2019.

[12] 蔡国飙,徐大军.高超声速飞行器技术[M].北京:科学出版社,2012.

[13] 翟章华,刘伟,曾明,等.高超声速空气动力学[M].长沙:国防科技大学出版社,2001.

[14] 陈坚强,章益荣,郭勇颜,等.高超声速流动数值模拟方法及应用[M].北京:科学出版社,2019.

[15] 李桦,田正雨,潘沙.飞行器气动设计[M].北京:科学出版社,2017.

[16] 艾邦成.临近空间高超声速飞行器计算空气动力学[M].北京:科学出版社,2020.

[17] TAUBER M E, MENESES G P. Aerothermodynamics of Transatmospheric Vehi-cles[R]. Boston:AlAA-87-1257,1986.

[18] VAN DRIEST E R. Investigation of Laminar Boundary Layer in Compressible Fluids Using the Crocco Method[R]. Washington:NACA TN 2579,1952.

[19] VAN DRIEST E R. The Problem of Aeroydnamic Heating [J]. Aeronautical Engineering Review,1956(10):27-41.

[20] WHITE F M. Viscous Fluid Flow [M]. 2nd ed. New York: McGraw Hill Book Company,1991.

[21] BALAKRISHNAN A, DAVY W C. Viscous Real Gas Flowfields About Three-Dimensional Configurations [R]. Montreal: AIAA-83-1511,1983.

[22] MAUS J R,GRIFFITH B J,BEST J T. Hypersonic Mach Number and Real-Gas Effects on Space-Shuttle Orbiter Aerodynamics [J]. Journal of Spacecraft and Rockets,1984,21(2):137-141.

[23] DINESH P, DAVID S. On Heatshield Shapes for Mars Entry Capsules [R].

Nashville:AIAA 2012 - 399,2012.

[24] NONWEILER T R F. Aerodynamic Problem of Manned Space Vehicles[J]. Journal of Royal Aeronautical Society, 1959, 63:521 - 530.

[25] RASMUSSEN M L. Waverider Configurations Derived from Inclined Circular and Elliptic Cones [J]. Journal of Spacecraft and Rockets, 1980,17(6):537 - 545.

[26] TAKASHIMA N, LEWIS M. Waverider Configurations Based on Non - Axisymmetric Flow Fields for Engine - Airframe Integration[R]. Reno:AIAA 1994 - 0380, 1994.

[27] SOBIECZKY H C, DOUGHERTY F K. Hypersonic Waverider Design from Given Shock Wave[R]. Washington:University of Maryland, 1990.

[28] STARKEY R P, LEWIS M J. Critical design issues for airbreathing hypersonic waverider missiles [J]. Journal of Spacecraft and Rockets, 2001, 38 (4):510 - 519.

[29] PERRIER P. Nozzle and Afterbody Design for Hypersonic Airbreathing Vehicles [R]. Norfolk:AIAA 96 - 4548, 1996.

[30] 曹义,程海峰,肖加余,等.美国金属热防护系统研究进展 [J].宇航材料工艺, 2003, 33 (3):9 - 12.

[31] MURTHY T K S.高超声速空气动力学计算方法 [M].符松,王亮,李启兵,译.北京:航空工业出版社,2020.9.

[32] 阎超. 计算流体力学方法及应用[M].北京:北京航空航天大学出版社,2006.

[33] 张涵信, 沈孟育. 计算流体力学-差分方法的原理和应用[M]. 北京:国防工业出版社,2003.

[34] 傅德薰. 流体力学数值模拟[M].北京:国防工业出版社,1993.

[35] HOHN O, GÜLHAN A. Experimental Investigation on the Influence of Yaw Angle on the Inlet Performance at Mach 7[R]. Orlando:AIAA 2010 - 938,2010.

[36] 张毅峰.高阶精度格式加速收敛和复杂流动数值模拟的应用研究[D]. 绵阳:中国空气动力研究与发展中心,2007.